Des

teutschen Ritters

Ulrich von Hutten

sämmtliche Werke.

Gesammelt, und mit den erforderlichen Einleitungen, Anmerkungen und Zusätzen herausgegeben

von

Ernst Joseph Herman Münch,

Professor an der Kantonsschule zu Aarau.

Erster Theil.

Berlin

im Verlag von J. G. Reimer

gedruckt zu Schafhausen bei J. H. Schwarz.

1821.

ULRICHI AB HUTTEN
EQUITIS GERMANI
O P E R A
QUÆ EXTANT
O M N I A.

COLLEGIT EDIDIT VARIISQUE ANNOTATIONIBUS
ILLUSTRAVIT

ERNESTUS JOSEPHUS HERMAN. MÜNCH
IN SCHOLA ARGOVIENSI PUBLICA PROFESSOR.

TOMUS PRIMUS.

Parvæ tabulæ ex magno naufragio . . .

BEROLINI
SUMTIBUS J. G. REIMER.
TYPIS J. H. SCHWARZ SCAPHUSIAE HELVET.
M. D. CCC. XXI.

Allen

Freisinnigen und Edeln

im

grossen teutschen Vaterlande

dies- und jenseits des Rheines

heilig:

den Freien und Starkmüthigen jedes Volkes,

und jeder Zone

geweiht.

Verzeichnifs
der
Subscribenten.

	Exempl.
Se. Königl. Hoheit der Grofsherzog von Hessen-Darmstadt und bei Rhein . . .	2.
Se. Königl. Hoheit der Grofsherzog von Sachsen-Weimar und Eisenach . . .	2.
Se. Königl. Hoheit der Prinz Wilhelm von Preussen, Bruder Sr. Majestät des Königs von Preussen	1.
Ihre Königl. Hoheit die Prinzessin Mariane Wilhelm von Preussen	1.
Se. Hochfürstl. Durchlaucht der regierende Fürst von Schwarzburg - Rudolstadt . .	1.
Ihre Hochfürstl. Durchlaucht die Frau Fürstin Therese von Thurn und Taxis . .	1.
Ihre Hochfürstl. Durchlaucht die Frau Fürstin Amalie von Fürstenberg, geborne Prinzessin von Baden	1.

Aarau.

Herr Amtsbürgermeister Fetzer . . .	1.
— Regierungsrath Rengger . . .	1.
— Regierungsrath von Reding . . .	1.
— Professor Görres von Coblenz . .	1.

		Exempl.
Herr	Appellationsgerichts-Präsident Jehle .	1.
—	Appellationsrath Frey . . .	1.
—	Forstinspecktor Gehret . . .	1.
—	Appellationsrath Tanner, M. Dr. . .	1.
—	Oberamtmann Frey	1.
—	Jeanrenaud, Recktor der Kantonsschule .	1.
—	Professor Steingaſs, Phil. Dr. . .	1.
—	Professor Öhler	1.
—	Pfarrer, Schul- und Kirchenrath Vock .	1.
—	Schulrath und Professor Feer . .	1.
—	Oberforst- und Bergrath H. Zschokke .	1.
—	Fürsprech Feer, Jur. Dr. . . .	1.
—	Fürsprech Tanner, Jur. Dr. . .	1.
—	Sanitätsrath Dr. Schmutziger . .	1.
—	Oberst v. Tschudi, Platzkommandant .	1.

Augsburg.

Die Stadt-Bibliothek daselbst . . . . 1.

Baden im Aargau.

Herr Geiſsmann, Lehrer der griechischen Sprache an der Sekondairschule . . . . 1.

Bamberg.

Die Universitäts-Bibliothek . . . . 1.

Basel.

Herr K. R. Hagenbach, Theol. Cand. in Bonn . 1.

Berlin.

Se. Excellenz Hr. Graf von Gneisenau, General der Infanterie . . . . . 1.

Herr Kandidat Franke . . . . . 1.

Bern.

Herr Professor J. R. Wyſs . . . . 1.

Die Kirchen-Bibliothek . . . . . 2.

Die Studenten-Bibliothek . . . . . 1.

	Exempl.
Beromünster im Aargau.	
Herr Dr. Stauffer	1.
Bonn.	
Herr Professor E. M. Arndt . . .	1.
— Professor Lücke	1.
— Professor Jur. Walter . . .	1.
— Professor Sack	1.
— Consistorialrath und Professor Augusti .	1.
Herren Gebrüder Welker, Professoren daselbst	2.
Die Universitäts-Bibliothek . . .	1.
Braunschweig.	
Herr Hofrath Emporius	1.
Bremgarten.	
Herr Fürsprech Weissenbach . . .	1.
Breſslau.	
Herr Professor Passow	1.
Bruchsal.	
Herr Oberhofgerichts-Advokat Sommer . .	1.
Chur.	
Die Kantonsschule daselbst . . .	1.
Coblenz.	
Die Hölscher'sche Buchhandlung . . .	3.
Darmstadt.	
Herr K. H. Hoffmann, Advokat . . .	1.
Donaueschingen.	
Herr Franz Müller, Hofmeister bey Herrn Grafen von Enzenberg	1.
Eppishausen bei Konstanz.	
Herr Freiherr J. von Laſsberg . .	10.
Feuerthalen.	
Herr Lieutenant G. Schenk . . .	1.

		Exempl.
	Frankfurt a. M.	
Die Herman'sche Buchhandlung	. . .	1.
	Freiburg im Breisgau,	
Herr Kreisdirector Freiherr von Türkheim	.	1.
— Hofrath Professor von Rotteck	. .	1.
— Hofgerichtsadvokat von Kettenacker	.	1.
— Professor Duttlinger	. . . .	1.
— Baron von Röder	. . . .	1.
— Archivrath Leichtlen	. . . .	1.
— M. Dr. Bader	. . . . .	1.
— Professor Neumann	. . . .	1.
— Rechtskandidat Bosch	. . .	1.
Die Wagner'sche Buchhandlung	. . .	2.
	Fricktbal.	
Herr Oberamtmann Fischinger in Rheinfelden	.	1.
Ein Ungenannter	. . . . .	1.
Herr Bezirksarzt Dr. Sulzer	. . .	1.
— Dr. Wieland	. . . . .	1.
— Kaplan Straub	. . . . .	1.
Ein Ungenannter	. . . . .	1.
Herr Vicar Erni in Zeiningen	. . .	1.
— Pfarrer und Schulrath Becker zu Wegenstetten		1.
— Pfarrer Kienberger zu Mettau	. .	1.
	St. Gallen.	
Die Stadt-Bibliothek	. . . .	1.
	Gieſsen.	
Die Universitäts-Bibliothek	. . .	1.
	Göttingen.	
Die Königl. Bibliothek daselbst	. . .	1.
Herr Dr. Jur. Heusinger	. . . .	1.
— Jur. Stud. Wernher	. . . .	1.

Exempl.

Grafenhausen.

Herr Dekan und Pfarrer Keller . . . 1.

Heidelberg.

Die Oswaldische Buchhandlung . . . 1.

Hofwyl.

Herr Emanuel v. Fellenberg . . . 1.
— Th. Müller, Lehrer . . . . 1.
— P. Kaiser, Lehrer . . . . 1.

Iferten.

Herr Pfarrer Niederer, Lehrer am Pestalozzischen Institut . . . . . . 1.
— Vielliemain, Theol. Cand. von Iferten . 1.

Karlsruhe.

Die Hofbibliothek . . . . . 1.
Freiherr von Auffenberg, Lieutenant der Garde zu Pferd . . . . . . 1.

Kolberg.

Herr Dr. Jahn . . . . . 1.

Konstanz.

Se. Hochbischöfliche Gnaden Freiherr I. H. v. Wessenberg, Verweser des Bisthums Konstanz . . . 1.
Herr Staatsrath von Ittner . . . . 1.
— Oberamtmann K. v. Ittner . . . 1.
— Kreisdirect. Registrator Rosenlöchler . 1.

Landshut.

Die Universitäts-Bibliothek . . . 1.
Herr Dr. Harter, Bibliotheks-Custos . . 1.
— Rentamtsoberschreiber Hellmann . . 1.

Laubach.

Herr Graf von Solms . . . . 1.

Exempl.

Lausanne.

Herr Louis Fabre, Theol. Stud. . . . 1.

Lenzburg.

Die Stadt-Bibliothek . . . . . . 1.

Luzern.

Die Lyzäums-Bibliothek . . . . 1.
Die Meyersche Lese-Bibliothek . . . 1.
Herr Professor Dr. Troxler . . . 1.
— Dr. Krauer von Rothenburg . . . 1.

Mannheim.

Die Löffler'sche Buchhandlung . . . 3.

Marienhalde (bei Zürich).

Se. Excellenz Herr Minister Graf von Benzel-Sternau . . , . . 1.

Mühlhausen.

Herr Fr. Bauer, Stud. Phil. . . . 1.

Müllheim.

— Diaconus Fr. Sonntag . . . 1.

München.

Se. Excellenz Herr Minister Freiherr von Montgelas . . . . . . 1.

Neustadt (bei Speyer).

Herr August Schuster, Chemiker . . . 1.

Rom.

Se. Excellenz Herr Minister Freiherr von Stein 50.
Se. Excellenz Herr Graf von Baudissin . 2.

Rostock.

Die Stiller'sche Buchhandlung . , . 3.

Exempl.

Rudolstadt.

Die Fürstliche Hof-Bibliothek . . . . 1.
Die Hochfürstliche Buchhandlung . . . . 1.
Se. Hochwohlgeboren Herr Kanzler Freiherr von Kettelhodt . . . . . . 1.

Schafhausen.

Die Bibliothek des Ministeriums . . . . 1.

Speyer.

Herr Regierungsrath Schlemmer . . . . 1.

Strafsburg.

Herren Treuttel und Würz . . . . 20.
Herr Notar E. Stöber, Jur. Licent. . . . 1.

Stuttgart.

Herr Obertribunals-Procurator Dr. Schott . . 1.
— L. Uhland . . . . . . 1.
Die öffentliche Bibliothek . . . . . 1.

Tübingen.

Herr Laupp, Buchhändler . . . . . 1.

Maximiliane-Verenwag bei Mößkirch.

Frau von Kischfaludy, geb. von Ulm . . . 1.

Weilburg.

Herr Professor Eichhoft . . . . . 1.

Wien.

Die Heubner'sche Buchhandlung . . . . 2.

Zürich.

Herr von Arnim, Königl. Preufsischer Geschäftsträger bei der Eidsgenossenschaft . . . 1.
— Professor I. C. von Orelli . . . . 1.
— Obmann Füfsli . . . . . . 1.
— I. C. Usteri, V. D. M. . . . . 1.
— Heinrich Reinhard, V. D. M. . . . 1.

	Exempl.
Die Geſsner'sche Buchhandlung . . .	2.
Herr Theol. Stud. Meyer	1.
— Albrecht, Vicar in Lenzburg . .	1.
— I. H. Blaſs . , . . .	1.
— Ziegler und Söhne, Buchhändler . .	2.
— Schultheſs, Theol. Stud. . . .	1.
— I. Burkhard, Theol. Stud. . . .	1.
— Conr. Hug	1.
— I. H. Hottinger, Theol. Cand. . .	1.
— Melch. Hirzel, Theol. Stud. . .	1.

Vorwort.

Die Schriften Ulrichs von Hutten, eines der gröfsten Männer, so Teutschlands Geschichte zählt, haben das Glück nicht gehabt, welches den Werken so vieler seiner, selbst unbedeutendern, Zeitgenossen zu Theil ward: nemlich vollständig gesammelt, und wenigstens in Bibliotheken aufgestellt zu werden. Der Ursachen hieran sind manche, die theils in der Zeit, theils tiefer in einer Unglücksquelle liegen, aus der des Unwürdigen noch so viel für Teutschland geflossen. Der Drang der Begebenheiten, der Sturm der Zeit, Huttens unstätes Leben, und die Mannigfaltigkeit der Verlagsorte, Fanatismus auf der einen, Gleichgültigkeit auf der andern Seite, und das steifgewordne Wesen des Protestantismus sind die nächsten Ursachen: der schwere Fluch, der auf unserm Volke liegt, und der uns zur Huldigung vor fremden Götzen, und prunkenden Erscheinungen des Augenblicks nur treibt; der mit uns alt gewordene Mangel an Nationalsinn und Undank gegen einheimisches Verdienst — mögen die entferntern seyn. Nur so konnte es geschehen, daſs die häufigen Versuche älterer und neuerer Zeit: Huttens, des kühnen Vorkämpfers für die Freiheit heilige, von der Kritik als klassisch anerkannte, Reliquien aus dem Staube der Bibliotheken von Teutschland und Helvetien hervorzusuchen und zu sammeln, an gränzenlosem Stumpfsinn scheiterten.

In Reformations-Geschichten, und Reformations-Almanachen, in Gallerien berühmter Teutschen, in aus- und inländischen Journalen, alten und neuen Freimüthigen, ja in einer beträchtlichen Reihe von Biographien und Charakteristiken lesen wir seit dem 17ten Jahrhundert Huttens Lobpreisungen und Verdienste. Die einzelnen Schriften des merkwürdigen Mannes, so von Zeit zu Zeit durch die Presse das Tageslicht sahen, sind längst vergriffen, und in jedem Jahrzehnt vernehmen wir patriotische Klagen über die Entbehrung des Ganzen. Wir finden die Klagen gerecht, und stimmen in dieselben entrüstet ein. Berühmte Schriftsteller erlassen Aufrufe zu dem Unternehmen, aber ohne Theilnahme lesen wir die Ankündigung der „*Opera omnia Ulrichi de Hutten*“, und der ehrwürdige Ritter muſs abermal dem schlechtesten Gesindel weichen. Warum hat von jenen Schriftstellern, die als Heroen des Buchhandels wohl längst mit dem ersehnten Gast sich hätten Platz verschaffen mögen, denn keiner es selbst übernommen und dem teutschen Volke diesen köstlichen Schatz zurückgegeben? Wahrlich wir hätten dafür ein ganzes Fuder philosophischer Abhandlungen, philologischer Kommentare und Geist-, Geschmak- und Geldraubender Romanen hingegeben. Eine Terpsichore aus Huttens feuerglühenden Gedichten, eine Chrestomathie aus seinen Dialogen, Reden und Briefen hätten tausend Jünglinge begeistert, und zugleich ihren wissenschaftlichen Geschmack gebildet durch sein klassisches Latein, in welchem Ciceros Reichthum und das Wesen ächter Teutschheit so wundersam und ergreifend verwebt sind.

So habe denn ich mit schwachen Kräften, aber inniger Verehrung für diesen Liebling meiner Seele an das Unternehmen mich gewagt. Als Jüngling noch auf der Hochschule that ich das Gelübd', es möge kosten was es wolle, die Schmach des Undanks an Huttens Namen vom teutschen Volke, zu dem ich mich als Schweizer mit treuer Liebe zähle, abzuwälzen, und trotz der mannigfachen Hindernisse, die sich mir entgegenstellten, einen still genährten Wunsch so vieler wackern Männer zu erfüllen; sollt' ich auch in meinem ganzen Leben sonst nichts mehr schreiben. Die freundschaftliche Unterstützung einiger hochverehrten Freunde zu Freiburg im Breisgau, meinem damaligen Aufenthaltsort, (worunter ich namentlich die Herren Bagati, Biblioth. Custos, Professor Duttlinger, und Schreiber zähle) sezte mich zuerst in den Stand, an die Möglichkeit der Ausführung zu glauben. Während meines juristischen Exils zu Rheinfelden, meiner Vaterstadt, ward mir hinlänglich Musse, die bereits erhaltenen Schriften (selbst besafs ich keine einzige) abzucopiren. So verflossen mehrere Jahre, bis ich kurz auf erhaltenen Ruf nach der Kantonsschule zu Aarau durch die Güte des Herrn Regierungsrath Wagenseils zu Augsburg meine Hutten'sche Sammlung um einen beträchtlichen Theil vermehrt sah. Noch fehlte mir aber vieles, und von dem bereits Besessenen giengen mir die verschiedenen Ausgaben ab, deren Vergleichung sehr oft unumgänglich nothwendig war. Von Pontius ward ich zu Pilatus gewiesen, und manchen Bibliothekars sauere Miene und starre Bedenklichkeit vermochte meine freundliche Ansprache nicht zu besiegen. Luthers Worte: „Wir Teutsche sind halt Teutsche!" fielen mir daher oft brennend aufs Herz.

Da führte mich ein glücklicher Zufall nach Zürich, dessen Bibliothek auf der Wasserkirche, nebst der Göttingischen, wohl den reichsten Vorrath an Hutten'schen Schriften besitzen mag. Sie wurde mir durch die freundschaftliche Verwendung einiger hochgeachteten Männer, unter welchen ich vorzüglich dem Hrn. Prof. J. C. v. Orell, einem durch seine Gesinnung eben so, wie durch sein wissenschaftliches Streben jedem Teutschen liebgewordenen

Gelehrten unsers Schweizerlandes, öffentlich meinen wärmsten Dank abstatte, — aufgethan, und was ich bedurfte, zum Gebrauche mitgetheilt. Unter diesem manche Ausgabe einzelner Werkchen, die Hutten mit eigner Hand verbessert hat. Zu gleicher Zeit erhielt ich von den Bibliotheken zu Schafhausen, wo der verewigte J. G. Müller schon früher theilnehmend in meiner Arbeit mich ermuntert hatte, durch die Güte der Hrn. Pfarrer Kirchhofer und Prof. Altorfer, und von der Universitätsbibliothek zu Landshut durch ihren verdienstvollen Custos Hrn. Dr. Harter, Beiträge und Notizen. Spät erst ward mir von Göttingen durch Hrn. Hofrath Bouterwek die Zusicherung, dafs mir auf Begehren wohl auch von daselbst das allfällig Mangelnde dürfte mitgetheilt werden.

Dies waren die Erfolge eines Aufrufs, welchen ich bereits im J. 1819 an Bibliotheken und Literaturfreunde zu dem Ende erlassen hatte. Nur auf diese Weise konnte ich, freilich auf vielen Um- und Irrwegen, und nicht ohne beträchtlichen Kosten- und Zeitaufwand (da ich von allen erhaltenen Schriften die Abschrift meistens selbst besorgte) zu einem glücklichen Ziele gelangen.

Das erste Weh des Sammelns war vorüber: nun folgte das zweite und gröfsere: des Verlages. Ich fand bei zehn Buchhandlungen tausend Bedenken, bei dem Selbstverlag auf dem Subscriptions-Wege so manches Drückende und Langwierige, bis endlich die Eingangs beschriebene Buchhandlung zu Übernahme des Werkes sich anbot, in der patriotischen Überzeugung, dafs ihre Zeitgenossen nach so mannigfachen Aufrufen, Wünschen und Versuchen ihr wenigstens das Schicksal nicht zudenken werde, was die der Wagenseil'schen Edition traf, und dafs das Jahr 1821 nicht das Jahr 1783 seyn dürfte.

Dies, was die Geschichte des Unternehmens belangt.

In Bezug auf die Art und Weise, wie ich bei dieser Herausgabe verfahren, glaub' ich mich ebenfalls dem Publikum zur Rechenschaft verpflichtet. Ich war zuerst gewillt, von sämmtlichen lateinischen Schriften gleich eine teutsche Übersetzung auszuarbeiten und dem Texte beizufügen, in der Absicht, auch jenen Männern im teutschen Volk, so des Lateins nicht kundig, aber doch Verehrer des grofsen Ritters aus dem bisher Gekannten sind, ein gewifs werthes Geschenk damit zu machen; auch sonst Andern, die im praktischen Geschäftsleben um seine genauere Kenntnifs gebracht, nicht gern zu jeder Stunde zum Latein sich anstrengen mögen, den Genufs zu erleichtern. Allein, da mir auf einer andern Seite diese Weise wiederum etwas wunderlich, und den Umfang des Werkes, wie den Preis desselben beträchtlich erhöhend schien, auch kompetenter Männer Urtheil mit meiner Ansicht hievon übereinstimmte, so theilt' ich meinen Plan in eine doppelte Ausgabe. Die erste sollte sämmtliche Schriften, wie sie vorhanden, die zweite aber die teutschen, und von den lateinischen das vorzüglichste in Uebersetzung, im Ganzen nicht über drei Bände, enthalten. Auch in Rücksicht dieser letztern werd' ich mein Versprechen lösen.

Die Gesammtherausgabe aber glaubt' ich nach Erwägung aller Gründe für und wieder, nach Meiners Vorschlag in streng chronologischer Ordnung besorgen zu müssen. Denn obgleich das Durcheinanderstellen von

Gedichten, Reden, Briefen und Gesprächen auf den ersten Anblick etwas Störendes haben möchte, und die Abtheilung in *„Epistolas“*, *„Dialogos“*, *„Orationes“* et *„Carmina“* für mechanische Philologen etwas Anziehendes hat; so wird sich doch jeder Verständige, der sowohl eines Menschen Leben und Bildungsgang, als einer thatenreichen Zeit rasches Ineinandergreifen zu beurtheilen im Stande ist, es am angemessensten finden, daſs Geisteswerke eines Mannes, der mit der Zeit, und in dem die Zeit Schlag auf Schlag dachte, lebte und wirkte, nach dieser, ihrer und seiner Thaten- und Ideenfolge der Nachwelt gegeben werden, und es in der That eine unvernünftige Behandlung seyn würde, die innig in einander verflochtenen Fäden auseinander zu reiſsen, und fremdartig zusammen zu fügen, so wie man gleichgebundene Bücher in einem Schrank' aufstellt. Alle diese Schriften sind keineswegs Geisteserzeugnisse eines sitzenden Gelehrten zu selbsteigener Unterhaltung, oder Nutz und Fromm eines gröſsern Kreises, für irgend einen vorgesteckten Zweck, in behaglicher Ruhe ausgearbeitet, sondern sie sind lebendige Urkunden der Gedichte, Flammenblitze einer grofsbewegten Zeit, in kleinen Zwischenräumen hingeworfen.

Nur bei den teutschen Werken erlaubt' ich mir eine kleine Abweichung von meinem Grundsatz, indem ich nemlich dieselben in einem besondern Band auf einander folgen liefs; dies jedoch aus dem Grunde, weil die meisten wirklich streng hinter einander nebst manchen lateinischen erschienen, oft nur Ueberarbeitungen von diesen in die Muttersprache und fürs Volk besonders berechnet worden sind. Nur die „*Expostulatio*", das lezte Werkchen in latein. Sprache, und die zwei nachgelassenen: „*Arminius*" und „*Sallustii Flores*" treten also zwischen die teutschen Sachen, und die strenge Chronologie.

Noch werd' ich aber einen andern Vorwurf rechtfertigen müssen, warum ich, um Hutten nicht nur uns Teutschen, sondern auch andern benachbarten Völkern geniefsbarer zu machen, Einleitungen und Anmerkungen nicht lateinisch gegeben? Hiezu bewogen mich mehrere Gründe. Erstlich bin ich der Meinung, dafs, da wir Teutsche so manierlich bis dahin gewesen, Franzosen, Engländern, Wälschen und Andern ihre Werke in ihrer Sprache zu studiren, diese alle wohl auch so viel teutsch lernen dürfen, um die Anmerkungen zu dem klassischen Schriftsteller eines andern Volkes zu verstehen; daſs sie, wenn wir dieses auch nicht von ihnen fordern zu können vermeinen, durch den Text hinlänglich sich entschädigt finden werden. Zweitens muſs ich gestehen, daſs es mir weder einleuchten wollte, den teutschen Hutten, obwohl er latein schrieb, in einer Fluth gelehrter lateinischer Anmerkungen auftreten zu lassen (als worin er sich selbst schwerlich gefallen dürfte), noch ich mein Unvermögen (ich gesteh' es frei heraus) dermassen an den Tag geben und ein schulgerechtes Dissertationenlatein neben das klassische des Huttens setzen möchte; endlich und drittens glaubt' ich mich zu freier Wahl durch den Umstand berechtigt, daſs die vorstehenden Werke in zweierlei Sprachen geschrieben sind, und also auch die Minorität das Recht zu ihrer Sprache ansprechen mag, ob mir gleich das „*Denominatio fit a potiori*" nicht unbekannt ist.

Was nun die Anmerkungen selbst betrift, so hab' ich dieselben so kurz wie möglich, die histor. Notitzen in gedrängten Beilagen; in den Einleitungen zu jeder einzelnen gröſsern Schrift — nur das Nothwendigste, nemlich: Bestimmung des Jahrs, der Ausgaben, und da die meisten literarische Seltenheiten, von denselben die typographischen Auszeichnungen, Seitenzahl, Format, endlich die kritischen Zweifel, die erschienenen Uebersetzungen u. s. w. gegeben.

Längere Zeit bin ich hinsichtlich jener Schriften im Zweifel gestanden, welche von vielen Ulrich v. Hutten zugeschrieben, von Andern bezweifelt, oder gar ihm abgesprochen werden, wie z. B. bei den „*Epistol. obscur. viror.*“, jener berühmten Nationalsatyre, so man bisher als von Hutten, wenigstens gröſstentheils geschrieben glaubte, und welche ihm geradezu abzusprechen weder die 2 Briefe an Richard Crocus, noch Ch. G. Müllers kritisches Urtheil darüber hinreichend sind. Ich werde sie in der Ueberzeugung, daſs kein Leser Huttens sie gern in dieser Ausgabe vermissen würde, auch das Buch überhaupt selten geworden ist, nebst andern

Schriftchen, worüber kritische Zweifel walten, als den „*Dialogis VII*“, dem „*Julius exclusus*“ und merkwürdigen Flugschriften, woran Hutten immer mittelbaren oder unmittelbaren Antheil gehabt, gleich nach den lateinischen Werken als *Opëra dubia* abdrucken lassen, und das gleiche auch bei den teutsch - geschriebenen beobachten.

Der Sammlung selbst geht in diesem ersten Band ein chronolog. Verzeichniſs der sämmtlichen gröſsern und kleinern Schriften, sodann der verschiedenen Bildnisse Huttens, und sein Dichterdiplom voran. Hierauf folgen die Urtheile der Zeitgenossen und spätern Schriftsteller über Huttens Verdienste, Charakter und Antheil an dem Werk der Reformation. Auf diese eine gedrängte Uebersicht und Kritik der Biographien und gröſsern Notitzen über ihn und seine Schriften; hierauf ein Verzeichniſs der Schicksale dieser letztern bis zur gegenwärtigen Edition; endlich einige dichterische Blumen auf sein Grab von Ältern und Neuern.

Ich glaube damit einem mehrfach ausgesprochenen Wunsche Genüge geleistet zu haben, nicht als ob ich dafür hielte, daſs Hutten, den die teutsche Nation längst in ihr Pantheon (wenigstens das unsichtbare) gestellt, durch diese Urtheile u. s. w. gröſsern Glanz erhielte, da sehr oft Leute von geringer Bedeutung sie gefällt, sondern weil sie eine Art von Tribut des Dankes sind, womit jene Männer sich mehr, denn Hutten geehrt haben. Sie hängen also gleich den Votivtäfelchen wunderbarer Kapellen in dem Heiligthum dieses Edeln; trefliche Gemählde und gesudelte Conterfeyen. Wichtiger als diese aber sind gewiſs die literarischen Notitzen über die verschiedenen bisher erschienenen Biographien u. s. w., welche gleichsam eine Urkundensammlung und Wegweiser zur künftigen neuen Bearbeitung von Huttens Leben bilden.

Dieses selbst, so wie die in der öffentlichen Ankündigung versprochene Zeitgeschichte, werden daher am füglichsten nach beendigter Herausgabe erscheinen, weil auf diese Weise dem Biographen nicht nur die einzelnen Begebenheiten klarer, und in ihrer nächsten Folge vor Augen liegen, sondern auch die Citationen in gröſserer Ordnung geschehen können.

Wie sehr hätt' ich gewünscht, dafs eine kräftigere Hand diese Ausgabe übernommen, zu deren kritischen Vollkommenheit ich die meinige mehr als zu schwach fühle: allein da von nirgend her eine Stimme dafür erscholl, und wir in einer Zeit leben, wo es mehr denn je noth thut, aus dem Pfuhl einer würdelosen Gegenwart in ein frischeres Leben der Vergangenheit uns zu retten, glaubt' ich, trotz der vielen ungünstigen Vorzeichen, mein Unternehmen als gerade zu rechter Zeit begonnen. Ich habe das Meinige nach Kräften gethan, und trete bescheiden in den Hintergrund zurück; verständigen Belehrungen gerne horchend, zu Verbesserungen bereit, seichter Urtheile mich leicht entschüttelnd, verzichtend auf jeden Ruhm und Gewinn, wenn ich manch wackeres Männer- und Jünglingsherz an meinem Helden werde hangen sehen, der mehr als irgend einer das geistige Abbild unsers Volkes, mit allen seinen Fürtrefflichkeiten und Schwächen ist.

So gehe denn, erhabene Gestalt, wie Hamlets Geist mit gezücktem Schwert über die Bühne, wo sie dermal ein noch bunteres Wesen zu treiben beginnen, als da du Hochstratens Gesellen und die ganze unlautere Schaar der Feinde Teutschlands bekämpftest: gehe hin, versuche dein Glück noch einmal bei deinen Teutschen, und zürne nicht, wenn du eitel Knabenspiel und den Hohn der Unreinen über den Gräbern grofser Jahrhunderte erblickst. Doch wenn sie dich auch jezt nicht aufnehmen, wie's deinem hohen Wesen gebührt, und auch jezt, wie weiland der treulose Erasmus deine Armuth dir vorwerfen, und Gastrecht dir weigern: dann kehre auf immer nach deiner Uffnau zurück. Ihr Undank wird dann statt des Denkmals seyn, das deiner unbezeichneten Grabstätte fehlt.

Hiemit grüfs' ich dich im Geiste, und biete allen Biderben teutscher Nation Grufs und Handschlag!

Aarau, in der Schweiz,
den 18ten des Brachmonats 1821.

Münch.

Einleitung.

I.

Chronologisches Verzeichniſs

der sämmtlichen

gröſsern und kleinern Schriften

Ulrichs von Hutten.

A. Lateinische Schriften.

1507. Carmina Juvenilia: a) In laudem Marchiæ. b) De Virtute elegiaca exhortatio.

1510. In Wedegum Lœtz, Consulem Gripeswaldensem in Pomerania, et filium ejus Henningum, utr. Jur. Doctorem Querelarum libri duo.

1511. De Arte versificatoria Carmen Heroicum; cum præfatione, ad Joann. et Alexandr. de Osthen Epistola.

— Croti Rubiani ad Ulr. Hutten. Epistola.

1512. Ad invictissimum Cæsarem Maximilian. ut bellum in Venetos cœptum prosequatur, Exhortatorium. cum Joach. Vadiani ad Georg. Collimitium Epistola.

— U. Hutteni, adolescentis, Viennam intrantis, Carmen.

— Ad Balthasarum Phachum Epistola.

1513. Nemo. Editio prima.

1513. Carmen emunctissimum, mores hominum admodum jucunde complectens, cui titulus: Vir bonus.

1514. Ad Cæsarem Maximilianum Epigrammatum liber unus.

— De Piscatura Venetorum, Heroicum.

— Marcus Heroicum.

— Quod ab illa antiquitus Germanorum claritudine nondum degenerârint Nostrates, Heroicum.

— Pro Ara Coritiana, quæ est Romæ, Epigrammata.

— Ad Crotum Rubianum de statu Romano, Epigrammata ex urbe missa.

— In Tempora Julii Satyra.

— In laudem reverendiss. Alberti, Archiepiscopi Mogunt. Panegyricus. cum præfat. ad clariss. equit. Eitelwolfum de Lapide Suevum.

1515. Ad Marquardum de Halstein, Canonic. Moguntin. adfinem suum Epistola.

— In miserabilem Joannis de Hutten Gentilis sui interitum, Deploratio.

— Ad Jacobum Fuchs, Ecclesiar. Bamberg. et Herbipolens. Canonicum, Epistola.

— Ad Ludovic. de Hutten, Eq. aurat. super interemptione filii Consolatoria.

— Ad Michael. de Sensheym, Canonic. Herbipol. Epistola.

— In Ulrichum Wirtenbergens. Oratio prima.

— — — — — secunda.

— — — — — tertia.

— — — — — quarta.

— Phalarismus. Dialogus.

1516. Prognosticon in annum M. D. XVI., ad Leonem X. Pont. Max.

1516. Epistola Italiæ ad Maximilian. Cæsarem fictitia et præfat. ad Nicolaum Gerbelium.

— Ad Italiam Maximiliani responsoria, autore Helio Eobano Hesso.

script. 1515. edit. 1516. 'ΟΥΤΙΣ. Nemo. (Editio II. et aucta,) cum epistola ad Crot. Rubian. dedicatoria.

1516. Ad Richardum Crocum, Anglum, Epist. II.

script. 1515. edit. 1516. Ad Cardinalem Hadrianum virum doctissimum, et Germanor. in urbe patronum pro Capnione Intercessio.

1516. Joannis Reuchlini, viri clarissimi Encomion: triumphanti illi ex devictis obscuris viris: i. e. Theologistis Coloniensibus, et Fratribus de ordine Prædicatorum, ab Eleutherio Byzeno decantatum.

— In sceleratissimam Joannis Pepericorni vitam Exclamatio.

— Pasquillus Exul.

— Ad Erasmum Roterodamum Epistola.

1517. Ad Joannem Reuchlinum Epistola.

— Bilibaldi Pirkheimeri ad Ulric. Huttenum Epistola.

— Ad Erasmum Roterod. Epistola.

— Ad Bilibald. Pirkheimerum Patricium Norimbergensem Epistola.

Declamatio Laurentii Vallæ de falso credita et ementita Constantini Donatione, cum præfatione Hutteni.

Ad illustrem Hermannum de Newenar Comitem, quâ contra Capnionis æmulos confirmatur, Epistola.

1518. Pasquillus Marranus. Dialogus.

— Ad principes Germaniæ, ut bellum Turcis inferant, Exhortatoria, cui addita:

Ad Chunradum Peutinger, Patric. Augustensem Epistola, et „Carmen exhortatorium ad Germanos suos."

1518. Orationes duæ, altera habita a Legatis summi Pontificis, coram Imper. Maximil. pro colligendis Decimis in expeditionem in Turcas: altera Viri cujusdam doctissimi adhortantis, ne Principes in Decimæ præstationem consentiant.

(Daſs dieser letztere, ja vielleicht beide Briefe von Hutten seyen, werd' ich am geeigneten Orte darthun.)

— Misaulus, qui et Aula inscribitur, Dialogus. cum præfatione, ad Henricum Stromerum, Averbachensem Epistola.

— Ad virum per omnia Magnum, Bilibaldum Pirkheimer, Patric. Norimbergens., amicum fortem et cognitum, Epistola.

— Ad Bilibald. Pirkheimer. Patr. Norimb. Epistola, vitæ suæ rationem exponens.

— Ad Ulr. Huttenum Bilibald. Pirkheimeri Epistola.

— Ad Julium Pflugk Equit. Epistola.

— Ad Jacobum de Bannisiis, Decanum Tridentinum et Cæsar. Majestat. a Secretis Epistola.

script. 1518. } De Gujaci Medicina et Morbo
edit. 1519. } Gallico liber unus.

script. 1518. } Febris Dialogus.
edit. 1519. }

1518. Versus Numismati, in memoriam reconciliationis Maximiliani Imp. gratiæ et Francisci de Sickingen, an. CIↃ IↃ XVIII. fuso inscriptus.

— Ad Christophorum Hacum Oda.

1519. Ad Fabium, Chrysopolitam, studiosissimum adolescentum, Disticha.

— Julii II. Lig. Pont. Max. Epitaphium.

1519. T. Livius Patavinus Historicus. Duobus libris auctus cum L. Flori Epitome. Indice copioso, et Annotatis in libros VII belli Maced. cum Ulrici Hutteni Præfatione ad Álbertum Moguntiæ Archiepiscopum.

— Ad Erasmum Roterodamum Epistola.

— Erasmi Roterodam. ad Ulricum Huttenum Epistola.

— Ad christianissimum Francorum regem Franciscum ne causam tueatur Wirtenbergensem Epistola.

— Ad Arnoldum de Glauberg Jureconsultum Francofurtanum Epistola.

— Erasmi Roterod. ad U. Huttenum Epistola.

— Ad Lucam de Erenbergk Canonic. et amicos Moguntiæ omnes Epistola.

— Ad Arnoldum Glauberg Epistola.

— Ad Chilianum Salensem Jureconsultum Francum Epistola.

— Ad Friderichum Piscatorem Epistola.

— Ad Eduardum Leum Anglum Epistola.

— Ad Erasmum Roterodamum Epistola.

— In Ulrichum Wirtenbergensem Oratio quinta. Ad Confœdustos Sueviæ et victorem exercitum, devicto jam et dejecto Tyranno declamata.

— Ad Eoban. Hessum, et Petreium Aperbacchum Epistola.

— Ad Petrum de Ufsæfs (s. Aufsas) Apologia pro Phalarismo ab illo decerpto; cui accedit:
Epilogus in Varia super interfectione Joannis ab Hutten scripta.

script. 1519. edit. 1520.	Febris secunda, Fortuna, Inspicientes, Trias Romana, quæ et inscribitur: Vadiscus.	Dialogi.

script. 1519. } Ad Apologiam Henrici quarti Fuldæ
edit. 1520. } inventam Præfatio.

1519. Ad Eobanum Hessum Epistola.

— Ad Paulum Ricium, Cæsari a Medicina Epistola.

— Ad Arnoldum Glaubergerum, Jurisc. Francofurtan. Epistola.

1520. Præfatio ad epistolas aliquot mirum in modum liberas de Schismate extinguendo, et vera ecclesiastica libertate adferenda, ad illustrissimum Principem Ferdinandum Austriæ Ducem.

— Ad liberos in Germania omnes } Epistolæ.
— Ad Martinum Luterum }
— Ad Philippum Melanchthonem }
— Ad Sebastianum de Rotenhan Equit. aurat. adfinem suum }

— Ad Philippum Melanchthonem, Brettanum, juvenem eruditissimum, suum amicum desiderabilem Epistola.

— Conquestio ad Carolum imperatorem adversus intentatam sibi a Romanistis vim et injuriam.

— Ad Sebastian. de Rotenhan Equit. aurat. Epistola.

— Ad illustriss. Principem Friderichum, Saxonum Ducem, Electorem, Epistola.

— Ad omnes omnis ordinis ac status in Germania Principes, Nobilitatem, et Plebejos Epistola sive Conquestio.

— Ad verbi divini præconem invictissimum, Martinum Lutherum, fratrem et amicum dilectissimum, Epistola.

— Ad Germanos omnes Epistola.

— Bulla decimi Leonis contra errores Martini Lutheri.

1520. Exclamatio in incendium Lutheranum.

— Ad Erasmum Roterod. Epistola.

— Petri Francisci ad U. Hutt. equit. strenuissim. Epistola.

1521. Dialogi Huttenici novi, perquam festivi:
Bulla, vel Bullicida,
Monitor primus,
Monitor secundus,
Prædones,
quibus præmissa: ad illustriss. Princip. ac Dominum Joannem Palatinum Rheni, Bavariæ Ducem, Epistola.

— Invectivæ in Hieronimum Aleandrum (Alcandrum) et Marinum Caracciolum.

— Invectiva in Cardinales, episcopos, et sacerdotes, Lutherum Wormaciæ in concilio Germaniæ impugnantes.

— Epistola ad Carolum Imperatorem pro Luthero.

— Ad Albertum Moguntinum Epistola.

— Epistola Bilibaldi Pirkheimeri ad Huttenum.

— Ad Georgium Spalatinum Epistola.

— Eadem ad Jodocum Jonam.

— Eadem ad Martinum Lutherum, Evangelistam invictissimum, amicum sanctissimum.

— Eadem ad eundem.

— Ad Bilibald. Pirkheimerum Senator. Norimberg. Epistola.

— Hermanni Buschii ad Ulric. Hutten. Equit. suum, Epistola.

— Ad Præpositum quemdam (Bartholom. Bernhardi, Cambergensem,) Hutteni Epistola.

— Helii Eob. Hessi ad Ulrichum Huttenum, ut christianæ veritatis causam, et Lutheri injuriam armis contra Romanistas prosequeretur Exhort.

1521. U. Hutteni ad præcedens H. Eob. Hessi Carmen Responsorium.

1522. Philalethis civis Utopiensis Dialogus, de facultatibus Romanensium nuper publicatis, Henno Rusticus.

1523. Ad Eob. Hessum Epistola.

— Ad Philippum Comit. a Fürstenberg Epist.

— Cum Erasmo Roderodamo, Presbytero, Theologo, Expostulatio.

— Erasmi Roterodami ad Huttenum Epistola.

— Spongia Erasmi adversus aspergines Huttenicas. Cum epistola ad Ulrichum Zwinglium, apud inclytam Helvetior. civitatem Thurregium concionatorem.

1524. Othonis Brunfelsii ad Spongiam Erasmi Responsio.

— Judicium Erasmi Alberi, de Spongia Erasmi Roterodami.

— Epistola Erasmi Roterodami ad Fabrum Constant. Vicarium.

— Epistola M. Lutheri ad amicum piissima, de fucata Erasmi Spongia; deque Christi negotio sincerius tractando.

Opera Posthuma:

1528. Arminius Dialogus.

— C. Sallustii et Q. Curtii Flores, selecti per Huldericum Huttenum, Equitem, ejusque Scholiis non indoctis illusrati.

B. Ulrich von Huttens teutsche Schriften.

Verteutschet Klag an Herzog Friederich zu Sachsen.

Klagschrift an alle Ständ teutscher Nation, nebst Nachred.

Teutsch Requiem, oder: ein Klag über den Lutherischen Brand zu Mentz.

Klag und Vermanung gegen den übermäſsigen Gewalt des Bapsts zu Rom. eins mit

{ Lebendige Abcontrafacktur des ganzen Pabstthumbs, und
Auferwecker der teutschen Nation.

Anzeigung wie sich die Bäbst allwegen gegen den teutschen Kaisern gehalten.

Gesprächbüchlein Herrn Ulrichs v. Hutten:
Feber das Erst,
Feber das Ander,
der Vadiscus, und
die Anschawenden, nebst Vorrred an Sickingen.

1521. Concilia wie man die halten soll; und von Verleihung geistlicher Lehenpfründen, und Ermanung, daſs ein jeder bei dem rechten alten christlichen Glauben bleiben, und sich zu keiner Newerung bewegen lassen soll. Durch Herr Cunrat Zärtlin in 76 Artikeln verfaſst.

— Gesprächbüchlein: New Karsthans.

1522. Beklagung der Freistätte teutscher Nation.

— Eine demüthige Ermanung an eine gemeine Stadt Wormbs.

— Entschuldigung wider etlicher Unwahrhaftiger Ausgaben von ihm, als ſollt er wider alle Geistlichkeit und Priesterschaft seyn: mit Erklärung seiner Geschriften.

Ein neu Lied Herrn Ulrichs v. Hutten,

Trias Romana.

Brief an die freye Reichsstadt Frankfurt.

Erasmus v. Roderodams Brief an den Magistrat zu Zürich.

Ulrich v. Huttens Sendschreiben an ebendenselben.

Schriften, welche Hutten mit groſser Wahrscheinlichkeit zugeschrieben werden.

a) Epistolæ obscurorum virorum. Tom. II.
b) Julius exclusus. Dialogus.
c) Dialogi septem perquam festivi:
Momus. — Carolus. —
Pietatis, et Superstitionis pugna.
Conciliabulum Theologistarum adversus bonar. literarum studiosos.
Apophtegmata Vadisci, et Pasquilli, de depravato Ecclesiæ statu.
Huttenus captivus. — Huttenus illustris.
d) Oratio ad Carolum maximum Augustum, et Germaniæ Principes, pro Ulricho Hutteno Germano, et Martino Luthero, patriæ et christianæ libertatis adsertoribus, Authore S. Abydeno Corallo, Germano.
e) Oratio ad Christum Opt. Max. pro Julio Liguro.
f) De non apostolicis quorundam moribus.
g) Nicolai Clemangis Archidiac. Bajocens. de corrupto ecclesiæ statu.
h) Der sechste Bundsgenoſs Encomion Moriä von Erasmus Rotherodamus, teutsch gemacht.
i) Oratio Constantii Eubuli Moventini de virtute clavium, et Bulla condemnatoria Leonis decimi contra Mart. Lutherum.

Werke, welche mit geringer, oder gar keiner Wahrscheinlichkeit Hutten beigelegt worden.

1518. Epistola de Magistris nostris Lovaniensibus, quot et quales sint, quibus debemus magistralem illam damnationem Lutherianam.

(Ohne Jahrzahl) Hochstratus ovans. Dialogus festivissimus.

1518. Dialogus de Fratre Hieronymo Savonarola etc. igne atque aqua consumpto. cum variis additionibus.

1520. Eccius dedolatus, authore Joanne Francisco Cottalambergio Poeta laureato.

— Gespräch Karsthans.

— Murnarus Leviathan, Vulgo Dicktus, Geltnar, oder Genfs Prediger etc.

1521. Ludus in Caprum Emserianum.

— Litaneia Germanorum.

— Dialogus nit unlustig zu lesen, newlich von Martino Luther und Simone Hesso, zu Worms geschehen.

Gespräch zwischen einem Pfarrer und Schultheifs.

Der erste Bundtsgenofs: Klägliche Klag an den christlichen Römischen Kaiser Carolum, von wegen Doctor Luthers, und Ulrich von Hutten, auch von wegen der Curtisanen und Bettelmönch.

Der achte Bundtsgenofs: Warumb Doctor Luther vnd Herr Vlrich von Hutten teutsch schrieben.

Wer hören will, wer die ganze Welt arm gemacht hat.

Passio M. Lutheri secundum Marcellum nebst einem gereimten Dialog: Karsthans und Kegelhans.

Schriften, an deren Herausgabe oder Verbesserung Hutten mehr oder weniger Antheil hatte.

1522. Des hochberümpten — — — — M. T. Ciceronis Büchlein von dem Alter, durch Herr Joh.

Neuber, Caplan zu Schwarzenberg uſs dem Latein ins Teutsch gebracht.

1523. Liber egregius de unitate ecclesiæ, cujus autor periit in concilio Constantiensi, oder auch:

De Causa Boemica Paulus Constantius.

(Die Ausgabe der sämmtlichen Joh. Huſsischen Werke v. Hutten ist fortgesetzt worden durch Otho v. Brunfels.)

Processus Consistorialis Martyrii Jo. Huss cum correspondentia legis Gratiæ ad Jus papisticum in Simoniacos et Fornicatores; et de victoria Christi ad vetustatis typum excusus. Davon eine teutsche Uebersetzung.

Pasquillorum Tomi duo. Eleutheropoli.

II.

Verzeichnifs der verschiedenen Bildnisse Ulrich von Huttens.

(Die Notizen über die zwölf erstern sind aus Panzer abgedruckt.)

1.

Ganze Figur: Stehend.

1. U. ULRICHUS DE HUTTEN GERMAN. LIBERTATIS PROPUGNATOR. Rechtsgekehrt, ganz geharnischt, mit dem Lorbeerkranz, das Schwerdt mit beiden Händen haltend. Neben: Rechts untereinander drei Wappen 8.

Steht vor dem dritten Theil von Burkhards Commentar.

2. U. ULRICH von HUTTEN, ein Ritter und Poët aus Franken. Die nemliche Vorstellung 8.

Steht in I. N. Weislingers *Hutteno delarvato*.

3. O. Vlrichus ab Hutten: neben Rechts: Martinus Lutherus. Klein.

Titelblatt zu dem Gesprächbüchlein.

4. Beide noch einmal, zu Ende des Gesprächbüchleins. O. Ulr. von Hutten. M. Luther. klein

2.

Halbe Figur. 1. Rechts gekehrt.

1. Ulrich von Hutten etc. Im Harnisch mit dem Lorbeerkranz. Hält eine Art eines Stabes, welcher oben ein Oval hat, in welchem folgende Buchstaben stehen:

I H E
H V
N S
A.

An den vier Ecken Wappen. Unten stehen die Verse:

Mich nennt den Hutten yederman.
Zu schimpff, zu ernst ich fechten kan,
Schwert, feder halt in gleicher macht
Mein gmüt gots huld halt hoher acht.
On einich ansehen schreib ich frey
Der Churtisanen buberey,
Wie sye Teutsch landt berauben gantz,
Durch jr pfründ tuschen vnd finantz
Des mich verfolgt der Babst on recht,
Vnd thut gwalt mir edelknecht.
Das klag ich gott, vnd Carle glich.
Ich habs gewogt, Rom sich für dich.

Ein gleichzeitiger, ungemein schöner, aber auch äuſserst seltener Holzschnitt, in Folio.

2. O. Vlrich von Hutten. Geharnischt, mit dem Lorbeerkranz, das Schwerdt haltend, oder ziehend. An den vier Ecken Wappen. Unten stehen die nemlichen Verse. fol.

Ist ein neuerer Nachstich.

3. Eben derselbe geharnischt, mit dem Lorbeerkranz, das Schwerdt haltend. An den vier Ecken, Wappen. Unten steht: *Verte:* Steht vor den *Invectivis in Hieronym. Aleandrum etc.* Holzschnitt in 4.

4. R. :VLRICHVS AB HVTTEN EQ́. Blos der mit Lorbeern gekrönte Kopf. Als Medaillon Links auf dem Titel der *Expostulat. cum Erasmo.* Rechts in eben der Gröſse des Erasmus Bildniſs. Holzschnitt.

5. Der mit Lorbeern gekrönte Kopf, ohne Namen, als Medaillon. Auf dem Titelblatt der Octavausgabe seiner *Expostulat. cum Erasmo.* Holzschnitt.

6. O. HVLDRICHVS HVTTENVS EQVES FRANC9, *& Poeta* N. *Naſcitur A. 1488. Obyt. Ao. 1523.* *in aug.* U.

Palladis invictus, pariter Mavortis allumnus
Inclytus ingenio militiaque fui. 4.

In Boissardi Icon. Viror. illustr.
P. II. n. III.

7. Eben dieses Bildniſs in Boissardi Bibliotheca chalcogr. U. M. m. m. 4. 4.

8. O. HVLDRICVS HVTTENVS EQVES FRANCVS OPTIMIS ERVDITVS ARTIBVS OMNIBVS: MINERVA DVCE AC MAGISTRA; LITERARVM PARITER, ET ARMORVM PRAESTANS GLOria: à Diuo Maximiliano I. Caes. Aug: ob excellentis ingenii vim, ac probatae virtutis in bello Veneto laudem singularem: Et Poeta lauro, et Eques auro coronatus: Acerrimus propugnator communis libertatis: Religionis vindex, fideique rectae constantiſs:

partium semper studiosus ac defensor bonarum: Musarum & Gratiarum Hierophantes incomparabilis. Geharnischt, mit dem Lorbeerkranz, das Schwerdt haltend. Wappen an vier Ecken. U. 9. lateinische Disticha, wovon das erste:

Ipse equidem claris fueram natalibus ortus
Huttenus, patrio sanguine Francus eques &c.

Darunter steht: Zacharias Lehman Typographus. Das ganze in einer zierlichen Einfassung. Holzschnitt. fol.

9. Ohne Namen: Im Harnisch mit Lorbeern gekrönt. Neben Links 2. Wappen. Unten:

Nobilitas multum mihi conciliavit honoris
Mars multum, et Pallas, plus Pietatis amor
Io. Lauterbach.

Bernigeroth sc. 8. Steht vor dem 2ten Theil von Burkhards Commentar.

10. Ohne Namen. Im Kleid mit einem Hut bedekt. Neben Rechts 1. Wappen. Unten:

Huttenus Musas semper Martemque secutus
Gloria Musarum, Gloria Martis erat.
Georgius Fabricius.

Stör sc. 8.

3.

Halbe Figur. 2. Rechts gekehrt.

1. U. VLRICHVS. DE HVTTEN. EQ. GERMA. Im Kleid, mit einem Hut bedeckt, unter einem zierlichen Portal, an welchem oben Rechts und Links zwey Wappen hängen. O. *Exoriare aliquis nostris ex ossibus ultor.* Dieses Bildnifs kommt das erstemal am Schlufse des Phalarismus 1517.

und nachher öfters vor. Ist ein schöner Holzschnitt in 4.

2. Ohne Namen, im Harnisch, mit Lorbeern gekrönt. Steht in einem Lorbeerkranz, an welchem die vier Wappen angebracht worden sind. O. DIRVMPAMVS VINCVLA EORVM ET PRO-U. IICIAMVS A NOBIS IVGVM EORUM. Holzschnitt, 4. Steht auf der Rückseite des Titels der Schrift: Clag vnd Vormanung u. s. w.

3. Ohne Namen. Im Kleid, mit einem Hut bedekt; neben links ein Wappen. Unten:

Huttenus Musas semper, Martemque secutus
Gloria Musarum, Gloria Martis erat.
Georgius Fabricius.

M. B. sc. 8. Steht vor dem 1ten Theil von Burkhards Commentar.

4. O. HVLDRICHVS HVTTENVS EQVES Francus et Poëta. Unten:

Martis eram, simul et Musarum fortis alumnus
Laureolae decus hinc nunc vtriusq. fero.
M. D. XXIII.

Im Harnisch mit dem Lorbeerkranz. 8. Aus Reusneri Iconibus.

5. O. Huldrich von Hutten Ritter vnd Poët. 8. Unten:

Edel von Stamm, Lehr vnd verstand,
Ein Held zugleich mit faust vnd Hand,
Die Freyheit und auch ware Lehr,
Beschütz ich im Leben mit Mund vnd wehr.

Starb im Iahr 1523.

Im Harnisch mit dem Lorbeerkranz. 8. Aus Reufsners Contrafacturbuch.

6. O. HVTTENVS HVLDRICHVS Eques Francus & Poëta laureatus. Unten:

Martis eram, simul et Musarum fortis alumnus
Laureolae decus hinc nunc utriusq. fero.

Im Harnisch mit dem Lorbeerkranz. 8. Aus Reusneri Iconib. Frf. 1719.

7. U. Ulric de HUTTEN Gentilhomme de Franconie Poëte Lutherien nè à Steckelberg mourut près de Zürich en 1523. Etwas weiter unten:

Hic Eques auratus, Dialecticus atque Poëta
Hostis et Huttenus Papæ animosus erat.
Invehitur (sic) dictis Scriptis: contenta quiete
Mens nunquam. Papæ turpia facta crepans.

Desrochers ex. 8.

8. HULDRICU9 HUTTEN9 Eques Francus. Im Harnisch mit dem Lorbeerkranz. 12. Aus Freheri Theatro.

9. O. HVLDRICVS HVTTENVS Eques auratus, Poëta Laureatus &c. Im Harnisch mit dem Lorbeerkranz. U. Vlricus fatis cum concessisset etc. 8. Aus Zeideri theatro &c.

10. HVLDERICHVS HVTTENVS Eques Francus et Poëta. Im Harnisch mit dem Lorbeerkranz. 8.

11. Ulrich von Hutten. A. W. Küfner sc. Im Kleid mit einem Hut bedeckt. 8. Aus Schubarts Ulrich von Hutten.

12. Eadem tabula mit Ulrich von Hutten. In tyrannos. A. W. Küfner sc. Ebendaher.

13. ULRICH VON HUTTEN. geb. am 21. April 1488. gest. am 30. Aug. 1523. Cl. Kohl sc.

Viennae 1795. Im Harnisch mit dem Lorbeerkranz. Bestimmt zum dritten Band des Pantheons der Teutschen.

Nachtrag.

14. Der Kupferstich vor dem Phalarismus, und vor dem 1ten Theil von Burkhards Commentar ist auch als Titelkupfer den von Aloys Schreiber herausgegebenen Gedichten beigefügt worden; sodann in der zu Zwickau bei Schumann herauskommenden Portraits-Sammlung, und zwar in der ersten Lieferung neu aufgelegt erschienen. Das alte jedoch so wenig als das neue drücken Huttens Züge nicht im Mindesten aus, wie wir sie nach allen Personalbeschreibungen erwarten, und nach Vergleichung mit andern beurtheilen dürfen.

Der weitgelungenste scheint uns

15. in dem Reformations-Almanach v. J. 1818 zu seyn, nach welchem wir auch das Titelkupfer zu Huttens Leben, oder zu irgend einem Bande dieser Ausgabe besorgen werden.

Er ist hier ebenfalls in Harnisch gekleidet, und mit dem Lorbeerkranz geziert. Aber sein Gesicht trägt nebst dem siegreich niederschlagenden Spott und Geist dennoch einige mildernde Züge von Freundlichkeit und biedrer Treuherzigkeit, was gewiſs unverkennbar einst aus ihm hervorblickte, und gerade durch die seltsamste Verschmelzung eines beständig im Streit begriffnen Spottes mit glühender Herzlichkeit gegen alle Freunde und Geistesverwandte seinen Umgang so anziehend und sein Wesen so interessant machte.

III.

Ulrichs von Hutten

Dichterdiplom.

Maximilianus Divina favente clementia electus Romanorum Imperator semper augustus, ac Germaniæ, Hungariæ, Dalmatiæ, Croatiæ etc. Rex, Archidux Austriæ, Dux Burgundiæ, Brabantiæ etc., Comes palatinus etc. Honorabili nostro et sacri Imperii fideli nobis dilecto Udalrico de Hutten Poëtæ et Oratori Gratiam nostram Cæsaream, et omne bonum. Consonum Cæsareæ clementiæ maxime rati honoribus augere eos, quorum virtutis aliqua apud bonos Viros testificatio sit, quod hos veluti stimulo ad optima studia capessenda plurimi incitentur. Deinde sic putantes ad nostram quoque gloriam pertinere, si optimi cujusque vita nostro inprimis testimonio probetur. Unde te Udalricum præfatum ex nobili Equitum Familia commendatum nobis a probatis hominibus, Juvenem scientes, quod amore literarum Exul factus magna Europæ perlustrata parte multa dura, et acerba tuleris, etiam vitæ pericula inieris, idque adsecutus sis, ut jam tua scripta in manibus haberentur, te doctissimus quisque per Italiam pariter et Germaniam ob ingenium, et politiorem eruditionem familiarissime complecteretur ac interim clarissimorum hominum publice edita extarent Testimonia, quibus inter raros te collocarent. Et quia tu ad generis claritudinem optimis studiis quæsitam nobilitatem adjecisti, dignum putavimus, qui nostro quoque calculo probaveris. Te igitur Udalricum coram nostra Majestate et illustri Aulicorum nostrorum Cœtu constitutum, motu proprio, ex certa scientia et Auctoritate nostra Cæsarea Laurea Corona donavimus, exornavimus, aureoque insuper Annulo jureque, et usu aurei Annuli ob facundiam et eloquentiam tuam decoravimus, Laureatumque et Poëtam, et Vatem, et Oratorem discrtum pronuntiavimus, prout tenore præsentium te Laurea Corona per sacras Manus nostras decoratum, exornatum, annuloque aureo decoratum Poëtam, et Vatem, et Oratorem facundum dicimus, et pronuntiamus. Dantes et concedentes tibi, et hoc Cæsareo nostro statuentes edicto, quod de cætera in quibuscunque studiis et generalibus præcipue, tam in arte Poëtica quam in Oratoria legere, docere, profiteri, et interpretari, ac insuper omnibus Privilegiis, immunitatibus, Indultis, honoribus, præeminentiis, gratiis, et Libertatibus libere uti, frui, et gaudere debeas, et possis, quibus cæteri Poëtæ a nobis Laureati, ac Oratores freti sunt et usi fuere, seu quomodolibet gaudent consuetudine vel de jure. Et amplius ut uberiori gratia nostra te prosecutum sentias, Te eundem Udalricum cum omnibus Bonis, Rebus, actionibus, et Juribus tuis tam præsentibus quam futuris in nostram et sacri Imperii protectionem, tuitionem, et Salvagardiam assumpsimus, et accepimus, prout tenore præsentium expresse assumimus et accipimus, concedentes tibi et elargientes, ut apud nullum alium Judicem quam apud Nos, et Successores nostros Romanorum Reges, et Cæsares et Consilium nostrum, et eorum in jus vocari, et Juri stare possis, et debeas. Mandantes idcirco universis et singulis sacri Ro. Imperii Principibus tam ecclesiasticis, quam secularibus, Communitatibus, Universitatibus, Collegiis, et Subditis quorumcunque locorum per universum nostrum Romanum

Imperium sitorum, cujuscunque sint conditionis, gradus. ordinis, et status, ut te hac nostra, quam tibi largiti sumus dignitate, ac omnibus Prærogativis et insignibus ejus qualiacunque de jure et consuetudine ferventur. uti, frui, gaudere, et potiri permittant, nec non te contra prædictam nostram protectionem impulsare, aut molestare ullatenus præsumant directe vel indirecte, sub pœna indignationis nostræ gravissima, ac quindecim Marcharum Auri puri, quas contra facientes totiens quotiens contrafactum fuerit ipso facto incurrisse declaramus per præsentes. Quarum quidem medietatem Aerario nostro Cæsareo, reliquam vero partem tui Udalrici passi injuriam usibus decernimus applicandum. Harum testimonio litterarum Sigilli nostri appensione munitarum. Dat. in Civitate nostra Imperiali Augusta Die Duodecima Mensis Julii Anno Domini Millesimo quingentesimo Decimo septimo. Regnorum nostrorum Romani Tricesimo secundo, Hungariæ vero Vicesimo octavo. —

IV.

Urtheile von Zeitgenossen und spätern Schriftstellern über Huttens Verdienste und Charackter.

De Ulrichi Hutteni virtute atque Eruditione Judicia, atque Testimonia.

---

1) Erasmus in Ciceroniano p. 379.

Sat splendoris et copiæ præstat Huttenus in oratione soluta; in carmine felicior erat: ceterum a Ciceronis imagine procul aberat.

2) Ph. Melanchth. I. Declam. p. 735.

Habuit recentior ætas Poëtam summo ingenio Huttenum, qui nisi immatura morte exstinctus esset, ad scribendi facultatem plus eruditionis, et judicii adhibiturus erat. Sed quanta in eo vis ingenii, et naturæ ubertas fuerit, ostendunt, et in inveniendo acumen, et in explicando verborum splendor, et copia.

3) Erasmus ep. CCCCXCIII.

Huttenus facundissimus Eques, Orator bellacissimus, candidissimi ingenii, bonorum amore dignus.

4) Joach. Camerarius in Vita P. Melancht. p. 17.

Ulrichus gente Huttenus, patria Francus, ordine Eques, ingenio accerrimo, et animo confidentissimo, literis perquam eruditus, et litigantes Monachos cum Capnione varie exagitavit. — — —

5) Idem in op. eod. p. 93.

— — Fuit nobilitate et laude generis antiqui inprimis clarus, doctrinæ eruditæ princeps, impatientissimus injuriarum, libertatis immodicæ cupidus, non prorsus alienus a sævitia, quæ etiam vultûs acerbitate, et minus clemente, interdum oratione judicabatur. Sed neque opum abundantia, neque corporis, in quo admodum pusillo atque debili inerat **animus ingens**, ac **ferox**, viribus pollens. — — Si consilia et conatus Hutteni non defecissent, quasi nervi copiarum atque potentiæ jam tum mutatio omnium rerum exstitisset, et quasi orbis status publici fuisset conversus.

6) Jo. Sleidanus de Statu Religionis et Reip. Comment. l. IV. p. 53. b.

Inter alios Germaniæ viros doctos, qui Luthero plurimum favebant, erat Ulrichus Huttenus Francus, nobili genere natus: — Exstant quædam ejus opuscula quæ magnam ingenii libertatem, et acrimoniam ostendunt.

7) Conr. Rittershusius in Comment. de Vita Bil. Pirkheim. p. 33.

Ulrichus Huttenus, Francus, pro mirifica magnitudine ingenii acerrime se corruptelis, quas in præcipuis vitæ ordinibus notaverat, opposuit; verum ad ætatem non magnam pervenit.

8) Otho Brunfelsius in Respons. ad Spong. Erasmi. f. 3.

Huttenus, vir de pietate, Evangelio, religione, deque bonis viris optime meritus, patriæ libertatis vindex, veritatis adsertor, Curtisanicæ impugnator constantissimus, Papistarum hostis. — — Passus est pro Christiana re multa, et magno animo injurias contempsit.

9) Jac. August. Thuanus lib. XIII. Hist. ad ann. 1554.

Ulrich. Hutten. Eques Francus: cujus elegantes admodum Dialogi nec Luciani acumini cedentes, ex immaturo docti æque ac strenui viri obitu, quasi parvæ tabulæ ex magno naufragio, supersunt, et hodie mira cum suavitate ab æquis rerum æstimatoribus leguntur.

10) Jo. Hervagius in præf. C. Sallust. et Q. Curt. florib.

Hulderichus Huttenus, Vir, ne quid aliud dicam, meliori dignus fortuna.

11) Erasmus R. Ep. CCCCLXXVI. (Ed. Leid.) ad Eob. Hefs. script.

Adamabam ingenium Beati Rhenani: exosculabar indolem Philippi Melanchthon.: suspiciebam Capnionis majestatem; capiebar Hutteni deliciis.

12) Eob. Hessus in Hodœporico, Erphord. ann. CIↃ IↃXIX. ed. Bat. B. 5.

Præterea Huttenum quis jam non novit Erasmo
Laudatum; quo laudari, sit gratia ficto,
Jupiter ore velit. —

13) Christoph. Hegindorffer (Epist. in art. versif. Eob. Hesso script.)

Huttenus, vir, ut nobilis ortus, ita ingenii multo nobilissimi; — — — cujus mira in carminibus præstantia: — — — doctissimus simul et eloquentissimus.

14) Joach. Vadianus. (in Epist. Hutt. Carm. Aug. Vind. præf.)

Ulrich. Huttenus, Poëta tam ingenii fœcunditate nobilis, quam Majorum claritudine ac insigni prosapia famigeratus.

15) Herman. Nuenarius. (Ep. ad Reuchl. L. II. Ep. 31.)

Tu nosti Hutteni ingenium, mores, indolem: præter virtutem, et genuinum splendorem, totus est candidus, cultus, atque elegans, te ita observat, ut præferat etiam necessariis. Literas ita colit, ut nullum barbaries acriorem sentiat hostem.

16) Bilib. Pirkheimer., Ep. ad Herm. Nuenar. Op. p. 212.

Germanæ Nobilitatis decus et literarum columen Huttenus.

17) Idem in Epist. Apologet. Luciani, Piscatori præm.

Udalricus Huttenus, Germaniæ nostræ spes certissima, et nobilitatis stemmate clarus, et ingenio, ac eruditione præstans.

18) Henr. Schwebelius in Dedicat. Centur. Epistol. Theol. ad Jo. Schwebelium, et in hujus vita.

Ulricus ab Hutten, Eques Francus, vir doctus, et vehemens oppugnator Papatûs. — Decus et ornamentum literatæ Nobilitatis Francicæ, cujus æqualem populares hactenus non viderunt.

19) Jo. Hagius in Vita Petri Lotichii Secundi p. 413.

Ulricus Huttenus, Eques Fr., virtute heroica atque ingenii gloria magnificus, magnitudine animi, ac stili invicti celsitudine clarus maxime.

20) Cyriacus Spangenberg in „Adelspiegel" P. II. lib. VI. c. X. et lib. XIII. c. 88.

Der edle und hochgelahrte Ulrich von Hutten, ein rechter Ausbund eines von Adel — ist gewesen ein rechter Liebhaber und Verfechter der Freyheit gemeinen Vaterlandes, ein grofser Eiverer wegen der lieben Warheit, und über dem offenbahrten Evangelio von dem einigen Heylande, und Mittler Jesu Christo, und dem seligmachenden Glauben: denn er hat sich bald im Anfang des Evangelii hertzlich angenommen, und solches mit besonderen Freuden. Lutheri Schrifften hat er mit Lust und Gottesfurcht gelesen, auch davon reden und schreiben können.

21) Ludov. Maimburg in illust. Seckendorf. Com. de Lutheran. L. I. p. 35.

Udalricus Huttenus, homo audax, sed gratiosus, amœni ingenii, prosa et carmine Latine et Germanice eloquens, Pontifici etiam magis quam ipse Lutherus infestus, et hujus perpetuus Encomiastes.

22) Idem (in Ep. ad Henr. Averbach.)

H. vir incomparabilis: qui litteras scripsit mellitissimas.

23) Auctor Epist. ad Crot. Rubian. p. 12. sqq.

H. vir facundia excellenti, et facilitate in poëmatis prope divina: — — natura vehemens, et fervidus, et odio Hypocrisis ardens. — — — Lutheranarum partium constanter mansit usque in finem.

24) Jo. Cochlæus (in Actib. Lutheri, ann. 1519).

U. Hutt. Eques Germ. vir et nobilis Familiæ, et acerrimi ingenii: qui et antea, priusquam Lutheri nomen orbi notum esset, multa pro libertate Germaniæ, contra pensionum quæstus, et citationum vexationes, quibus Romana Curia Germaniam gravare videbatur, scripserat, non solum carmine, verum etiam soluta oratione, vehemens, et acer.

25) Herm. Hammelmannus (lib. IV. de viris Westph. illustrib. p. 198).

In Hochstratium confictæ sunt Epistolæ obscurorum virorum, ab Hermanno Comite de Nova Aquila, Ulricho ab Hutten, et Hermanno Buschio, Cæsario, et aliis.

26) Henricus Pantaleon (de vir. illustr. Germaniæ P. III. 65.)

Huldricus Huttenus, quum præclara indole esset præditus, parentum consilio operam literis dedit, et in omni genere artium et disciplinarum plurimum profecit. Huic eruditioni armorum quoque studia conjunxit, et in bellis Venetis Cæsari Maximiliano suam operam fortiter præstitit, ita, ut ei gratissimus esset. Quum autem Lutheri doctrina publicaretur, Huldricus eam arripuit, atque contra alios mordicus defendit. Unde multa audacter et libere in Pontificios, multa etiam in Principes, et Magistratus civitatum scripsit, — — — apud Germanos magnum sibi nomen comparavit.

27) Theod. Beza (in Iconibus).

Ulrichum Huttenum præter generis Nobilitatem, gentilitio cognomento et virtute quoque militari testatam, animi vigor insignis magis etiam nobilitavit: quum ad eruditionem non parvam, acumen quoque, et festivum inprimis ingenium, ad Poëticen natum, (sicut variis carminibus, et aliquot etiam lepidissimis Dialogis declaravit) adjunxisset; easque dotes ad veræ pietatis propugnationem contulisset, acrior tamen, et mordacior; ut multo solidiorem ac vivaciorem gloriam merito fuerit adepturus, nisi mors illum intempestiva, annum videlicet ætatis tricesimum quintum agentem, priusquam illa ingenii vehementia maturesceret, e vivis sustulisset. —

28) Nicol. Reusnerus (in Imaginib. Vir. lit. illustr.)

Huldrichus Huttenus, Eques Francus,
optimis eruditus artibus omnibus,
Minerva duce ac magistra:
Literarum pariter et armorum præstans gloria:
a Divo Maximiliano I. Cæs. Aug.
ob excellentis ingenii vim,
ac probatæ virtutis in bello Veneto laudem
singularem,
et Poëta Lauro, et Eques auro coronatus:
acerrimus propugnator communis libertatis:
Religionis vindex fideique rectæ constantissimus,
Partium semper studiosus ac defensor bonarum:
Músarum et Gratiarum Hierophantes incomparabilis.

29) Andreas Voit a Rineck Eq. Francus (Epist. ad Henric. Petreum Herdes.)

Cuperem, permultos de Francica Nobilitate Hutteni vestigiis insistere, virtute, eruditione, et industria immortale nomen ac decus parare.

30) Nicol. Frischlinus (Epist. Salom. Frentzel. Poem. præf.)

Ulr. Huttenus, cum unus esset ex ordine Equestri, ingenii sui vires pro gloria Dei adversus malorum hominum conatus, pro defendendo Luthero convertit.

31) Christoph. Browerus (Fuld. Antiquit. Lib. IV.)

Udalric. Hutten. Equestri familia, novæ Sectæ Germanorum Poëtarum accerrimus: Lutheri hyperaspistes. Sub cujus mordaci Satyra et nigerrimo Sale non intutius ille, quam Teucer sub Ajacis clypeo, latuit.

32) Leonh. Hutterus (in Actione contra Jac. Gretserum.)

Ulric. ab Hutten, Eq. Germ. b. Lutheri defensionem contra Pontificis, et Curiæ Romanæ tyramidem mascule suscepit, et Pontifices, et Cardinales, Abbates, Episcopos, et universum clerum Rom. vivis suis coloribus graphice depinxit.

33) Melch. Adamus (in Vit. Pauli Meliss. Schedii.)

Habet Franconia, quibus gloriari possit alumnis, in omni fere doctrinæ genere præstantissimis. Quid enim clarius Hutteno eo temporo vixit.

34) Jo. Petr. Lotichius (in Biblioth. Poët. P. III.)

Complurimos inter Nobiles, qui a sæculo, et quod excurrit, in Germania literis, atque armis floruere; primus facile, et præstantissimus emminuit Francicæ Nobilitatis Scipio ille, Ulricus ab Hutten: qui non solum Miles atque Eques multum strenuus, sed Musarum maxime Gloria; qua non modo sibi, suisque, imo patriæ, imo universæ Germaniæ immortale decus abunde peperit: Poëta atque Orator extitit admodum Generosus. — — Lauro atque laude insignitus, communis deinceps patriæ libertatis vindex, et propugnator; Musarum vero et Eloquentiæ adsertor, quoad vixit, perstitit invictus atque incomparabilis. — — Tam gladio, quam calamo, libertatis vindex acerrimus; multa cordate et libere in Romanos Pontifices atque Clerum, multa etiam in Principes Germaniæ et status Democraticos conscripsit. (?)

35) Joann. Jacob Boissardus (Icon. Viror. illustr. P. II.)

U. H. Eques Fr. German. Poëta in omni genere artium, et disciplinarum Parentum consilio educatus, Minerva duce, et magistra literarum pariter, et armorum gloria præstans fuit.

36) Olaus Borrichius (Dissert. IV. de Poëtis Latinis n. 158.)

U. H. in Epigrammatis salsus est, in Exhortatione, ut Venetos prosequatur, acris, facundusque, in Piscatura Venetorum, quam epico depingit, ut et Germania, mediocris, in Triumpho Capnionis et Panegyrico Episcopi Moguntini erectior.

37) Jo. Andr. Quenstedt (in Dialog. de patriis illustr. doctrina et script. viror. p. 175.)

U. H. Eques et Ictus, qui causam b. Lutheri, Pontificiam Idolomaniam impugnantis probavit, multaque libere in Pontificem palam scripsit. — — — Fuit Huttenus nobilitate et laude generis antiqui in primis clarus, doctrinæ eruditæ princeps, libertatis cupidus.

38) Jo. Jac. Hoffmann (Lexic. univers. T. II. p. 552.)

U. H. Eq. Franc. eruditione inclytus, corpore exiguus, verum animo tam sublimis, ac intrepidus, ut, si in ejus potestate fuisset, universum totum penitus invertisset. Poëta eximius, sed stilo acer.

39) Conr. Sam. Schurzfleisch (Vit. Alberti animosi, p. 156.)

U. H. vir omnis peritissimus antiquitatis: cujus Satyra ad inertiam, et pravos mores monachorum coarguendos valuit.

40) Dan. Georg. Morhoff (in Polyhist. Literar. L. I. c. 23.)

Barbarorum hominum stribliginem eleganter depinxit Ulricus Huttenus, Eques nobilissimus, in Epistol. obscuror. virorum; is enim verus earum auctor est.

41) Observationes Halenses ad rem literar. (T IV. Obs. IX. §. 18.)

Coryphæus omnium, atque hujus, Ludi, (Obsc. vir. epist.) Choragus fuit Huttenus.

42) Burc. Gotthelf. Struve. (Act. liter. ex manuscr. erut. Fascic. II. p. 105.)

Inter eos, qui homines barbaros, linguarum, et omnis politioris doctrinæ hostes salse deridebant, facile princeps erat Ulr. Huttenus, Eq. Franc. Vir doctus, ingenio mire felici ac festivo, omnino etiam excelso, et confidentissimo.

43) Jo. Burkh. Mencken. (in Dissertat. de Viris æque ac Scriptis illustrib. p. 45.)

Poëta festivus U. ab Hutt. Eq. Fr. miles fuit primum sub Maxim. I. in Italia; deinde et contra Ulricum Würtenberg. strenue pugnavit. — — — Eidem Maximiliano uti ob fortitudinem, ita etiam ob Poësin non inelegantem ita se probavit, ut Poëtica ab eo laurea fuerit donatus; qua sic sibimet ipsi placuit, ut pingi se curaret ferreis tegumentis indutum, lauroque velut corona triumphali coronatum.

44) Herm. von der Hardt (in Reuchl. Hist.)

U. H. perillustris Nobilis Franc., illius sæculi sidus, — — — genere et ingenio magnus.

45) Antoine Teissier (dans les Eloges des Savans, tirez de l'Histoire de Mr. de Thou, avec des additions.)

Ulrich Hutten étoit Allemand, né dans la Franconie, et non pas François comme l'a traduit Mr. du Ryer (?!) qui n'a pas entendu la signification du mot Latin Francus. C'étoit un Gentilhomme également illustre par sa valeur, et par son savoir. Il avoit la taille petite, et le corps foible, mais un esprit si grand, et si intrepide, que s'il eût eu autant de pouvoir, que de courage, il auroit bouleversè tout l'Univers. — — — Il avoit un talent merveilleux pour la Poësie Latine, comme en font foi un grand nombre d'excellens Ouvrages en vers, qu'il mit au jour.

46) Auserlesene Anmerkungen über allerhand wichtige Materien und Schriften. (III. Th. p. 3.)

Ich weiſs nicht, was die Deutschen Fürsten vor einen Todtenschlaf müssen geschlafen haben, oder ob ihnen der Pabst die Liebe zu fressen gegeben, daſs sie so einen rechtschaffenen, redlichen Held, als Hutten war, der auſser Zweifel meritiret, was höhers zu seyn, ungeachtet alles seines Bittens, Flehens, Ermahnens, so gar verlassen, und ihm keiner, nicht einmahl heimlich, den geringsten Vorschub gethan, noch bedauert, oder beklaget, also daſs es allein auff den ehrlichen Frantzen von Sickingen ankommen müssen: da es noch wohl Händel würde gesetzt haben, daſs alle Säcula würden von Hutten haben zu sagen gewuſst, der nun fast gantz vergessen und begraben. — Gewiſs wer seine Klage an die deutschen Stände lieset, muſs entweder weinen, oder sich von Hertzen schämen, daſs er ein Deutscher ist, daſs alles bis auf den einigen Hutten so sklavisch gewesen, und so unempfindlich gegen diesen Ausbund eines ehrlichen deutschen Patrioten, u. s. w. Wird auch meines Erachtens wohl nicht eher gute Zeit in Deutschland werden, bis wir Huttens Sinn und Liebe zum Vaterland und deutscher Freiheit kriegen.

47) Jo. Henric. Boerisius (in Prolus. Miscell. ex Hist. Litterar. p. 12.)

U. H. æternum illud Franconiæ nostræ ornamentum. — — — Non tantum litterarum, sed et armorum gloria præstantissimus fuit. — — una cum Newenario, Reuchlino, et Buschio Epist. obsc. vir. in invidiam Orthvini Gratii elaborasse dicitur.

48) Christ. Gottl. Buder
(in Dissert. advers. urbis Romæ Episcopos etc. p. 20. 28)

U. H. Eques Francus, de Pietate, et Germana Libertate, Juribusque Augustorum immortaliter meritus. —. — Patriæ libertatis vindex, et veritatis adsertor constantissimus.

49) Gulielm. Budæus ad Erasm. Rot.
(Ep. L. II.)

Huttenus hanc transiit, vir omnino festivus, et comis, et nobilitatem, generositatemque præ se ferens.

50) E. Nutbertus (in der um die Evangel. Relig. höchstmeritirten Buchdrucker-Kunst.)

Ulrichus von Hutten, ein edler Herr aus Franken, hat sich vor vielen andern mit tapffern Thaten, und galanten Studiis distinguirt. — — Er war ein sehr ingenieuser Poëte, obwohl der Stilus dieser Zeit etwas hart war. — — Anbey war er ein in der Historie wohl erfahrner Mann, welche zur Reformation hoch nöthig, aber das rechte Saltz Körngen in der Systematikorum Augen war. — — Er war ein ungemeiner Eyferer wider das Pabstthum, sonderlich wider dessen Heerführer, und hätte lieber mit dem Schwerdte drein geschlagen, so gut, als ers vom Pabst und Clericat gesehen und erlernet: wozu er, als ein feuriges Ingenium gar gelehrig war, welches aber von Luthero allezeit mifsbilliget wurde. Seine Feder aber war inzwischen zum Druck beschäfftiget. — — Durch den Druck hat er Hohe und Niedrige zur Erkenntnifs Pabstischer Tyranney und Begierde zu Evangelischer Freyheit zu bringen gesucht.

51) In dem Specktakelstücke:
Eyn Comedia, welche yn dem königklichen Sale zu Pareyſse, nach vormelter gestaldt, und ordenunge gespylt wordenn. Anno M. D. X. X. IIII.

Nach volgende was ein gewappenter Man zugegen, der auch an seynem gemüt vnd leyb stehelen was, der stellet sich als balde yn mitter dyser vorsamlunge, vnnd ward der von Hutthen geheyssen; der ertzeigtt durch seyne zornige rede gantz ein zornigk gemüt, vnd vornichtet dise erliche vorsamlunge zum höchsten, vnd sagt: wyr haben byſsher ewer Werck zum merglychen nachteyl gemeiner Christenheyt geduldet, vnd als er den Bapst für ein Antichrist, verwuster, vnd verdorber der gantzen Christenheyt mit offentlichen worten auſsschreyg, gyng er zum fewer das der alt mann zuvor etlicher maszen aufgedackt het, zerstravvet dye darauff gelegte aschen, vnd erweckt mit auffblasunge eyns blaſsbalges dye hytze des fewers gantz krefftiglich. Also auch daſs dye gantze vorsamlunge von grossem wunderlichen schrecken erstummet, vnd als er sölcher gestalt das fewer aufblysse, vnd mit zorn gantz bewegt, ist er yhm selben nyder gefallen, vnd thot bleyben, durch dyses geschicht, hat dye freude den schreken dyser vorsamlung nyder gedruckt, vnd ist der verstorben von dannen getragen, vnd nicht mit grossem gebrenge begraben worden. —

52) In dem Büchlein: Wer hören will, wer die gantze Welt arm gemacht hat, der mag lesen dieses Biechlin: die uns solten reich machen an der Seel, die haben uns arm gemacht an Gut, und Gott waist, wie es den Seelen gangen ist. Und das ist das ander Biechlin, das

von dem Adel ausgeht, und haist die weyſs Gilgen die Gott gepflantzet hat.

heiſst es zuletzt:

„Gemacht zum Lob dem frummen Luther, der uns weyſst den tag, vnd dem Ritterlichen Forfechter des Luthers, den man nent Herr Vlrich von Hutten, ain frummer vnd ain gerechter Edelman, der kempfen vnd fechten will von der vvarheit wegen Christi. —

V.

Fortsetzung der Urtheile über Hutten. Biographien und Notizen über sein Leben und seinen Charackter aus neuern Zeiten.

Heinrich Pantaleons Heldenbuch teutscher Nation:

Kurze Biographie Huttens, die Wieland im neuen teutschen Merkur, Jahrg. 1776. 1r Bd. abdrucken liefs.

M. Adami de vitis Jureconsult. germanor. Francof. ad Mœnum. 1705. p. 5 et seq.

Eine sehr reichhaltige Quelle für Verarbeitung von Biographien berühmter Männer aus dieser Zeit, jedoch aus Partheigängerei im Lob wie im Tadel oft oberflächlich und übertrieben. Adam hat der darin enthaltenen Lebensbeschreibung Huttens manche schätzbare literarische Notiz beigefügt; wirft übrigens Hutten Grimmigkeit und wüthendes Wesen vor. Was doch bei vielen Leuten nicht gleich alles Wuth heifst!

Fr. Buddäus: histor. Lexikon: 1709.

Kurze Biographie Huttens nebst literar. Notizen, die auch ins holländ. histor. geogr. geneal. Lexicon aufgenommen wurden.

Jacob. Burckhard: de Ulr. de Hutten omnibus belli ac togæ ingenii et studiorum dotibus eminentissimi inter Germanos sæculi sui, Equitis, Fatis ac Meritis Commentarius. Tomi tres. Wolfenbutteli apud Godefr. Freytag 1717.

Dem zweiten Theil sind angehängt:

ad priorem de Ulr. de Hutten Fatis et Meritis Commentarii Partem Analecta.

Dieses vorzügliche Werk ist mit eben so grofser Begeisterung und Liebe für Hutten, als Sinn für teutsche Volksehre, wie wir um diese Zeit nicht häufig treffen; ferner, unermüdlichem Eifer in Herbeischaffung der vielen nothwendigen Materialien: endlich in einem blühenden und kraftigen Latein geschrieben. Alle spätern Biographen haben aus ihm geschöpft, und oft theilweis ihn nur übersetzt. Der einzige Vorwurf, den man Burckhard machen dürfte, wäre vielleicht das Unzusammenhängende und Systemlose, welches bei der grofsen Menge literarischer Notizen und Bruchstücke von Hutten'schen Schriften, die er hier giebt, drei Bände hindurch den Faden nur gar zu oft zerstückelt, aber auch eben wegen letztern Umstands nicht wohl anders seyn konnte. Schatzenswerth sind noch besonders seine Kataloge, die jedoch ebenfalls der kaum ausgesprochene Vorwurf trift.

N. Weifslinger: Huttenus delarvatus.

Diese höchst elende Schmähschrift ist in dem Geiste der übrigen als z. B. des Frifsvogels u. s. w. geschrieben, und enthält die ungeheursten Trivialitäten.

Jöcher: Allgem. Gelehrten-Lexicon. II. und III. S. 1787. 89.

Biograph. literar. Nachrichten über Hutten.

Nachricht von Ulrich v. Hutten. (teutsch. Merkur 1776. 1r Bd.)

Nach vorangeschickter Skizze des H. Pantaleons hat hier Wieland eine aus dieser und Adams Commentar geschöpfte kurze Lebensgeschichte unsers Ritters bearbeitet. Er brach hiemit Bahn, allein diese Schrift selbst hat eine Menge schiefer und einseitiger Urtheile, die nur ein Schriftsteller, der das Leben nicht mit all' den Tiefen seiner Verhängnisse, Kräfte und Aufforderungen erfahren, vom Katheder herab über einen Mann fällen kann, welcher mitten in den Strom für ein anerkannt grofses Ziel sich wirft. So nur können wir uns mit folgender Stelle versöhnen: „Unser Hutten stund an der „Spitze dieser guten Leute (Sickingens, Berlichingens etc.) „von brennendem Kopf und Herzen, die, in ewiger „Theilnehmung an allem, was sie, weil sie Menschen „sind, als sie angehende Dinge betrachten, (wenn „gleich nicht unmittelbar um ihr eigen Fell gespielt „wird,) immer bereit und fertig stehen, sich für die „gute Sache des ersten, besten Unbekannten, der ihnen „in den Wurf kommt, mit der ganzen Welt herum zu „balgen."

Dagegen macht W. dieses sein etwas pedantisches Urtheil durch das Geständnifs wieder gut, nachdem er den grofsen Zug in den Worten: *Ferunt excommunicatum te.' Quantus, o Luthere, quantus es, si hoc verum est*" erwähnt: „Ich schäme mich fast, dafs „ich's wage nach diesem Wort noch etwas von „dem Manne zu sagen, der eine Seele hatte, „die so fühlte; und durch das Schlufsmotto Göthe's:

„Edler Mann! wehe dem Jahrhundert, das dich von sich stiefs! Wehe der Nachkommenschaft, die dich verkennt!"

Ulrich v. Huttens Denkmal in Herders zerstreuten Blättern; früher im teutsch. Merkur 1776. 3. Bd. *) später ins Englische übersetzt.

*) Durch einen Zufall abgedruckt in: Göthes Schriften. 4 Bd. einem Nachdruck.

Wielands Aufsatz betimmte den unvergefslichen Herder theils auch seinerseits einen Herzenstribut an Huttens Manen zu bringen, theils mehrere Ansichten seines Vorgängers zu berichtigen. Gleich im Eingang legt er das grofsherzige Geständnifs ab:

„Als die Zeitung ankündigte, im N. T. Merkur sey Huttens Bild und sein Leben; erröthete ich über meine Schuld, und wie lange ichs in mir getragen hatte, diesem edlen teutschen Manne auch Etwas auf sein Grabmal zu legen." —

„Wenn ein junger, edler, feuriger Mann (fährt er fort) schon in Jahren, die andre noch als Pflanzen wegträumen, Mann fürs Vaterland ist, den faulen Weg und die ruhige Lebensart der Mönche (es giebt Mönche in allen Ständen) früh verläfst, eben weil ihm vielleicht sein Genius zulispelt, dafs ers nicht lange werde thun können: er strebt, was er kann: erwählt mit den Guten und fürs Gute freiwillig Ungemach zu leiden, Stand, Güter, Ruhe, Leben, Ehre aufzuopfern, und läfst sich durch jede neue Gefahr nicht abschreken bis ans Ende seines jungen stürmischen Lebens; die Finsternifs ist aber stärker als das Licht, die Sklaverei stärker als die Freiheit: sie rotten sich um ihn, schneiden, da er noch keine Grenzen seiner Wirksamkeit kennt, ihm Luft und Athem ab: auch seine Freunde treten scheu zurück: sein edelster, ihm treugebliebener Freund sinkt und mit ihm Glück und Alles; nun treten die Falschen hinzu, die sich auch Freunde nannten, verläumden, spotten, höhnen seine Plage: Der Edle fällt, wie man vor bösen Buben fällt, und jene Blutsauger behalten Recht: „Was hat er nun ausgerichtet? Was wollte er nur? Freilich — Freilich — auch fehlte es ihm nicht — aber jung, zu jung —" Am Schlufs dieser höchst interessanten und in kräftig hinreifsender Sprache geschriebenen Biographie ruft Herder, von einem edlen Unwillen ergriffen:

„Ihr Teutsche, was fehlet Euch? Was fehlet Huttens Schriften, daſs ihr sie nicht sammelt, aufleben laſst und erhaltet? Wollet ihr Beiträge zur Reformation lesen; ihr habt ja die schlechtesten Lumpen gesammelt, von Wiedertäufern, Schulrektoren, Kritikern, und Helfershelfern; hier ist ein Reformator selbst, der in seinem Fache eher als Luther begann, und ihm nachher so treu half, so viel für ihn ausrichtete, so viel für ihn litt! Wollet ihr einen schönen Lateiner haben? Ihr leset ja auch hier die lezten, hundertmal wiedergekäuten, saftlosen Brocken auf: Wer schreibt schöner, wahrer und kräftiger, blühender Latein, als Hutten? Erasmus und Melanchthon haben ihn beneidet, die Italiener geschäzt, alle freie und heitere Musenfreunde geliebet. Verzeihe mirs Apollo und der ganze lateinische Parnaſs, wenn ich, beim Ciceronischen Schraubenlatein unsrer Pedanten, mich immer, daſs ich Teutsch schreiben kann, freue; aber in Huttens jedem Wort, jeder Sylbe ist schöner, blühender lateinischer Styl mit jezt gegenwärtigem teutschen Geist und Kraft: es würket. Soll der edle Lateiner, die Blüthe des wieder kommenden Geschmacks und Genies, untergehen? Freilich aber, Quartanten vom Römischen As, und Folianten von *quisquis* und *kiskis* hat er nicht geschrieben. Wollt ihr endlich Männer von Genie, Gefühl, starkem Triebe, Männer von Laune, Satyre, Salz? beklagt, daſs ihr gegen Ausländer deren nicht genug habt — und achtet Hutten nicht! laſst seine Schriften modern? — Vermuthlich soll wieder ein Franzose, ein Italiener kommen, und sie euch, wie die Schriften euers unsterblichen Leibnitz sammeln? Und heiſst bei aller Welt Sammler, gar Stoppler und Compilatoren, dessen, was euch nicht Ehre bringt; und was uns Ehre bringt, unsre besten Glieder, einen Mann, deſs Leben mit dem Leben der Besten der Nation verwebt ist, lassen wir nackt und zerstreut auf den Gebürgen!"

„Tritt auf, Mann und Jüngling, der werth ist, Huttens Gebeine zu wecken!"

„Hutten schrieb an Luthern einmal: „Dein Werk, heiliger Mann, ist aus Gott, und wird bleiben: meins ist menschlich und wird untergehn." Die Worte erschüttern, eben weil sie so wahr sind. Huttens und Sickingens Werk gieng unter. Es war der Punkt, daſs Teutschland andre Gestalt gewinnen konnte: die zwei, drei Guten strebten; es sollte nicht seyn: die Vorsehung hatte es anders beschlossen: sie giengen im Schifbruch unter: sie verloschen wie Sterne in dunkler Nacht. Aber bei wem, als Undankbaren, sollte ihr Andenken verlöschen? Das kräftige Bild, Wort und That, dessen was sie wollten, strebten und nicht ausführen sollten. Liegt in ihrem Untergange, der Katastrophe teutscher Freiheit, nicht eben die gröſste Lehre?"

Wieland darüber etwas betreten, suchte seine frühern Äuſserungen gegen Herders versteckte Vorwürfe durch ein Nachwort, nemlich dadurch zu rechtfertigen, daſs der neue teutsche Merkur für Katholiken und Protestanten geschrieben; daſs zu den Zeiten der groſsen Geisterbewegung manche Ungerechtigkeit wechselseitig begangen worden sey; endlich daſs nicht jeder Nachahmer des Brutus, oder Cato seyn könne, so sehr man übrigens ihre Tugend verehre; und nimmt namentlich den sanften, schwachen, aber nicht minder guten, und von den Besten seiner Zeit geliebten Erasmus in Schutz.

Niceron, Memoires pour servir à l'histoire des hommes illustres. T. 15. p. 244. 301. teutsch unter dem Titel:

Nachrichten von den Begebenheiten berühmter Gelehrten. Th. II.

enthalten ein Leben Huttens, aber beinahe blos Wiederholungen dessen, was Burckhard und Adam schon besser und schöner gesagt. Aus dem Räsonnement dieses Gelehrten über seinen Schriftsteller (sagt Schubart) ergiebt sich, dafs es ihm durchaus an Sinn und Empfänglichkeit für Huttens Genie und Charackter gebrach.

Das Schweizer Musäum (herausgegeben von H. H. Füfsli zu Zürich, Vter Jahrgang v. S. 481—913. und VIter Jahrgang von S. 1 — 419)

lieferte eine sehr körnige, mit Witz, Gemüthlichkeit und einer Art geistigen Vertraulichkeit mit Hutten geschriebene Biographie, die auch seiner Fehler und Eulenspiegelstreiche nicht schont. Eine der bessern, leider aber unvollendet.

Küttners Characktere teutscher Dichter und Prosaisten.

Huttens Charackter ist hier mit wenigen, aber Meisterzügen gezeichnet. „Seine noch übrigen Schriften in Prose und in Versen verrathen durchaus den freien Mann, den kühnen Denker. Sie sind geschrieben mit eisernem Griffel, unüberwindlich stark im Ausdruck, kühn, heldenmüthig, voll Hohn und Trotz, ein Abbild seines grofsen Herzens und seiner grofsen Seele. Männlich und feuervoll ist seine Sprache, kurz in Worten und von vielsagender Bedeutung, sie reifst hin, und erschüttert. Nichts, was er schrieb, läfst ohne Schauder und Bewunderung sich lesen; nichts, was in unsern Tagen Kühnes und Wahres gesagt ward, hat die Glut seines ungestümmen Feuers."

Mosers patriotisches Archiv. 7. B.

fällt über Erasmus und Hutten bei Gelegenheit eines hierin abgedruckten, bisher unbekannten Briefes an Erasmus sein gediegenes Urtheil, und zürnt (nach Schubarts Ausdruck) Herdern (nicht Göthen) den Wunsch nach, dafs doch eine von unsern siebenmal sieben Akademien und Societäten eine Sammlung der Schriften Huttens veranstalten möchte, wenn es kein Buchhändler vermöge.

L. Schubarts Leben Ulrichs v. Hutten (Leipzig 1791, neu aufgelegt 1817 mit Huttens Bild, und dem Motto: *in Tyrannos!*)

meiner Meinung nach zwar nicht die gelehrteste und materialreichste, aber die bündigste, und Huttens Geist am befreundetsten geschriebene Biographie, was selbst von den strengen Kunstrichtern zugegeben worden. Sie fängt mit folgender drolligten Einleitung an:

„Warum hat euch das Ausland so lange verkannt, und fängt nur eben erst an, euern Werth einzusehen und zu benutzen? fragte einst ein gelehrter Engländer einen Deutschen. „Fragt euren Stolz darum," erwiederte der Deutsche. „Wir sind nicht gewohnt, uns aufzudringen, und handeln gerne ohne Geräusch." — „Gut. Aber ich wüfste noch einen andern Grund." — „Und welchen?" fragte der Deutsche. „Undank gegen eure verdientesten Männer, denen wir Ehrensäulen errichtet haben würden." Der Deutsche: „Eine verjährte Klage! Schon sind wir aber auf dem Wege der Besserung, und suchen das Versäumte einzuholen. Mifs es unserer Verfassung, und unserm Mangel an Gelde, nicht unserm Charackter bei, dafs es so lange nicht geschehen." Der Britte: „Manche eurer ersten Köpfe kennen wir besser als ihr. Eure Hutten, Leibnitz, Wolf, Lambert, Kepler u. a. sind unter uns besser bekannt, und werden häufiger benuzt als selbst unter euch. . Eben schreib ich etwas über die Reformation, die von euch ausgieng. Ich vermisse die Schriften eines der ersten Kämpfer. Gieb mir die Schriften von eurem Ulrich von Hutten!"

Der Deutsche: „Noch ist die Sammlung erst angefangen." Der Britte: „Und aus Mangel an Unterstützung stecken geblieben? — Ein Wunder, daſs wir euch nicht darin zuvorgekommen sind. Aber halt, es soll nicht lange mehr ausbleiben!" etc.

Sowohl durch die Schrift selbst sind sehr ergreifende Schilderungen des Geistes der Reformation, ihrer Häupter und ihres Charackters hineinverwebt, als auch schlieſst das Buch mit einer trefflichen Kritik und Beurtheilung Huttens und seiner Schriften.

Vergl. auch die Rezension darüber in:

Ch. J. Wagenseil, der Herausgeber von Huttens Briefen, gab eine neue Lebensbeschreibung desselben im Pantheon der Teutschen, die ich aber nie zu Gesicht bekommen konnte, und daher kein Urtheil fällen kann. Ferner eine zweite im Reformations-Almanach fürs J. 1818, wenn ich nicht irre.

C. Meiners Lebensbeschreibungen berühmter Männer aus den Zeiten der Wiederherstellung der Wissenschaften. 3ter Band. (Zürich 1797.)

Dieser letztere ist einzig und allein Hutten gewidmet, und ein sehr dickes Buch. Wenn uns die vornehme Art etwas befremdet, womit Hr. Meiners gleich zu Anfang des Werkes, d. h. in einer Note, seiner Vorgänger und Mitbiographen, namentlich Schubarts gedenkt, welch letztern er das Zeugniſs giebt, „daſs seine Arbeit ihm als einem jungen Manne allemahl Ehre mache:" so hat er uns dennoch eine reiche Fundgrube von biographischen und literarischen Nachrichten über unsern Ritter und seine Schriften, über deren Ausgaben, kritische Zweifel u. s. w. gegeben, also zwar, daſs der, dem es gelingt, den Faden aus dem gelehrten Labyrinth heraus zu wirren, reiche Ausbeute machen wird. Nur etwas verworren und planlos schien uns diese Biographie angelegt, und Meiners oft sehr willkührlich, und durch Machtsprüche die Vaterschaft oder Nichtvaterschaft Huttens bei zweifelhaften Geistesproducten bestimmt zu haben. Auch dürfte der Bearbeiter einer neuen Lebensbeschreibung oft mehr konfus gemacht, als belehrt werden, wenn er allzu tief in die hier ausgepackten literarhistorischen Schätze sich verlieren wollte. Es möge uns daher als keine Anmafsung angerechnet werden, wenn wir das Urtheil der Kritik über die meisten Schriften Meiners auch auf diese anwenden, welche uns übrigens noch eine der gelungensten scheint.

Meiners erbot sich in der Vorrede zur Herausgabe der Werke Huttens, falls man ihn dazu aufforderte. Dies unterblieb, vielleicht, weil man sich vor seinen bändereichen Commentaren fürchtete.

A. Wagner gedrängte Geschichte v. Huttens Zeitalter und Leben; als Einleitung zu der Uebersetzung der fünf Reden wider Ulrich von Würtemberg. (Chemniz 1801).

Dieser historische Umrifs enthält sowohl für den nächsten Zweck, des Ritters Leben, als für die Kenntnifs der damaligen Weltlage, und der um ihn handelnden Zeitgenossen einen vorzüglichen und geistvollen Beitrag. Ich gebe hier den Schlufs unverstümmelt: „Man hört jezt überall Klagen über Selbstsucht, besonders unter den Gelehrten. Ich denke man hat Grund dazu. Sie mufs schon darum eine sehr gewöhnliche Erscheinung seyn, weil man die schöne Mitte zwischen Selbstsucht und blöder Demuth so wenig kennt, dafs man sie mit dem erstern Extrem verwechselt. Jeder Mann nemlich, der durch seltne Verwendung seiner Kräfte, unter der Leitung des Gottes in ihm, sich zur völligen

Klarheit, zum schönen friedlichen Einverständnifs mit sich selbst, und zum Bewufstseyn dieser Klarheit erhoben hat, wird meistens angefeindet, weil es doch Kläffer in Menge giebt, die so gern das Grofse in ihren beklemmenden Dunstkreis herabzuziehen suchen, und ihm vielleicht eine Äufserung jenes Bewufstseyns abdringen. Meint es das Schicksal gut mit ihm, so wird er angestaunt. Richtige Würdigung und reine Achtung sind ein Zoll, der nur selten ihm abgetragen wird. — Erwache wieder, Triumphsänger der Reuchline!"

„Die immer wachsende Zahl unberufner Scribenten, die gröfstentheils von dem Geschmacksverderbnifs, oder der Geschmacklosigkeit der gröfsern Menge, und der Betriebsamkeit mehrerer, ihrem und fremdem Luxus zu fröhnen, herrührt, mufste nothwendig biedre Gegner, mufste auch wohl Vertheidiger des Monopoliums finden, die sie in ihr gehöriges Licht, oder besser in ihr Dunkel, als ihr eigenthümliches Element stellten. Die Erbitterung ist mit der Zeit auf beiden Seiten gewachsen; ein Jahrzehnt hat politische und literarische Anarchie erzeugt, und die Nachwelt wird einst staunen, welche Inhumanität, welche lieblose, schmähliche Pasquillantensucht unter Männern herrschte, die aller Humanität Beförderer und Bewahrer seyn sollten. Die bürgerlichen, die kleinen gesellschaftlichen und häuslichen Verhältnisse können mit all' ihren jezigen Unbilden und Verzerrungen kaum so viel Stoff für eine Lästerchronik liefern, als die Sitten unsrer Gelehrten. — Es fehlt an einem ächten Briefwechsel von Dunkelmännern!"

„Wenn vormals Pedanterie die Wissenschaften bei dem Ungelehrten um ihr Ansehen, und was noch mehr sagen will, um ihren Einflufs brachte, so müssen sie jetzt nothwendig gleiches Schicksal durch den Dilletantismus erfahren. Überall sieht man jetzt in dem Gebiete der Künste und Wissenschaften mehr Hummeln und Summen umherschwärmen als Bienen, und wer steht uns dafür, dafs wir nicht eudlich flüchtige Oberflächlichkeit mit genialifscher Leichtigkeit verwechseln werden, verwechseln müssen, besonders da wir mehr Schöngeister, als schöne Geister kennen, und der Witz, wenn er auch emporschiefst, nicht emporgetrieben wird, doch immer sich an die Brühe hält? — Es fehlt an einem Niemand!"

„Treibt man sich endlich auf dem Markte des Lebens umher: welche Üppigkeit, welche Erschlaffung, welche freche Frivolität, welche freche Sittenlosigkeit, welche Verwechslung sittigen Herkommens, das Neigungen dient, und bürgerlicher Rechtlichkeit mit den heiligen Gesetzen der Sittlichkeit! welche Erniedrigung und Niedrigkeit des Weibes! Soll es denn nur von unserm physischen und moralischen Phlegma *) abhängen, dafs wir fremder Influenzeu weniger empfänglich sind? So lange wir noch nicht wollen können, lafst uns doch ja nicht uns rühmen, es sey alles besser geworden! Mich hat die Klage eines verdienten Greises: dafs wir bis zum unausstehlichen kultivirt und civilisirt sind, dafs aber noch viel fehlt, bis wir moralisirt sind, mit erschütternder Wahrheit durchdrungen, und ich wünschte uns wenigstens Anschauende" **).

„Bis dahin harrt mein Glaube. Denn fernere Jahrhunderte bringen mildere Weisheit; so ruf' ich unserm grofsen Schiller vom Herzen nach." —

I. M. Schröckhs christliche Kirchengeschichte

Enthält eine ziemlich ausführliche Lebensbeschreibung Huttens, und erklärt den Antheil, welchen er am Werk

---

*) Eigenschaften, die eine italiänische Dame, die Fürstin von Gonzaja an uns preifst, nebst einem der Vernunft günstigen Klima!

**) Ein Gespräch Huttens führt diesen Titel.

der Reformation trug; letzteres jedoch etwas oberflächlich und einseitig. Die Biographie selbst ist ziemlich gut geschrieben.

Niemeier's teutscher Plutarch. Kurze Biographie Ulrich v. Huttens.

Schillers Gallerie berühmter Männer.

U. v. Hutten, der Knabe, Jüngling und Mann. Gedicht in drei Gesängen von K. Lang. (Erlangen,)

Lebensbeschreibung berühmter Reformatoren. Lesebuch für den Bürger. (Leipzig.)

K. H. Jördens Lexikon teutscher Dichter und Prosaisten. 6 Bd. Suppl. (Leipz. 1811.)

Eine vorzüglich durch die Verzeichnisse der Schriften und Ausgaben Huttens verdienstvolle Biographie von 23 Blättern.

Samuel Bauers allgem. litterar. artist. Lexikon. 1te Abth.

Nachrichten über Huttens Lebensumstände u. s. w. In dem zweiten Theile seiner Denkwürdigkeiten befindet sich eine artige Anekdote zwischen Luther, und zwei Schweizer-Jünglingen, wo Huttens mehrmal erwähnt wird.

I. I. Stolz (von Zürich): Ulr. v. Hutten gegen Erasmus, und Erasmus gegen Hutten. Zwei Streitschriften mit historischen Notizen. (Aarau 1813.)

Eine Uebersetzung der *Expostulatio* und *Spongia etc.* nebst Kritik beider, wobei der arme Hutten übel davon kömmt. Es wird ihm nicht nur alle Gemüthlichkeit (die eselfromme vielleicht nicht mit Unrecht) und alle Humanität abgesprochen, sondern alle seine dummen Streiche, seine Krankheit und Schulden finden sich hier aufgezählt. Erasmus Heuchelei und Vornehmthuerei gegen Luther und Hutten wird hier förmlich in Schutz genommen; „er wollte — sagt Stolz — in den Krieg für Luther keinen Spiefs kaufen.“ Nachdem ihm in manchen Stellen Reitknechtsmanier, und Gott weifs, was alles noch, vom Herrn Pastor vorgeworfen worden: und nachdem derselbe noch in Erstaunen gerathen, dafs der sieche Hutten, der trotz der Gujakswurzel von seiner gallischen Krankheit nie ganz Geheilte, in den letzten Monaten seines ihm durch das Gift dieses schrecklichen Uebels verbitterten Lebens noch eine so kraftvolle Schrift habe schreiben können, hält der Herr Pastor, der mit dem Steingries wie Erasmus geplagt, freilich auch keine *Spongia* wie dieser dawider geschrieben hätte, noch eine Predigt über die Partheigängerei, und bittet den Himmel mit jenem Weisen: ihn nur gegen seine Freunde zu bewahren (gegen Verehrer, Anbeter, Beiläufer, Partheigenossen); indem er mit seinen Feinden schon fertig werden wolle, endet mit einem bittern Witz über die Geistesgährung unsrer Zeit und schliefst mit den Worten: „Kinder, Freunde, werdet durch fremde Fehler klüger, und erspart euch die Thorheiten, die andern so theuer geworden sind!“

Fr. Mathissons Erinnerungen.

Reminiscenzen und Wünsche bei Huttens Grab.

Dr. I. Ebel Anleitung die Schweiz zu bereisen. (Zürich.)

Heilige Empfindungen auf der Huttensinsel Ufnau. Schilderung von dem was Hutten dem teutschen Volk war, seinen letzten Tagen, und dem Undank an seinen Manen begangen.

Fr. Schlegel Vorlesungen über neuere Geschichte. (Wien 1811.)

Dieser Gelehrte nimmt als die vier Häupter der Reformation Reuchlin, U. v. Hutten, Luther und Melanchthon an, und sagt: Die beiden ersten, weil nur vorbereitend und theilnehmend, treten weniger hervor in der Geschichte, doch ist ihr Einfluſs darum nicht minder groſs. (Nachdem er Reuchlins Verdienste aufgezählt:) „Ulrich von Hutten nebst Luther erklären die Trennung, den gewaltsamen, allem Verein widerstrebenden Charakter, welchen die Reformation gleich anfangs nahm.“ — (Die Herstellung der Reformation im höhern Sinn traut er mehr Reuchlin und Melanchthon zu. — Nach näherer Auseinandersetzung von Reuchlins Charakter und Streben kommt er auf Hutten also zu sprechen:)

„Wenn Reuchlins Einfluſs und Geist uns hinleiten kann, auf die allgemeinen tiefern Ursachen der Reformation, so wird aus einem Charakter, wie Ulrich von Hutten dagegen die schnelle Ausbreitung und die politische Wichtigkeit, welche sie gleich anfangs erhielt, deutlich. Zugleich Soldat und Gelehrter besaſs er eine unwiderstehliche, hinreiſsende Beredsamkeit, welche er als ein leidenschaftlicher Patriot (*sic!*) oftmals nicht blos gegen die Mönche, sondern auch gegen die Türken, die Franzosen, oder andere beliebte Gegenstände der Art auslieſs. Noch mehr als durch seine Beredsamkeit wirkte er durch seinen beiſsenden Witz und durch sein gesellschaftliches Talent, durch welches er mit allem, was nur irgend gebildet, oder von Bedeutung in Teutschland war, in Verbindung stand. Seine Kenntnisse wie seine Fähigkeiten waren mehr die angenehmen, leichtern, welche desto allgemeiner wirkten, als die ernsten wissenschaftlichen. — — Ein Epigramm von Hutten ward in kurzer Zeit in allen Hauptstädten Europa's verbreitet und gelesen. Ein ziemlich abentheuerlicher Lebenslauf hatte ihn durch halb Europa hin und her getrieben und seinen unruhigen rastlosen Geist nur noch mehr entwickelt; Muth hatte er alles, selbst das Gefährlichste zu unternehmen. So hatte er als geübter Ritter einst vier Franzosen, die von dem Kaiser unehrerbiethig gesprochen, zugleich im Zweikampf besiegt, wofür ihn Maximilian mit hohen Ehrenbezeugungen belohnte. Seine Feder war noch kühner und schneidender als sein Degen." —

„U. v. H. war einer von jenen gefährlichen Charakteren, welche als Kennzeichen der Zeit meistens hervortreten, wenn dem Staat und der Nation eine grofse Gährung und Umwälzung bevorsteht. Er war zum Volksführer geboren, und wohl der Mann, mit seiner rastlosen Thätigkeit eine halbe Welt in Aufruhr zu bringen. — Von der politischen Seite ergriff Hutten Luthers neue Lehre und die damaligen Streitigkeiten. Er sah in Luthers Sache den Keim einer teutschen Revolution, und er war unermüdet geschäftig, das Feuer der einmal entzündeten Zwietracht nach Kräften auszubreiten und in helle Flammen zu bringen." —

In wie fern diese Ansichten und Urtheile Schlegels Grund haben oder nicht, gehört der Geschichte Huttens und seiner Zeit, zur Entscheidung an, wohin wir den Leser verweisen. Wir glaubten auf jeden Fall diese merkwürdige Äusserung, die Schlegel im Namen einer gewissen grofsen Parthei gethan, hier ganz geben zu müssen.

G. Chr. Fr. **Mohnike Jugendgeschichte Ulrich Huttens**, (Greifswalde 1816.) als Einleitung zu dessen Klagen.

Ein Büchlein reich an scharfsinnigen Bemerkungen, literarischen Notizen, in gesunder, frischer Sprache geschrieben. Hier folgt als Probe ein Theil der Einleitung:

„Ich übergebe hiemit der gelehrten Welt die erste gröfsere Schrift eines Mannes der Deutschen Vorzeit, welcher sowohl durch sein Leben und seine Schicksale, als auch durch seine Denk- und Sinnesart, und besonders durch die Theilnahme, welche er durch Schrift, Rede und That an allen politischen, wissenschaftlichen und religiösen Bestrebungen seiner Zeit nahm, sich einen unvergänglichen Namen in der Geschichte seines Jahrhunderts, vorzüglich aber in der Geschichte Deutscher Bildung und Gelehrsamkeit, so wie nicht minder in der Geschichte der Reformation erworben hat, und es mit völligem Rechte verdient, den Heroen Deutschlands zugezählt und mit mehrern seiner grofsen Zeitgenossen als ein Wohlthäter seines Vaterlandes betrachtet zu werden. So beurtheilte ihn zum Theil schon sein Zeitalter, und so hat die Nachwelt fast einstimmig entschieden über diesen Mann, der für seine Zeit gleich grofs als Mensch und als Gelehrter war; der von Kindheit an jede Fessel hafste und von sich warf, die seinem freien Geiste Gewalt anthat; der nicht nur mit allen grofsen und edlen Geistern seines Jahrhunderts Verkehr trieb, sondern auch vertraut war mit den Geistern des Alterthums; aus dessen reichlich ausgestattetem Gemüth eine Menge schriftstellerischer Werke hervorgieng, deren Kühnheit selbst die Allerkühnsten seiner Zeitgenossen erschreckte; der das Reich der Unwissenheit, des Gedankenzwangs und der übermüthigen Gewalt mit den Waffen des

Witzes und der Hand bekämpfte; der jeder Tüchtigkeit, jedem Verdienste offen und frei huldigte, und jede Lüge und Halbheit mit unauslöschlichem Hasse verfolgte; der, hervorgezogen und geehrt von Kaisern, Fürsten und Prälaten, von Gelehrten und Weisen, auch zu diesen redete mit der edeln Freimüthigkeit des Mannes, und keine Ehre und Gunst, so grofs sie auch waren, dem schönern Berufe, für Wahrheit und Freiheit zu reden und auch zu dulden, vorzog; der, wiewohl er viel zu frühe abgerufen wurde, dennoch nicht ohne Erfolg bauen half an dem Werk, durch welches der Name Luther's verewiget ist, und der, nach einem unstät und wechselvoll geführten, durch Krankheit, Noth und Verfolgung verbitterten Leben, nur wenige Schritte über die Jahre des Jünglings hinaus, in der Verbannung und ferne von allen seinen Freunden, in dem Sinne, in welchem er gelebt hatte, die Augen schlofs: die Mitwelt erkannte es an und die Nachwelt hat entschieden, dafs Ulrich von Hutten, der fränkische Ritter, einer derjenigen Männer war, deren Name in dem Andenken der Deutschen nie untergehen darf."

„Voll der Pfeile war sein Köcher, kann man auch von Ulrich von Hutten sagen; denn nie ruhte sein kräftiger Geist; alles, was ihm begegnete, jede Freude und jeder Schmerz befeuerte ihn zu Rede und Gesang, und eine grofse Menge gröfstentheils kleiner Schriften hat sich von ihm erhalten, welche, wiewohl fast alle der Gelegenheit ihren Ursprung verdanken, dennoch gediegen und trefflich sind, und den Geist beurkunden, welcher in ihrem Urheber lebte und webte; für gröfsere Hervorbringungen war das Leben ihm zu unruhig, die Zeit zu rasch mit sich fortreifsend, das Geschick nicht günstig genug. Keine aber, auch nicht die kleinste dieser Schriften, ist ohne Bedeutung und Wichtigkeit; sie schliefsen sich sämmtlich eng an die unruhvollen

Tage seines Lebens, und mit diesen an die grofsen Begebenheiten seines Jahrhunderts an; sie tragen den lebendigsten Stempel nicht nur von dem Genius ihres Urhebers, sondern auch überhaupt von dem Geiste ihrer Zeit an sich; sie sind hervorgegangen aus dem Leben, und sollten wiederum auf dasselbe einwirken; sie sind fast sämmtlich wichtige Actenstücke zur Kenntnifs einer so merkwürdigen und in ihrer Art classischen Zeit, wie Deutschland nach jenen für dasselbe so hochwichtigen Tagen vielleicht keine wieder gehabt hat."

Jul. Graf v. Soden Trauerspiele: Franz von Sickingen.

Dieses Drama hat weder das Grofse in Sickingens und Huttens Charackter, noch ihr eigentliches Wesen nur im geringsten erfafst. Sickingen, der auf Herstellung der alten Majestät des Reiches und der Freiheit Teutschlands ausgieng, mufs hier einen äufserst langweiligen Roman mit einem Schäfer spielen, der in seine Tochter sich verliebt hat, und diese zu Tod quälen. Hutten erscheint als ein zerlumpter Schulmeister und Poët, und erzählt die Ermordung seines Vetters, und seine Fahrten in Italien, nachdem der Schwäbische Bund schon lange die Waffen zur Rache ergriffen hatte. Endlich wird der ehrwürdige Name Eitelwolfs von Stein dazu entheiligt, dafs er einem adelichen Lüstling und Raubritter sich hergeben mufs; wir wollen nicht glauben, dafs Hr. v. Soden des edeln Eitelwolfs Charackter selbst damit schildern wollte. Hat Shakespeare die Geschichte, die er dramatisirte, auch so verstümmelt?

S. Erhard. (teutsches Unterhaltungsblatt für gebildete Leser, 1816.)

Andenken an U. v. Hutten. Fragment aus einem gröfsern Werke.

Allgemeine Real-Encyclopädie. (4 Bd. 1819) Gedrängte Biographie.

Leben berühmter und denkwürdiger Männer etc. v. Sam. Bauer, für die Jugend; IIter Thl. (1821)

enthält eine ziemlich gut bearbeitete Lebensbeschreibung Huttens. Eine der besten Sachen dieses historischen Sammlers.

VI.

Verzeichniſs der Ausgaben, Übersetzungen, Rezensionen, literarischen Notitzen und Urtheile, so bisher von und über Hutten'sche Schriften erschienen sind.

a) Ausgaben und Übersetzungen.

1519. Thomas Murners Übersetzung der Gujaci Medicina etc.

1520. Übersetzung des Dialogs: Febris.

1536. Thomas Paynel: Übersetzung der Gujaci Med. ins Englische.

ohne Jahrzahl. Uebersetzung der Declam. Laur. Vallæ, und der Præfatio, ins Englische.

1538. U. de Hutten Opera Poëtica ex diversis illius monimentis in unum collecta. (ohne Druckort; wahrscheinlich Frankfurt a. M. 1538.)

1544. Übersetzung der Trias Romana durch Ulr. Warnbüler zu Strasburg.

1688. gieng Marq. Freher, der in seinen Script. rer. German. das Gedicht: „De non degeneri Germaniæ statu" abdrucken lieſs, mit dem Gedanken um, Huttens Werke zu sammeln, wird aber aus unbekannten Ursachen gehindert.

1701. Monimenta pietatis et litterar. Francof. ad Mœn. 1701. P. II.

1717. J. Burckhard: Ulrichi de Hutten ad Bilib. Pirkheim. Epistola rat. vitæ reddens.

In dem schon erwähnten Kommentar zu diesem Briefe, und in den Analecten sind eine Menge teutsch. und lat. Schriften, meist aber Briefe, entweder ganz oder im Auszug abgedruckt worden.

1725. Scheelhorn: Amœnitates litterariæ. Lips. 1725. Epist. de magistr. Lovaniensib. und verschiedene andere Stücke.

Fasciculus rerum expetendarum et fugiendar: mehrere kleinere satyrische Schriften Huttens.

1737. Joh. Timnius: Übersetzung des Gujaks; in Boerhavs Verhandlungen der Venusseuche zu finden.

Moser patr. Archiv. VII. Bd. ungedruckter Brief Huttens an Erasmus v. 1520.

1783. Ch. J. Wagenseil: Opera U. de Hutten omnia. T. I. (Lipsiæ 1783) enthält die Briefe, jedoch nicht vollständig.

1789. H. H. Füfsli: Schweizer. Musäum, Bruchstücke von Uebersetzungen und lateinischen Stellen.

Delitiæ poëtar. Germanor. III. enthalten sehr viele und beinahe die meisten Gedichte, die in den Operib. poëticis abgedruckt worden.

Ritters evangelisches Denkmal: Ungedruckter Brief an die freie Reichsstadt Frankfurt.

Fichard: Frankfurter Archiv: Ungedruckter Brief an Philipp von Fürstenberg.

1791. Schubart: Leben Huttens, Anhang: Übersetzung eines Sendschreibens an Karl V., des Prognost. an Leo X. und Bruchstücke aus dem Panegyr. auf Albert von Mainz.

1792. Teutsche Monatsschrift 1792. St. 7. 235. 271: Uebersetzung des Dialogs: Aula.

Flögels Geschichte der komischen Literatur enthält den Niemand, und andere kleinere Satyren Huttens.

1795. Meiners Leben berühmter Männer 3 Bd. Beilagen: Beklagung der Freistätte teutscher Nation. Clag und Vormanung an alle Ständ etc. Entschuldigung wider etlich Unwahrhaftiger Ausgaben. Die 30 Artikel, so Helfrich und Karsthans beschworen, sind im Buche selbst abgedruckt. (Zür.)

1801. A. Wagner: Übersetzung der 5 Reden wider Herzog Ulrich v. Würtemb. und des grofsen Sendschreibens an Pirkheim. (Chemniz.)

— Ch. G. Müller: Epist. ad Rich. Crocum II. c. annot. critic., eine sehr wichtige Piege. (Leipz.)

1802. Gottl. Leon: „ain new Lied Herr Ulrichs von Hutten, nebst zwei andern auf ihn," in Gräters Bragur VII. 2te Abthlg. (Leipz.)

1812. Al. Schreiber: (Teutsche) Gedichte U. v. Huttens, und einiger seiner Zeitgenossen. (Heidelb.)

1815. Fröhlich: Arminius. Gespräch ins Teutsche übersezt. (Wien.)

1816. Ch. Fr. Mohnike: Querelar. libr. II. nebst teutscher Übersetzung und vielen biographisch-literarischen Anmerkungen. (Greifswalde.)

— J. J. Stolz: U. v. Hutten wider Desid. Erasmus, und Erasmus wider U. v. Hutten. Zwei Streitschriften, ins Teutsche übersezt. (Aarau.)

1820. E. Münch: Übersetzung des Niemands, im Jahrg. 1820 der Erheiterungen. (Aarau.)

1821. Ebenderselbe: Ermahnung zur Tugend. Beklagung Joh. Huttens. Der Biedermann. Das Gespräch vom Hofleben. — Bruchstücke aus den Epigrammen an K. Max. Zwei Sendschreiben: an M. Luther, und die Freien Teutschlands im zweiten Bändchen der helvet Eichenblätter. (Zürich bei Gefsner.)

1821. Ebenderselbe: Vermahnung an Teutschlands Fürsten, die Türken aus Europa zu jagen, teutsch übersetzt als Beilage in seinem Werke: „Über die Türkenkriege.“ (Zürich, bei Orell und Füfsli.)

---

b) Vermischte literarisch-biographische Notizen von gröfserm Umfang.

P. Bayle: Dictionn. historique et critique. 1715.

Fr. v. Blankenburg: Litterarische Zusätze zu J. G. Sulzers allgemeiner Theorie der schönen Künste. B. 3. S. 16 und d. folg.

Bouginè: Handbuch der allgemeinen Litt. Geschichte. Bd. II. S. 134 — 138.

Bouterweck: Geschichte der teutschen Poësie und Beredsamkeit.

Christ. de scriptis, morib. ac imaginib. Ulr. de Hutten.

Eichhorn: Geschichte der Litteratur von ihrem Anfang bis auf die neuesten Zeiten. Bd. II. Abth. 1. Bd. IV. Abth. 2.

Frisius: Epitome etc.

Conr. Gesner: Bibliotheca etc.

Th. Heinsius: Theut, (Litteraturgeschichte Teutschlands) IV Thl.

Franz Horn: Geschichte und Kritik der teutschen Poësie und Beredsamkeit. S. 65 — 69.

Konversations-Lexikon mit vorzüglicher Rücksicht auf die gegenwärtigen Zeiten. 2 Thle. S. 222.

Niceron: im oben angeführten Werke.

Panzer: Annales Typographici.

Ebendess. Ulrich von Hutten in literarischer Hinsicht. Ein äufserst wichtiges, und dem Herausgeber Huttens ungemein hilfreiches Werk. Hiezu gehört:

Am Ende's Rezension desselben im Allgem. Litt. Anzeig. der Teutschen, voll scharfsinniger Bemerkungen, wichtiger Notizen, aber auch gehässiger Seitenhiebe gegen unsern Ritter. Sattlers Partheigenosse. *)

Pertsch: Allgemeines litterarisch-artist. Lexikon. Abthl. I. S. 314.

Sattler: Geschichte des Herzogthums Würtemberg, ist zur Beurtheilung der Streitschriften wider Ulrich von Würtemberg vorzüglich wichtig, und unterscheidet sich durch die feindselige Tendenz wider Hutten.

J. Simler: Epit. Biblioth. Gesneri.

Wachler: Versuch einer allgemeinen Geschichte der Litteratur. B. 3. Abthl. 2.

---

c.) Zerstreute kleinere Notizen über einzelne Schriften von gröſserm und geringerm Werth.

Allgem. teutsche Bibliothek, XXVI. 245. 246.

Antwortschreiben auf etliche Fragstücke eines gelehrten Edelmanns. 1710. Neue Bibl. T. I. p. 783.

Arndius: biblioth. aulico-politica. Rostoch. 706.

Auserlesene Anmerkungen über wichtige Materien. P. III.

Adr. Baillet: Jugement des Sçavans, T. IV. 335. und dessen Commentator: M. de la Monnoye.

---

*) Ein Nachtrag zu „Panzers U. v. H. in literarischer Hinsicht" von Herrn Pfr. Hug verfaſst, befindet sich handschriftlich zu Zürich, und ward mir zur Einsicht mitgetheilt.

Bibliotheca magica. T. I. 92. 116. 121. 318.
J. Henric. Boccrisii memoria U. Hutteni rediviva. (Aus Hallers Bibliothek der Schweiz. Geschichte.)
Deduktionsbibliothek. T. III. 1149.
Discurs. Epistolar. polit. theologicar. et Sadoleti Epistolæ. Francf. 1610. 4. (Aus Hallers Bibliothek der Schweiz. Geschichte.)
Dunkel: Nachrichten von Gelehrten, T. II. p. 1. 86—91.
Eckermann: Dissertatio Ulr. de Hutten adumbrans. (S. Respubl. Andr. Franchell. I. 1762. II. 1764. auch Liden: Catal. Disput. Upsal. 158.) (Aus Hallers Bibliothek der Schweiz. Geschichte.)
Epist. ad Christ. Scheurl Norimb. dat. 20. Febr. 1519.)
(Zwei ungedruckte Briefe Luthers von Schütz herausgegeben.)
J. A. Fabricii Centifolium Lutheranum. (Udelo.)
Freytag: Analecta. ejusd. Apparatus I. 370.
Gleichmann: Huttenus redivivus; gegen N. Weifslingers Schmähschrift (s. Leipz. gelehrte Zeit.) 1732. (Aus Hallers Bibliothek der Schweiz. Geschichte.)
M. Gnidii: Defensio Christianor. de Cruce.
Greifswald. Nachrichten, 1775. 351. 352. Fortgesetzt in den Betracht. II. 477 etc.
Ch. G. Gruner: Almanach für Ärzte und Nichtärzte. 1786.
Haller: Bibliotheca botanica. I. 260.
Hamberger: zuverläfsige Nachrichten. IV. 750.
Hannövrisches Magazin. 1794. St. 63.
Hensler: Geschichte der Lustseuche.
Herdegen: de Ulrico de Hutten. — Zedler: Lexic. XII et XIII. 1314. 1321. — Possevini: Apparat. T. II. 489. — Marchand: Dictionn. 1. 92. 160. — Wadding: scriptor. ord. minor. 325. — Uhse: Lexic. 218. 221.

Hottingers Helvet. Kirchengeschichte.
J. Max. Humbrecht: Vortrefflichkeit des teutschen Adels. 167.
Hummel: neue Bibliothek. II. 165.
Index libror. prohibitor. Venet. 1570. 39.
Kocker: Biblioth. Heilsbronn. 188. — Herm. Trebelii Epigrammata. (Aus Hallers Bibliothek der Schweiz. Geschichte.)
Leipziger Jahrbücher der neuesten Literatur. 1801. I. St. 27. (Vergl. damit Allgem. Lit. Zeit. 1802. I. No. 60. 479.)
Literarische Blätter. III. 297. 298.
Lochner: Sammlung merkwürdiger Medaillen. I. 205.
Othmar. Luscinii Carmina.
Memoires de litterat. T. I. p. 2. — Ueber die Ermordung J. v. Hutten.
Meuschenii Vitæ summor. viror. I, Præf. et p. 51.
Meusel: histor. Literatur. 1785. I. 242.
— — histor. literar. Lexikon.
Teutsches Musäum: 1779. I. 170 — 534. II. 450 — 453.
Niederer: Nachrichten. Willot: Athenæ sodalit. francisc. 334.
Gottfr. Olearius: Biblioth. script. eccles. 232.
Placcius: Theatr. Anonym. et Pseudonom. No. 905. Contin. a Mylio, p. 25.
Retzer: Nachricht von Hieronym. Balbus. v. Balbi Opera, Præf.
Riederer: Nachrichten. III. 51.
Joh. Rupprecht: Programma de meritis et gloria Ulr. de Hutten. Weissenburg 1756. Fol. — (Vergl. Will Nürnb. gelehrtes Lexicon. III. 437.) (Aus Hallers Bibliothek der Schweiz. Geschichte.)
Saxi: de Henr. Eppendorpio. 37.
J. M. Schmid: teutsche Geschichte. IX. 157. XII. 240.
Sprengel: Geschichte der Medizin.

Strobel: Joh. v. Schwarzenbergs zwei sehr merkwürdige Briefe. 28.
Teissier: Eloges I. 88.
Uhlen: vitæ celeb. Eccles. Doctor. sæculi XVI. 1710.
Unschuldige Nachrichten. 1715. No. 628. 1716: 220. 382. 1718: 139. 1719: 123. 1720: 647. 1750: 28.
Veith: vita C. Peutingeri 131.
Zapf: Leben Am Ende's.

---

*) Einen Theil dieser Notizen verdanke ich der freundschaftlichen Mittheilung Herrn Dr. Harters zu Landshut, und Herrn Prof. v. Orelli zu Zürich, von dem ich einen grofsen Fascikel mannichfacher Bemerkungen und literarischer Nachrichten durch verschiedene Herren daselbst verfafst, zur Durchsicht erhalten habe.

VII.

Grabschriften und Erinnerungen
an Hutten
aus früherer und späterer Zeit.

Joannes Abhauser.

Sæcula per doctos quondam coluisse Poëtas
Pulchrum erat, ut legeret fortia facta nepos.
Scilicet hoc tellus Graium, Latiumque superbum
Discitur, et clarus carmine durat honos.
Quid ni fata volent rebus his affore testes,
Quis bello, vel quis pace verendus ades.
Militat ecce tibi Phœbus, tibi docta Camœnæ
Carmina proponunt, præmia magna ducum.
Ecce tuas celeri complexus carmine laudis
Huttenus, qui vix bis duo lustra videt.
Majora his sperare licet quo gesta nepotes,
Mirentur Cæsar Maximiliane tua!
Ergo pium vatem serves Auguste! perenni
Victurum versu, quo tua sceptra canit.

Vadianus Germanus.

Gesta virûm quondam, non victaque signa recondit
Solus amor vestri sub sera bella soli.
Germanos etenim nomen quæsisse per arma
Mos erat, et sævo ponere in hoste decus.

Nec fuit aut scriptis honor, aut sua gloria famæ,
   Littera quam tenui duxerat ulla fide.
Ipsa sibi munus peperit non territa virtus,
   Hocque satis visum est. Quid mihi posteritas?
Quid? quod magna sua narrant de stirpe nepotes?
   Hæc laus, dixerunt, otia prava trahit.
Et minimus virtutis honos ac versilis umbra est,
   Si vel ab externis victor in orbe ferar.
Hoc etiam poterunt nugæ, Latio ne fides sit?
   Cumqne hoc, cumque illud credula turba legit.
Historici mendacis erat dare pondera rebus,
   Heus facile est verbis tollere, vel premere.
Et cecinit nostras Latii facundia laudes,
   Invida sed gens hæc, Teutonas igne tulit.
Fortia quot nullo memorantur pectora honore?
   Quotque latent, quorum sidera gesta vident?
Sic sensit nullo domitus tum milite miles,
   Et forti est mensus fortia facta manu.
Sed melius rerum vobis jam prospicit ordo,
   Et nihil hæc possunt sæcula vestra queri.
Invicto quibus est Pallas conjuncta Gradivo
   Quæ facit ut relegat Cæsaris acta nepos.
Et quæcunque novo virtus veterata nitore,
   In Juvenes tractim contulit, inque senes,
Vester inextincto nusquam dum deficit ordo
   Robore, dum virtus bellica major adest:
Dumque viri, simul arma ferunt in vasta minaces
   Agmina, dum gentes ad sua frena domant:
Dum quæ Phœbeos casus, quæ spectat et ortus
   Tellus, Germano milite cuncta timet.
Postera et hæc viset Hutteni carmine pubes,
   Majoresque animos hæc monimenta dabunt.
Cui Venus ad versum ridet, cui Phœbus Apollo
   Mæonium inspirat Pindaricumque melos;

Maximilianæos referenti in carmine vultus
Cantanti et trepidis classica justa modis.
Quo si vate suum perdet Germania nomen,
Hoc vel aquæ tulerint, vel feret ignis edax.

Christophori Hegendorffini in laudem Eobani, et Hutteni, Epigramma. *)

Inter Germanos rarissima gloria vates
Hesse tuo semper rure ferendus eris.
Mantua Virgilium jactet, Verona Catullum,
Et jactet vatem Bilbilis ora sacrum:
Hessum jactabit Germania docta Poëtam,
Hic priscis nullo cedet honore viris.
Musa dat huic faciles festivo in carmine vires,
Leucadio promit, carmina digna, Deo.
Illo in Nasonis videas, mihi crede, renatum
Pectus, sed prorsus crimine vita caret.
Nobilis hunc sequitur spatio propiore Poëta,
Huttenus, celebri nomen ab arte ferens.
Pegasidas simul est quis nescit? natus ad undas,
Huic dedit in cunis laurea serta Dea.
Doçta probant (lector) magni monumenta laboris,
In quibus et Momo judice doctus erit.
O nimium felix es dux Alberte ferendus,
Cui vatis licitum est ore potente frui.
Ille dabit totum volitet tua fama per orbem,
Et rapidi penetret solis utramque domum,
Et volet ad Numidas, Lybicisque pererrat in oris,
Aspiciatque tuum Mænalis ursa decus.

---

*) Unter den Zugaben zur „*Stichologia*." *Lips.*

Sub tali felix, felix Huttene patrono
Vivere cui licitum, faustus uterque satis.
Perge precor laudes celebri cantare Camœna
Præsulis Alberti docte Poëta tui.
Phœbeo pariter nunc perge poëmate vates,
Et Cardinalem ferre sub æth'ra tuum.

τελος.

---

*) Diese schülerhafte und höchst mittelmäſsige Arbeit, auf welche noch eine zweite, ein: *Carmen Asclepiadeum*, folgte, trug ich lange Bedenken, hier beizurücken. Da ich übrigens mir vornahm, alle Zeugnisse und Elogia auf Hutten, die ich finden könnte, zu geben, so folgt wenigstens das einte der beiden Gedichte; das andere ist zu schlecht und einfältig.

Henric. Petreus

(Dedicat. Aulicæ Vitæ Georg. Ludov. Hutteno 1572).

At decus Huttenus doctarum grande sororum,
Arte fuit nullis, eloquiove minor.
Nobilis ut fuerit, generisque propagine clarus,
Nobilior studiis ingenioque fuit.
Civibus ille suis, Patriæ florentis amore,
Auxilium calamis sæpe, manuque tulit.
Ille erat Oratorque tonans, idemque Poëta,
Cui daret Aoniam Calliopea chelyn.
Carmine Medoacum tenuit, Tybrimque, Padumque,
Et Rheni tumidas nobilioris aquas.
Nec pius in somnos, fœdæ nec in otia vitæ,
Certa sed in patriæ commoda natus erat.
Oderat ignavos, tantum qui nomine, non re
Sunt homines, titulis turba superba suis.
Nec solum virtute sua sua sæcula juvit,
Cura pio major posteritatis erat.

Hinc tot virtutis veræ monimenta reliquit,
De sanctaque pios relligione libros.
Hinc toties vitiis indicit amabile bellum,
Nosque salutifera de pietate docet.
Hinc docet incautos ambages Aulicus Aulæ,
Hanc et luctificum disserit esse Mare.
Perge igitur, Lodoice, tuæ spes optima gentis,
Et decus Huttenæ præsidiumque domus:
In quo magnanimi facundia tota revixit
Ulrici, ac patriæ pæne ruentis amor.

In Hutteni Arminium Eoban. Hessus.

Tot sua stat populo gestarum gloria rerum
Salva, suum tot adhuc sæcula nomen habet.
Audet adhuc veteres reminisci Roma triumphos,
Et mortis quadam vivere parta suæ.
Quæ nequit ipsa tuas ostendere Troja ruinas,
Mæonio clarum carmine nomen habet.
Invida non totas merserunt funera Thebas:
Vivit adhuc Spartæ non moriturus honor.
Nondum Palladiæ prorsus cecidistis Athenæ,
Quicquid et eximiæ Græcia laudis habet.
Integra floret adhuc Pelleæ gloria gentis,
Persarum nomen fama superstes habet.
Innumeræ gentes aliæ sua nomina servant:
Quasque supervacuum, quasque referre mora est.
Una sua merito fraudata est laudis honore
Semper, et incelebris Teutonis ora fuit.
Cur ita? quæ nobis res hunc invidit honorem
Fida alibi, cur hîc fama maligna fuit?
An, quia non rebus clari, non Marte potentes?
An, quia nos victos sæpe fuisse, pudet?

Non ita: nam rebus nec clarior ulla per orbem
 Gens fuit, aut ullo tempore victa minus.
Cur igitur? quia, non rebus, sed nomine rebus
 Quæ facerent scriptis, nos caruisse liquet.
Præcipue cum floreret Germanica virtus,
 Et nondum hic nostras luxus haberet opes.
Tunc memoranda aliis nostri gessêre parentes:
 Tunc rerum virtus unica causa fuit:
Tunc, quia scriptorum nos defecêre labores,
 Gloria Letheas nostra subivit aquas.
Nondum tota tamen, quoniam, licet invida, nostrum
 Non potuit totum fama tacere decus.
Et sparsim Romana suis ea littera rebus
 Inseruit, quæ nunc pauca, sed apta vides.
Atque ea, si quæras, quæ sint, et qualia, debes
 Hutteni, patriæ vindicis esse memor.
Is quæsita suis patriæ monimenta libellis
 Edidit, et lucem jussit habere novam.
Nam quia sparsa, aliis incognita, quæque latebant,
 Qui legeret rarus, quique teneret, erat.
Ille suas patriæ laudes, atque eruta passim
 Nomina digna legi, fecit ubique legi.
E quibus unus hic est, quem condidit ipse Libellus,
 Sed non auspiciis edidit ipse suis.
Namque immatura præreptus morte, reliquit;
 Hunc quoque, ceu partem funeris esse sui.
In quo si qua leges, non qualia forte requiras,
 Parte bona veniam, quo mereatur, habet.
Condidit Huttenus, non edidit; ergo futurum
 Quod fuerat, melius conjice, quicquid erat.
Hunc tibi Mauritius, gentili Huttenus honori
 Fidus, ab æternis noctibus adseruit.
Hic ferus *Arminius*, patriis qui victor in armis
 Adflixit vires, Martia Roma, tuas!

Qui nisi adhuc juvenis periisset fraude suorum,
Tu dominus Tiberis, Rhene futurus eras.
Hunc quod habes, patriæ lector studiose, libellum,
Hutteno debes munera prima tuo.
Altera Mauritio, Joachimo *) tertia, nobis
Quarta, aliquis nobis si locus esse potest.

Eobani Hessi Epicedion Ulrichi Hutteni.

Mors et Huttenus colloquuntur.

Mors. Tu quoque, magnifice qui nos, Huttene solebas
Spernere, magnifico vulnere strate jaces!
Hutt. Non jaceo, nec adhuc non te, improba, sperno,
In quem nec dum aliquid juris habere potes.
Mors. Nempe jaces nostri confossus arundine teli,
Hoc in te certe jus habuisse fuit.
Hutt. Non jaceo, nec tela tuæ mala sentio dextræ,
Et nec adhuc pars est ulla sepulta mei.
Mors. Nempe jaces, clauditque tuum brevis urna cadaver,
An, qui sic jaceat, non cecidisse putas?
Hutt. Ut jaceant alii, quos te stravisse, superbis,
Ipse tibi invictus, te feriente steti.
Mors. Hoc si stare fuit, si hoc non ergo jacere est,
Dic, age, quo pacto te cecidisse, neges?
Hutt. Non alia, quam qua divi ratione feruntur,
In casses nunquam posse venire tuos.
Mors. Quod si divus eras, cur sic rationis egebas,
Ut caderes nostra, dive perempte, manu?

---

*) *Camerario.*

Hutt. Nec cecidi, nec divus eram, quid me improba captas?
Pars etenim superest maxima viva mei.
Mors. Stulte, quid ambiguam post fata novissima vitam
Captas? hæc fatuæ somnia mentis erant.
Hutt. Vivo equidem, neque si corpus, male sana, tulisti,
Vis animo venit vulneris ulla meo.
Mors. Quid tibi fallaci blandiris imagine vitæ?
Omnis ab extincto corpore vita jacet.
Hutt. Quid mihi damna vagæ mentiris inania mortis?
Major ab extincto corpore vita manet.
Mors. Ut sibi jam fingant aliquam tua somnia vitam,
Fabula quid vitæ proderit ista tibi?
Hutt. Quam mea fama mihi tribuit verissima, vitam,
Adserit, et superis me facit esse parem.
Mors. Diisne parem faciat te fama levissima, cujus
Facta est, atque eadem corporis umbra tui?
Hutt. Non ita, namque brevi clausum est breve corpus in urna:
Fama manens pulsat Solis utramque Domum.
Mors. Ad te fama nihil tua pertinet amplius, ex quo
Seu bona, seu mala sit, nil tibi scire licet.
Hutt. Non ita, nam Manes venit, et bona fama sub imos,
Et mala apud Superos nulla relicta mihi est.
Mors. Ergo, quid utilium confeceris, optime, rerum,
Scire operæ pretium, te referente mihi est.
Hutt. Quanquam teste egeat nullo mens conscia recti,
Non tamen est ullus dicere vera pudor.
Mors. Dic igitur, quia non pudet hic quoque vana fateri,
Quæ vivus faciant ut videare tibi?
Hutt. Parvus adhuc, primaque notans lanugine malas,
Musarum certo numine plenus eram.
Talia concinui juvenili carmina plectro,
Qualia permulti non potuere senes.

Inter et æquales vigui, quantumque recordor,
Indole me nemo liberiore fuit.

Mors. Jam minus admiror, genus hoc sibi semper ineptnm
Promittit, nullo tempore posse mori.
Sed cur nulla meas remorantur carmina vires?
Cur etiam vates spicula nostra petunt?

Hutt. Nil nobis tua tela nocent, quid, avara, superbis?
Desine, dum capta cetera lege sequor!
Pæne puer varias gentes, et plurima vidi
Oppida, fortunæ victor ubique trucis.
Nam mihi plus aliis sævit Dea cæca, nec unquam
Desiit, indignis exagitare modis.

Mors. Cur non et generis velles meminisse, quod illo
Clarior et mors est, et tua vita fuit?

Hutt. Non pudet ingenuis adeo natalibus ortum,
Ut fuerim patrio sanguine Francus Eques.
Sed mihi plus curæ fuit, ut generosior essem
Divitis æternis dotibus ingenii.

Mors. Quid tamen hoc prodest, postquam nos ista tenemus,
Omnia, ceu forti capta tropæa manu.

Hutt. Corpus, avara, tenes clausum, teneasque sepulcro,
Me mea cum superis vita superstes habet.

Mors. Nondum digna satis vitæ miracla peractæ,
Queis vel adhuc possis vivere, facta refers.

Hutt. Prima rudimentis clausa est juvenilibus ætas,
Digna viro gessit munera vita sequens.
Nam patriæ laudes, et libertatis ademptæ
Jura, manu, calamo, fortiter adserui.

Mors. Quas laudes? quæ jura refers? quibus adseris armis?
An meritis eguit Teutonis ora tuis.

Hutt. Inclita Pontifices Germania passa tyrannos
Non tantum est meritis visa eguisse meis.

Quam mea facta licet non possent sola levare,
Quæ tamen huic potui commoda ferre, tuli.
Mors. Qua ratione, precor? nam tu nec corpore firmo
Nec fortunæ opibus permetuendus eras?
Hutt. Viribus ingenii præsentia damna levabam,
Corporis, atque isto nomine fortis eram.
Et mea raptores fregerunt scripta Cinædos,
Plus quam mille aliis ullius arma modis.
Nec tamen imbellis fueram, nec corpore fractus,
Vulnera multa dedi, vulnera multa tuli.
Scit Romana lues, bullarum turba ministri,
Nec tu strate mihi, Galle superbe, negas!
Quid tamen infirmi mihi corporis objicis artus?
Postremi vitium temporis illud erat.
Mors. Straveris et Gallum, et Romanum fregeris hostem,
Fractus es, et stratus non minus ipse mihi.
Hutt. Principibus quoque charus eram, sed plena malorum
Tempora non sunt hoc passa fuisse diu.
Mors. Nil moror, ut fueris charissimus omnibus, hoc te
Plus iidem fato procubuisse, dolent.
Hutt. Stultitia hæc equidem mortalibus omnibus una est,
Ut, quod tu rapias, hoc periisse, putent.
Illi igitur nostro funebria justa sepulchro
Solvant, et lacrymis mortua membra rigent.
Me mea, stultitia securum fecit ab ista,
Quæ nunc est, alio vita futura loco.

P. Lotichii Inferii
Manibus Huttenicis latæ.

(Carm. L. II. p. 173. Lips. 1586.)

Adloquor Hutteni Manes, cineresque Poëtæ,
Quos brevis in mediis insula claudit aquis.

Este salutati, Manes, hæc summa laborum
Alma quies vobis sit, nec arena gravis!
Accipe cum violis lacrymas, tibi fundimus illas,
Morte tua felix maxime nuper Eques.
Felix morte tua, Patriæ non fata ruentis,
Cujus eras vindex, non tot acerba vides.
Patria post obitus tibi contigit altera cœlum,
Major et in cunctos fit tua fama dies.
Fortunate cinis, venerande nepotibus ipsis,
Aeternum salve, perpetuumque vale!

Epitaphium.

Rhetor, Eques fueram, Germanis gloria terris,
Integer, ingenuus, carmine et ense potens.
Tetra mihi tribuit quamvis ferus ulcera Gallus,
Fama tamen pretium Nobilitatis habet.
Hinc si nostra leges, paucis intellige, lector,
Quam non hæc frustra nomine tanta geram.

B. II. 319.

Pauli Melissi Schedii Poëtæ Monimentum U. Hutteno collocatum.

(Schediasmatum Lips. 1625.)

Irascantur amici,
Indignentur et hostes;
Succenseant patroni,
Aegre ferant clientes;
Mali frendeant,
Et boni fremant:
Et Codro quamvis ilia rupta crepent:
invitis tamen omnibus,

reclamantibus universis,
ruptis invidia denique singulis,
cum bonis tum malis;
tam clientibus,
quam patronis,
pariter et hostibus,
praecipue Codro:
hoc Huttene tibi
Francus Francigenae
Poëta Poëtae.
Juvenis viro
Seni veterano,
(velis, nolis)
Ad amoeni patria Moeni
Flumina, qua viridis pyrgi stant moenia cippo
Erecto propter vineta sub ilice,
Marmoreis saxis statuens sublime tropaeum
Monimenta perennia pono.

Joann. Lauterbachii Epigramma.

(ex Nicol. Reusneri Iconib.)

Huldrichus Hutten Francorum gente creatus,
Germanus priscae nobilitatis Eques:
Palladias juvenis colui promptissimus artes,
Caesare pro magno Martis in arma rui.
Defendi calamo verum pietatis honorem:
Haud fucum vires passus habere suas.
Hinc peperi solers nunquam delebile nomen,
Quo vivens sera posteritate fruor.
Nobilitas multum mihi conciliavit honoris,
Mars multum, et Pallas, plus Pietatis amor.
Quem Pietatis amor, Pallas, Mars ornat, ademptus
Post genitos inter nomine vivus agit.

Mutianus Rufus.

Quod decus Hutteni est Equitis, quæ palma Poëtæ?
Lance pari gladio, nobilis atque stilo,
Aethereum scandit Musis comitatus Olympum;
Detinet obscuros atra caverna Sophos.
In barathro pœnas pro culpa et crimine pendit
Hochstratus, Ortuinus, Luscius, Alsiacus.
Ille gerit meritos cœlo dignatus honores:
Hutteni similes lacteus orbis habet.

Aliud Hutteni Epitaphium, candide et libere conscriptum.

Nobilibus, siqua est ea laus, natalibus ortus
Huttenæ insigni stemmate gentis Eques:
Parvus et æger eram, sed mens ingentibus ausis
Pensavit vires corporis exiguas.
Quæ sua de fagis, Francos media inter et Hessos
Nomina habet, nobis patria terra fuit.
Quantum ea ab Helvetii disjuncta est littore Rheni,
Rupit ubi vitæ stamina Parca mea?
Nunc jaceo, ætatis decurso tempore primæ,
Hic ubi congesta saxa levantur humo.
Artibus et studiis Musarum excultus honestis,
Miretur Latium, quæ quoque scripta dedi.
Sed Natura potens, fortunaque, sorsque sinistra
Diversam a Musis perculit ire viam.
Quorumdam heu pudet: atque utinam, quam noverat artem,
Non mea mutasset deteriore manus.
Quicquid id est, Gallos quatuor stravisse feroces,
Nomina dum tueor Cæsareana juvat.

Cætera Dî faciant sileantur facta meorum
Armorum, et belli nocte prematur opus.
Vivat opus calami, rerum pars clara mearum:
Per mea quam nequeunt nomina nocte tegi.
Si tamen illa etiam fatis tacita esse vetantur,
Germanæ dicar gentis amator ego.
Osores quicquid, quicquid dicatis, amici,
Crimine cum parvo gloria magna mea est.

Ad Nobilitatem Scholamque Fuldanam, Conterraneos, Propinquos et Adfines Hutteni.

Nobilibus cunctis, Francisque, Hessisque, Biechis,
Huttenus specimen, gloria, calcar erat.
Quod si non fuerat tantum fortuna noverca,
Vicerat hic Gallos, vicerat hic Italos.
Hunc, generose puer, sapies, imitabere: claris
Virtus cum studiis præstat imaginibus.

Hutteni Epitaphium.

Hic jacet Huttenus parva cinis abditus urna,
Cui fuerat patriæ sedula cura suæ.
Qui moriens nigris nova gaudia Manibus adfert;
Cœpit et Elysius clarior esse locus.
Ferte igitur tumulo lauros, hederasque virentes,
Et nardum, doctis præmia digna viris.

In Huttenomastiga.

Impia cur laceras Hutteni bestia Manes,
Immani vincens crudelitate Scythas?

Illius Hütteni, cui nec præstare matellam
  Dignus es, aut porcos pascere Buchonios.
Ut solet in spurco meretrix tibi fornice docta,
  Qui bene non didicit sic maledicta vomit.

Joann. Fabricius Montanus.

Epitaph. Huldr. Hutteni Poët. et Eq. Franci, qui in *Insula lacus Tigurini, Ufnavia dicta,* hodie a doctioribus Hutteni Insula nuncupata, sepultus est.

Hæc quicunque cita decurris stagna carina,
  Ponis et hoc nostro littore forte pedem.
Imperio sic aura tuo, sic pareat unda:
  Perlege, quæ saxo carmina sculpta vides.
Hoc Equitum decus, hoc Vatum Germaniæ ocellus.
  Huttenus, jaceo conditus in tumulo.
Ingenio dextraque potens, dum vita manebat,
  Musarum simul et Martis alumnus ero.
Cæsar Apollinea cinxit mea tempora lauro;
  Idem pro meritis Nomen equestre dedit.
Sæpe bonos mutare solum fortuna coëgit,
  Magna quibus patriæ pœna carere fuit:
Ast mea non alio tantum se jactat alumno
  Francia, nec meritis est male gnata meis.
Aeger ad has veni legatus Cæsaris oras,
  Quum me mors alias jussit inire vias.
Ante sepulturæ serviret ut angulus iste,
  Quam morerer, sociis jussa suprema dedi.
Assiduis ubi me lugerent planctibus undæ,
  Et gemerent plenis signa refusa vadis.
Sertaque vernarent tumulo nativa sub ipso:
  Et querulæ canerent flebile semper aves.
Vade, sed admonitu nostri, spes contrahe nostras.
  Quo minime credis, stant tua fata, loco.

Joannis Stigelii Epitaphium.

Hic jacet in viridi tumulatus cespite Vates,
Hutteno Ulricus stemmate natus Eques.
Qui calamo, gladioque audax, et fortis utroque
Prœlia cum multo fortiter hoste tulit:
Tempore, quo Christi verax doctrina reluxit,
Quæ diuturna operum nube sepulta fuit.
Non poterat turpes Saliorum ferre cothurnos:
Quorum est ingluvies, et gula fœda Deus.
Quæ tamen his damnum melius, quam milito, ferret,
Illius est calamo Romula scripta Trias.
Invidiam atque odium multorum incurrit, et iram,
Omnia dum Franco pectore recta cupit.
Cede furens livor: tamen hæc est una potestas
Vatibus, æternum, quæ cecinêre, manent.

Georgius Sabinus in Obtrectatorem U. Hutteni.

Frigida tunc vocas Hutteni carmina Vatis,
Cujus in ingenio vivida flamma fuit.
Quin tua Musa gelu torpet: te siquis ad illum
Contulerit, glacie frigidiora canis.

Jo. Gofr. Zeidlerus.

Ulricus satis quum concessisset Huttenus,
Mars simul Aonidesque ingemuere Deæ.
Hic omnes siquidem coluit, dum vita sinebat,
Fortis et ingenio, fortis et ille manu.
Roboris huic ramum, Oryades, suspendite Laurum;
Pierides, æqua signa notata fide.

P. Melissus.

(in Schediasmat. Lips. 1625.)

Francia Germanis celebres, tria Sidera, Vates,
Celtin, et Huttenum, Lotichiumque tulit.

Ein new Lied.

Im Ton, wie man singt:
*„Franz Sickinger, das edel Blut,
Der hat viel der Landsknecht gut."*

Ulrich von Hutten das edel Blut
Macht so kostliche Bücher gut,
Die lassen sich wohl sehen;
Die gfallen den geistlichen Gleisnern nit wohl,
Die Wahrheit mufs ich jehen,
Ja jehen.

Als viel ich von sein Büchern hör,
Sie geben nur gut christenlich Lehr,
Sagen auch von Geizs der Pfaffen;
Das gfallt den Phariseiern nit wohl,
Die wollten ihn gern straffen,
Ja straffen.

Kortisanen brauchend auch bös Tück,
Doch gehnd ihr Anschläg sehr zurück,
Das kann ich je wohl spüren;
Wo sie frumm Leut betrüben mögen,
Daran thuend sie nit feyren,
Ja feyren.

Grofsmächtiger Gott von Himmel gut,
Der bösgeistlichen Übermuth,
Gleifsner, und Kortisanen,
Pfarr krieger treibent Bösheit vil,
Der Teufel soll ihn' lohnen,
Ja lohnen.

Gotts Wort thuens nach ihren Muthwillen zwingen,
Wöllen uns mit Gwalt ze Schweigen dringen,
O weh der Narren und blinden.
Christus sprach: „untern Porten der Stǟdt
Mögt ihr mein Lehr verkünden,
Ja künden."

Auch auf den Dächern, das ist wahr,
Gotts Wort verkünden offenbar,
Hat Christus selbst geschaffet;
Aber wer jetzt vom Gottswort sagt,
Wird von Gleisnern gestraffet,
Ja gstraffet.

Gotts Wort soll frey sein ungezwungen,
So hat mans auf die Kanzel drungen,
Als dörft man sust nit sagen,
Wann wir Gotts Wort recht declariern,
Wölln die Gleisner verzagen,
Ja zagen.

Wollt gern, wer mir ein Urkund thät,
Dann ich jetzt ein Weisen hätt,
Kanns in der Geschrift nit finden,
Das ich nit meinem Nächsten soll
Gut christlich Lehr verkünden,
Ja künden.

Das tröstlich Gotts Wort vil vermag,
Christus selbs sprach, was ich euch sag,

Sag ich allen Menschen auf Erden,
Zeigt an, das er nit haben will,
Dafs es verschwiegen soll werden,
Ja werden.

Das Wort Gotts halt ich hoher Acht,
Dem widerstreben soll kein Macht,
Bey rechten Christenleuten;
Grofsmächtiger Gott brauch dein Gewalt,
Hilf uns ritterlich streiten,
Ja streiten!

Stärken unsern Geist ohn Unterlafs,
In uns mach deinen Glauben grofs,
Dafs wir uns stark dran heben,
Dafs wir von Evangelischer Lehr
In ewig' Zeit nit streben,
Ja streben.

Herr Ulrich ist ein redlich Mann,
Wollt Gott, dafs ich sollt bey ihm stahn,
Gegen allen seinen Feinden;
Ich hoff zu Gott die Wahrheit werd
Die Falschen überwinden,
Ja winden.

Ulrich von Hutten bifs wohlgemut,
Ich bitt, dafs Gott dich halt in Hut,
Jetzt, und zu allen Zeiten,
Gott behüt all' christlich Lehrer gut,
Wo sie gehnd, oder reiten,
Ja reiten.

Der Bösen Tück
Der Frummen Glück.

Ein schön new Lied von dem von Hutten.

Im Ton:

„Vonn erst so wellen wir loben
Maria die reine Maid.“

Ach edler Hut aus Franken
Nun sich dich weislich für,
Gott soltu loben vnd danken
Der wird noch helfen dir;
Die Gerechtigkeit vorfechten,
Du solt beystahn dem Rechten,
Mit andern Rittern, vnd Knechten,
Mit frummen Kriegsleuten gut
Beschirmen des Christen Blut.

Du solt beystahn dem Rechten,
Aus Christenlicher Pflicht,
Solt ritterlichen fechten
Dann du bist wol bericht,
Das du's solt thun aus Schulden
Wilt haben Gottes Hulden,
Du solt kein Falsch nit dulden,
Was Christenglauben antrifft,
So du verstahst die Geschrifft.

Lafs dich nur nit bethören,
Du Christlicher Ritter gut,
Vom Wort Gotts thue nit kehrenn,
Du hast eins Helden Mut.

Gotts Wort solt frey erheben,
Sol allzeyt oben schweben,
Dran sollen wir uns heben,
So fahren wir frisch unverzagt,
Hutt ains hat gewagt.

Ir Edlen, Graven, vnd Fürsten,
O König vnd Kaiser Herr!
Das Christenvolk thät dürsten
Nach Evangelischer Lehr;
Lebendig Wasser wöllen sie haben,
Gut Brunnen hat Isaack graben,
Philistiner verworffen haben,
Die Brunnen zugefüllt mit Koth
Also es jetz auch goht.

Philistiner haben sehr verworffen
Die Brunnen göttlicher Lehr,
In Stätten und in Dorffen
Kein lautere Predig mehr
Thut man gar selten hören,
Gotts Wort wöllens nur verkehren,
Nach Gelt und weltlichen Ehren,
Nach Gewalt und zeytlichen Gwinn
Stellnn sie ihren Muth und Sinn.

O was ist news vorhanden,
Das ich mit Frewden hör,
Viel Isaak sind aufgestanden,
Uns zu Gut, viel Gott zu Ehr.
Woll'n lebendig Wasser haben,
Nach lauterem Wasser graben,
Damit sie uns erlaben,
Heimlich, und offenbar,
Gott geb ihn' viel guter Jahr.

Die frummen Rechtgelehrten
Die greiffens tapfer an,
Dafs die Falschen, Verkehrten
Werden mit Schanden abstahn;
Ihr Gesatz, und Menschengedichte
Das wird bald gar vernichte,
Wir seind ihn nix verpflichte,
Nur was Gott selb thät lehrn,
Zu dem sollen wir uns kehrn.

Huttenus halt sich veste,
Das hab ich guten Bescheid,
Er wollt gern thuen das Beste
Der frummen Christenheit;
Thut sein Seel für uns setzen,
Acht' nicht, wer ihn thue letzen,
An Leib und Gut drum setzen,
Er halt vest unverzagt
Das Evangely sagt.

Fürwahr ein guter Hirte
Setzt sein Seel für sein Schaf',
Bey dem man Frummkeit spürte,
So er nit liegt im Schlaf.
Thuet sich der Schäflin fleissen,
Dafs die Wöllff sie nit zerreifsen,
Verderben, und zerbeifsen;
Der Taglöhner der flücht,
So er den Wolf nur sicht.

Herr Gott, lafs dich erbarmen
Der Christenheit Trübsal,
Kumm bald zu Hilf uns Armen
In diesem Jammerthal;
Deine Hirten thuen sich zweyen,

Die Schäflin sich zerstrewen;
Thue uns den Weg recht zeigen,
Durch recht verständig Leut,
Kehr ab der Gleisner Neid!

Dies Liedle thue ich singen,
Zu Lob einem Docktor werth,
Ich hoff ihm werd gelingen,
Er ist grofser Ehren werth.
Ulrich von Hutten ich sagen,
Thut Leib und Leben wagen,
Und thut ganz nit verzagen,
Gott geb ihm Glück und Sick,
Das er all Sach wohl schick.

Der Bösen Tück,
Der Frummen Glück.

Huttens Manen.

Ufnau, Schiffer, ist das, was von dem zitternden
Mondenglanze bestrahlt, still dort und feyerlich,
Wie die Andacht des Beters,
Aus dem Spiegel der Fluten tritt?

O so führe mich schnell, schnell wie die schaurige
Süſse Ahnung, die jezt mir durch die Seele fliegt!
Denn es reiſst mich allmächtig
Wie zum Grabe des Jugendfreund's.

Und wie folg' ich dir gern, heiliger Herzenszug,
Aus dem All in der Brust himmlischer Wiederhall,
Süſser Einklang der schönen
Zukunft mit der Vergangenheit!

Aber welche Gewalt löset die Sehnen mir,
Daſs ich feyerlich ernst sink' an das Felsgestad',
Und ein kehrender Fremdling
Küsse Vaterlandsboden froh?

Düster schweiget die Nacht. Nur von der Pappel her
Flüstert's, wie der Natur sterbender Athemzug,
Stöhnt's, wie Klage der Liebe,
Dröhnt's durch bebende Nerven mir.

Horch! mit dumpfem Getös' brechen die Wogen sich
Dort am ferneren Strand. Aus dem Geklüfte Welt
Schwebt auf Nebelgefieder
Grauses Eulengestöhn' einher.

Schaurig weht es mich an — Götter! ein Grab? und du,
Hehre Göttin, du hier? — Ja ich erkenne dich
An dem Kranz' der Begeist'rung,
Der die leuchtende Schläf' umblüht.

Dich am stolzeren Wuchs, dich an der Felsenbrust —
Freyheit preiset der Mensch, feyern die Sphären dich.
Doch, was weilest du Göttin
Hier, wo Leben in Traum zerrinnt?

„Dreymal seliger Mann! Heil dir auf Huttensruh!"
Hutten, sagst du? — Nun dann, Heil mir Gewürdigten!
Ja nun ist er zerflossen
Mir der Nebel der Ahnungen.

Und des klaren Gefühls herrlicher Morgen tagt.
Darum war mir so ernst, darum ach! flüstert' es
Aus dem Laube der Pappel
Mir wie Klage der Liebe zu.

Darum weilest du hier an dem bethauten Grab',
Schau'st in Wehmuth hinab auf den Vollendeten,
Der in zitternde Knechte
Deine stolzeste Wallung gofs.

Er, der Teutsche, der Mann, der in gestählter Brust
Seiner Brüder Geschick vest, wie das eigne trug,
Sah die schmählichen Fesseln —
Da zerging ihm das Heldenherz;

„Sterben kann ich — es sey! aber ich diene nicht;
Auch mein Volk wird es nicht," rief er den Herrschern zu,
Und Thuiskons Erzeugte
Flammen, Göttin, entgegen dir.

Harren Männer in Kraft. Ach, es verhallet schon
Unterm Jubel des Danks klirrender Ketten Schall,
Freiheit woget des Mädchens,
Freiheit pochet des Jünglings Brust.

Weh! aus Erebus Nacht stürmet Verfolgung an,
Grinsend hämischen Blicks tobet sie geifernd her,
Und in bäumenden Wirbeln
Schnellet Schlangengezücht ihr nach.

Wie den glühenden Dolch zücket die Mörderfaust!
Armer Hutten! — Er fällt. Aber mit Lieb' umfaſst
Ihn des Vaterlands Engel,
Drückt ihm weinend die Augen zu.

Und der Dulder entschläft. — Athme dann leis', o West,
Spiele traulich um ihn, liebliches Blumenvolk,
Daſs die Larve des Undanks
Ja nicht trübe den hellen Traum!

Ich auch weine dir still, Retter der Freiheit nach,
Deſs bezauberndem Mund lieblich ihr Lob entquoll,
Der ein rächender Donner
Über freche Tyrannen schritt.

Ja, ich schwöre dir jezt bei der Unsterblichen,
Die den schmerzlichen Blick auf den Geliebten senkt:
Freiheit ruf' ich hienieden,
Jauchz' ich dir in Walhalla zu.

Und so ruhe denn sanft, lieber verkannter Mann,
Bis im Brande der Welt jegliche Kette schmilzt,
Und ein liebender Engel
Dich zur Aernte der Freiheit weckt!

A. Wagner 1802.

An Ulrich von Hutten.

Im Bardendonner, in Walhallas Weisen
Gebührte dir die Harfe zu ertönen,
Dem edelsten von Teutschlands Heldensöhnen,
So mit dem Schwert, als in des Wissens Kreisen.

Früh mufste dir dein grofses Herz ergreisen,
Das tief gefühlt der Freiheit schwer Verhöhnen,
Zwar konnte Maximilian dich krönen,
Doch nicht des Fanatismus Arm entreifsen.

Ein Kämpfer auf den Tod tratst du in's Leben;
Früh schlang der Lampe Fleifs die Jugendgluten,
Zum Höchsten mochte Freiheit dich ermuthen.

Ein Sicking konnte nur Ersatz dir geben,
Doch raubte dir das Schicksal auch den Guten,
Und einsam starbst du für dein kühnes Streben.

(*E. Münchs Gedichte 1819.*)

ULRICHI AB HUTTEN
OPERA.

I. CARMINA JUVENILIA.

Einleitung.

Das erste dieser beiden ältesten Jugendgedichte Huttens, so noch vorhanden sind, ward zum Andenken der Gründung der Frankfurtischen Hochschule, durch Joachim I. Nestor, Markgrafen von Brandenburg, verfafst, und ist als eine litterärische Seltenheit unter andern Zugaben der Einweihungsgeschichte genannter Universität beigedruckt worden, welche folgenden, etwas barbarischen Titel führt: „*Publii Vigilantii Bacillarii Axungiæ Poëtæ, et Oratoris ad illustriss. principem Joachimum etc. Frankphordianæ urbis ad Oderam, et Gymnasii litterarii introductionis, ceremoniarumque observatarum Descriptio. Exaratum in officina honorandi viri Conradi Baumgardt=Rottenburgii in urbe Frankphordiana ad Oderam. Anno ab incarnat. Salvator. nostri M. D. VII. Idib. Februar. 4.*" — Voran steht: *Udalricus Huttenus Phagigena Joannis Rhagii Aesticampiani discipulus. Ad Lectorem hujus libri.* Nach der in dieser Einweihungsgeschichte erschienenen Ausgabe liefs J. E. Beckmann das Gedicht in dem Auctario Notitiæ Universitatis (S. 1. u. s. w.) wieder abdrucken. Eben so gab es Jakob Burkhard in seinem dritten Theil des Commentars zu Huttens Leben, Schicksalen und Verdiensten, als die erste von ihm im Druck erschienene Probearbeit. Im Jahr 1816 endlich fügte es auch Recktor Mohnike in Greifswalde seiner Jugendgeschichte Huttens, mit mehrern Anmerkungen bey. In den Operibus Poëticis ist es nicht erschienen.

Das zweite „De virtute elegiaca exhortatio" ward zugleich gedruckt mit der: *Tabula Cebetis philosophi Socratici*, cum *Joannis Aesticampiani Epistola etc. Impressa Frankfordio per honestos viros Nicolaum Lamperter*, *et Balthasarum Murner. Anno M. D. VII.*

S. Panzeri Annal. Typogr. Vol. IX.

Eine neue Auflage dieses Werkes und des Gedichtes erschien mit einigen Verbesserungen zu Leipzig bey Jakob Tanner 1512. Von dieser Zeit an blieb diese schöne Elegie, welche den Gesang „auf die Mark" bey weitem übertrift, bis in die neueste Zeit verborgen, wo sie endlich Recktor Mohnike von Dr. E. Fr. Eberhard in Leipzig, dem nämlichen, der die von Müller herausgegebenen Briefe „ad *Richardum Crocum*" auffand, aus der Christen'schen Bibliothek erhielt, und als Beilage seiner Jugendgeschichte Huttens drucken liefs. Vergl. ebend.

a) In laudem Marchiæ.

Marchia, tardigrado terra interjecta Bootæ,
Gargareum superat fertilitate solum.
Cujus in autumno cum pinguibus incola botris,
Poma, sub æstati præmia messis habet.
Vix sentit piceis Borealia frigora tædis,
Tempore fœtura veris abundat apum.
Adde boum cultus, hic quorum copia tanta est,
Quanta sub Jonio fertur arena mari.
Sunt et equi celeres, natique ad pondus aselli,
Quærit ad innumeras gramina pastor oves.
Ut tamen hæc taceas, lætam vagus Odera terram
Diluit, et varias piscibus auget opes,
Queis non tam Tanais, nec abundat flavus Orontes,
Nec Phrygius Xantus, Romuleusque Tibris.
Piscibus Eridanum vincit, celeremque Caystrum,
Quique suis agitat fulva metalla vadis.
Multus ab Odricola defertur carpio gente,
Et crassus polypus *), cæruleusque lupus.
Sunt quoque mutatæ peregrino sidere merces,
Quas opulentus Arabs, India sive dedit,
Egregias urbes, atque altas possidet arces,
Templaque, cælicolas quæ decuisse putes.
Hic Joachim Princeps, sceptri successor aviti,
Tale sua ne non in regione foret,

*) Hutten spielt auf die in der Oder zahlreich sich findenden Krebse hier an.

Gymnasio solidas erexit ad astra columnas,
Qua Francfordiacæ cernitur urbis opus.
Ingenuas artes dedit huc, sophicasque catervas,
Hic, sua qui doceant carmina, Phœbus habet.
O bene! divitiis adduntur Palladis artes,
Hæc bona sunt terræ divitiora suæ.
Terra ferax frugum fœcundas concipit artes,
Juncta est Panchæis Cecropis ora locis.
Cetera quo melius noscas, hunc volve libellum,
Lector, ut et tellus nota sit illa tibi.
Hæc te Marchiticas ducant monumenta per oras,
Sic tibi qui latuit, cognitus orbis erit.
Invenies illic, quæ te legisse juvabit,
Dum non, quam relegas, læseris illa prius.
Si tamen hoc quædam fuerint errata libello,
Parce, mora celeri condidit auctor opus!

b) U. Hutteni, adolescentis, de Virtute elegiaca exhortatio.

Ipse ego, dum variæ meditor discrimina sortis,
　　Dum dubias vitæ difficilesquè vias,
Diversasque adeo curas, hominumque labores,
　　Ingemit, et tristi mens mihi corde dolet.
Nam quæcunque vides fragilis solatia mundi,
　　Omnia sunt longa dispeIritura die,
Utque leves paleæ vacuis motantur aristis,
　　Et quatitur rapidis silva comosa notis:
Hæret in humanis fragilis fiducia rebus,
　　Discrepat, et dubiis decipit illa modis.
Qui modo dives erat, fortunâ exactus iniquâ
　　Aestuat, et parvo fœnore vertit humum.
Rex erat, et Latias tenuit Tarquinius urbes,
　　Paruit ad nutum Dardana Roma suum.
Decidit ille tamen, nam quanta potentia nostra est?
　　Decidit, et missis urbibus exul erat.
Hæc eadem Siculi memorantur regna tyranni,
　　Post sua qui pueris sceptra magister erat.
Ut tamen hæc maneant, et sis in tempore felix,
　　Sistat in imperio terra, fretumque tuo:
Teque vagum posita veneretur imagine vulgus,
　　Det tibi fœcundas regia mensa dapes:
Sint vires formæque bonum, cultique penates,
　　Inque tuos veniat pulchra puella thoros,
Sis quoque, si quid est, antiquo stemmate natus:
　　Quis dabit hæc cineri funeribusque tuis?

Vidi ego magnorum pallentia corpora regum,
Portabant tantum parva feretra decus.
Quid! ubi tunc tumido frontosa superbia fastu,
Claraque nobilitas, belligeræque manus?
Qui modo tot populos, qui tot modo rexerat urbes,
Procubat ad fœdam truncus inanis humum.
Tabescunt etiam regali corpora luxu,
I nunc, et validâ concute sceptra manu!
I nunc, et forma, fortuna, opibusque superbi,
Inque brevi magnum tempore nomen habe!
Nudus es, et gelidum premis, invidiose, sepulchrum,
Nuda petit Stygios flebilis umbra lacus.
Discite, mortales, trepidæ moderamina sortis,
Intempestivas occupat illa moras.
Dona, potestatem, temeraria jura, fidemque
Spernite, et effictæ numen inane Deæ.
Clarior hac *virtus*, refugaque securior aura,
Ipsa locat famulis præmia vera suis.
Sunt, qui divitias, sunt, qui sectentur honores,
Quique velint magnos pascier ante duces.
His neglecta deest, sed habentibus omnia, virtus,
Cum virtus nullo munere possit emi.
Vos quoque, qui blande cupidos captatis amores,
Ite, carent veris gaudia vestra bonis.
Quisquis amas, pulchros rugis fœdabere vultus,
Quum dederit canas mœsta senecta comas.
Sola diu est igitur, sola est sine crimine virtus,
Labe carens, vitæ principiumque novæ.
Hanc pete, qui vitam, qui non mortalia curas,
Est aliquid vitæ consuluisse suæ.

II.

Ulrici Hutteni

equestris ordinis poëtæ

in

Wedegum Loetz, Consulem Gripeswaldensem in Pomeraniâ, et filium ejus Henningum, utr. Juris Doctorem

Querelarum libri duo

pro insigni quadam injuria sibi ab illis facta.

E i n l e i t u n g.

Die zwei Bücher Klagen gegen die Loetze, Vater und Sohn, durch welche Ulrich Hutten die unmenschliche Behandlung von Seite der beiden Lossier in einer Reihe von Elegien, mit Zueignungs-Schreiben und Gedichten vor die Augen der Welt zu bringen gestrebt hat, und in welchen man freilich die noch frischblutende Wunde im Herzen des Dichters, ob der grofsen und himmelschreienden Unbill aus der Heftigkeit vieler Stellen leicht gewahrt, und daher die Wahrheit der Thatsache mit der allzuleidenschaftlichen Darstellung des tiefgekränkten Jünglingsstolzes, wie er in Hutten schlug, leicht in's richtige Verhältnifs zu setzen im Stande ist — blieben bis auf die neuesten Zeiten allen Bearbeitern von Huttens Leben und Verdiensten, und Bezeichnern seiner Schriften verborgen. Man geräth daher mit Mohnike auf die Vermuthung, dafs entweder äufserst wenige Exemplare abgezogen worden, oder die Loetze den gröfsten Theil derselben aufgekauft, um sich wenigstens von einer allgemeinern öffentlichen Brandmarkung wegen ihrer verrätherischen Unthat zu schirmen. Noch im J. 1717 mangeln sie im Verzeichnifs der Hutten'schen Schriften, welche der treffliche Burkhard seinem Kommentar zu Huttens Leben, Schicksalen und Verdiensten beigefügt. In dem Buddäischen historischen Lexicon ward zuerst dieses Werkchens wieder Erwähnung gethan, so dafs Burkhard in seinem 3ten Theile kaumerwähnten Kommentars bereits davon einige Nachrichten geben konnte, mit der Bemerkung, dafs Hutten es seinem Gönner Theodor von Bülow, Bischof zu Lübeck, zugeeignet habe. Dennoch sah er das Buch selbst nie, und es blieb in Schlesien unter den übrigen Büchern der Brefslerischen Bibliothek lange Zeit verborgen. Zwölf Jahre nachher erschien das Leben des Niklaus Marschalk, von Peter Schöttgen beschrieben, und in diesem ward des Inhalts der Querelarum erwähnt, und ein dürftiger Auszug von einigen Elegien mitgetheilt. Ohne daher von dem Buche selbst etwas Näheres, so wenig wie Jak. Burkhard zu wissen, rückte Wagenseil, als er Huttens Briefe herausgab, dasselbe in den Elenchus der Huttenschen Schriften ein, und eben so nennt es Füfsli in seiner Lebensbeschreibung Huttens, im Schweizer Museum. Meiners, der neue und ausführliche Biograph Huttens (in seinen Lebensbeschreibungen berühmt. Männer u. s. w. Zür. 1797) sagt blos, „dafs Hutten, als er im November 1509 zu Rostock im gröfsten Elend angelangt sey, ein Spott- und Straf-Gedicht, unter dem Namen „Lossius“ ausgearbeitet habe, um den

Bürgermeister wegen seines feindseligen Betragens zu züchtigen", setzt aber hinzu: es sey ungewiſs, ob es jemals gedruckt worden, mit Berufung auf Burkhards Kommentar. Koch in seinem Kompendium der deutschen Literatur (Berlin 1795) und Panzer in seinem „Ulrich v. Hutten in litter. Hinsicht" (Nürnb. 1798) wollten blos den Ort wissen, wo es zu finden sey. Da erschien noch im J. 1798 eine Rezension des Panzerschen Huttens von Hofr. Meiners im 121ten Stück der „Götting. Gelehrt. Anzeigen", worinn er seine früheren Zweifel über das Vorhandenseyn der Querelen zurücknahm, und anzeigte, daſs er selbst durch die Güte eines Freundes in den Besitz derselben gekommen sey, und hiemit die Hutten'sche Literatur eine wichtige Quelle für sein früheres Leben gewonnen habe. Dies geschah gerade im Jahr nachdem seine Biographie erschienen war. Dennoch haben Ludw. Schubart, A. Wagner, u. a. der Neuern, die als Biographen, oder Bearbeiter Hutten'scher Schriften auftraten, derselben nicht gedacht, bis im J. 1816 von dem Rektor Mohnike in Greifswalde eine neue Ausgabe, Uebersetzung und Commentirung der Querelarum, und eine Jugendgeschichte Huttens erschien. Die hier mitgetheilten Nachrichten über die Schicksale des Buches sind gröſstentheils aus diesem höchst verdienstvollen Werke geschöpft. Er erklärt zu Ende der Jugend-Geschichte, als er auf die Klagen zu sprechen kommt, daſs ihm gerade, als er bis zur Hälfte seiner Uebersetzung fortgerückt gewesen, jene Nachricht Meiners zu Gesicht bekommen, und er durch Mittheilung des Meiner'schen Manuscriptes, so er nach dessen, bald hierauf erfolgten Tode, erhalten, in Stand gesetzt worden sey, das von ihm zu Wolgast in Pommern unter eine Menge anderer, höchst schätzbaren und seltenen Schriften gefundene Exemplar zu vergleichen und zu ergänzen. Dieses leztere erhält, wie er bemerkt, nebst seiner aufserordentlichen Seltenheit dadurch noch gröfsern Werth, dafs es von Hutten selbst sorgfältig durchgesehen, an vielen Orten verbessert, und mehrere Verse, und eine metrische Bemerkung an den Rand geschrieben worden. Das Exemplar selbst hat durch allerlei Zufälle viel gelitten, und ihm mangeln Titelblatt und Vigilantius Hendekasyllabon, so wie das Schlufstetrastikon von Hutten. Dafür hat es die Elegie des Herman Trebelius, welche in dem Meiner'schen Exemplar fehlt. Das ganze Buch, welches mit 9 andern Schriften zusammengebunden, und daher hie und da etwas verschnitten war, enthält 46 Quartseiten, und 5 Tern- und 4 Duernenlagen, auf festem, starkem, etwas gelblichem Schreibpapier, mit ungleicher Ortographie und manchen Druckfehlern.

Die übrigen Bemerkungen über das Aeufsere des Buches können, als im Verhältnifs zum Ganzen für den Gesammtherausgeber Huttens zu unwichtig, und raumraubend, hier nicht in Betrachtung gezogen, und von denen, welche Lust dazu haben, in Mohnike's ausführlichem Commentar hierüber nachgesehen werden. Sämmtliche Elegien waren mit Marginalien geschmückt, die Mohnike im Anhang abdrucken liefs, die ich aber hier, wie bei allen übrigen Schriften Huttens, wo solche vorkommen, als unerheblich bei Seite legte.

Ad Sedecimviros Gymnasii Rostochiensis Epistola, cum Tetrasticis in singulos.

Nihil a me scribi hac tempestate, nihil pæne dici debet, viri ornatissimi, sine Vestri honoris præfatione. Cum enim hieme præterita in spoliatorem Lossium incidissem, nudusque ad Vos diverterem, et honorifice sum susceptus, et habitus liberaliter. Scripsi itaque iis diebus, quos apud Vos humanas literas professus sum, Elegias quasdam ad diversos de fortuna mea; quas ubi in ordinem congesseram, atque edendas putavi, Vobis nuncupare volui. Quid enim meo carmini amplius, quid honorificum magis accidere posset, quam tantorum virorum præscriptio? Atque eo magis solatii hoc mihi esse debet, quo ea res æmulum meum, qui perpetuo quodam odio in me juravit, inflammabit, magisque ac magis ad invidendum excitabit. Ego mehercule nullam majoris ultionem facio, quam eam, qua inimicos nostros conscientia malorum suorum pungi, macerarique insultantes ferimus. Accipite ergo hos Querelarum libros; sic enim inscribere visum est, atque ita accipite, ut, si ingenium non omnino probetis, causam saltem meam, quæ omnium vestro judicio optima jam pridem censa est, defendatis.

Adjunxi Tetrastica quædam in singulos, exiguum pro tanta vestra benevolentia munus, ut scilicet intelligeret spoliator meus, etsi quis item nasutus accesserit, tam me bonos laudare, quam vituperare malos. Valete, et Huttenum vestrum legite, atque tuemini!

Ex officina mea litteraria Rostochii, Idibus Julii.

TETRASTICHA.

I.

Ad Gerhardum Phrillum, (Frilden) Theol. Doctorem.

Quidquid inest Musis, quidquid dedit Attica Pallas,
Quodque putes Clarias psallere posse fides,
Naturas rerum, et magnorum arcana Deorum,
Cuncta simul docta mente Pherillus habet.

II.

Ad Nicolaum Leonem (Löwe), Decretorum Doctorem.

Vasta tibi mens est, et nomina magna Leonis,
Credendum est homines vivere posse feras:
Nec mirum est, quia te vulgus Leo docte, salutat,
Exsuperas homines, vincit ut ille feras.

III.

Ad Joannem Barchman, Legum Doctorem.

Quantus es, et quantæ dignus, me judice, laudis,
Das ipse ex facie tu documenta tuâ.
Sæpe etenim ex gestu firmæ constantia mentis
Visa est, hæc gravitas te docet esse gravem.

IV.

Ad Iberum Grot, Decret. Dr.

Turba senum memor est, et Rostochiana juventus,
Qua sit judicium laude fideque tuum:
Rector Palladiæ fueras, præsesque palestræ,
Nec quisquam est isto pressus ab imperio.

V.

Ad Petrum Boegen (Boyge) Decret. Dr.

Cum leges, cum jura scias, cum Petre, tot artes,
Summaque canonici sit tibi cura fori:
Cum tibi divitiæ, cum sint sine crimine mores,
Miror, in iis cur nil mente superbus agas.

VI.

Ad Henricum Mulert, Ictum.

Ut caperes Latiæ, cultumque decusque Minervæ,
Post patriæ studium Gallica regna petis:
Nemo est callidior, nemo est te doctior uno,
Seu quid in hoc doceas munere, seu quid agas.

VII.

Ad Bertholdum Moller, Theologum.

Da veniam, lector, si quid laudare necesse est,
Molitor ingenio, Molitor arte valet:
Atque adeo est illi doctæ facundia linguæ,
Ut credas hominem ducere posse Deos.

VIII.

Ad Henricum Kruselman, Philosophum.

Tu quoque Rostochiæ non infima fama palestræ,
Huc ades in nostrum, docte Magister, opus:
Te juvat in placido sophiæ fervescere ludo,
Diversa est aliis, hæc tibi vita placet.

IX.

Ad Joachimum Nigeman, Philosophum.

Ex merito conflatus amor, spesque excita lucro
Sæpe aliquem laudes fecit inire novas:
Non igitur, quia multa mihi, Joachime dedisti,
Accipis has laudes, sed quia vir bonus es!

X.

Eberhardo Dicman, Philosopho.

Vir bonus est, justoque nitens Eberhardus honore,
Vir bonus est, nec se judicat ille tamen:
Hunc probat in læto facilis clementia vultu,
Mirum est, posse graves vivere læta senes.

XI.

Ad Ecbertum Starlem, hospitem, Philosophum.

Ut queat Ecbertus castis incumbere Musis,
Virgineum nunquam polluit ille decus.
Huic probitas vera est, huic contulit omnia virtus,
Nec negat Aonias pagina sacra Deas.

XII.

Ad Henricum Holzman, Philosophum.

Sis melior sophiæ interpres, meliorve sacerdos,
Dum dubito, nondum est res bene nota mihi.
Siquid amicitiæ mecum congesseris istuc,
Non equidem major, sed mage notus eris.

XIII.

Ad Joannem Lobering.

Maximus orator, causarum maximus actor,
Et quidquid sophiæ est, hoc Loberingus habet.
Seu poscas carmen, seu quidquam lege solutum,
Omnia facundo perficit ille stylo.

XIV.

Joanni Sonnenberg, Franco.

Adde decus nostris, Francorum terra, triumphis,
Adde virum Musis, ingenioque bonum!
Ille fovet sacros, ille ambit honore poëtas,
Non mirum est vatem vatis amori trahi.

XV.

Ad Jodocum Stagen, Philosophum.

Pone odium Lossii, pone omnes Musa, dolores,
Vir tibi laudandus lingua, animoque venit:
Huic quoniam virtus, quoniam facundia præsto est,
Rite docere deus, rite loquique dedit.

XVI.

Jacobo Trempen, Theologo.

Pro te agitant homines cum Musis bella puellæ,
 Forma homines, Musas permovet ingenium.
Juncta venustati membrorum gratia mentis,
 Quantum homines, tantum ducit amore Deos.

Hermanus Trebelius Lectori
de duobus Lossiis.

Hic canitur, lector, tibi Lossius unus, et alter,
 Et pater et natus, fraude, doloque pares.
Res tamen hæc potius nati est, quia perfidus ille
 Insidiis vatem deprimit innocuum.
At genitor, quia fert spolium, describitur una
 Lossius hic natus, Lossius atque pater.

Querelarum liber primus.

Elegia I.

Dii, quibus extremi diffusa potentia mundi
    Cessit, et hoc totum est, omnia quicquid habent:
Vos miser Huttenus lacrymis accersit inultis,
    Et querula, siqua est, voce requirit opem.
Respice Christe meos, ita tu quoque passe, labores,
    Cum tibi mundanus indueretur homo:
Respice non veteres casus, sed temporis hujus,
    Quam sit fortunis omnia dura meis!
Ecce furit teneros vehemens quartana per artus,
    Et caput exhaustum est viribus omne suis.
Atque, ubi desævit tremebundum in corpore frigus,
    Ingruit Aetneo non minor igne calor.
Ipsa etiam est imis vis morbi incussa medullis,
    Siccaque concusso pendet ab osse cutis.
Si pedibus conor malefirmum attollere corpus,
    Fessa sub hoc tenui pondere crura labant.
Si manuum officio consuetos molior usus,
    Vix possunt siccas brachia ferre manus.
Nunc humero caput est fultum hoc, nunc incubat isti,
    Nulla mihi potus gratia, nulla cibi.
Hæc graviora facit lapsis penuria rebus,
    Quæque metum dubiæ cura salutis habet.
Quoque minus valeam nullis hic fungor amicis,
    Qui possent tantis me relevare malis.
Et patria careo, nimiumqne iis urbibus absum,
    Quas bonus implicito flumine Mœnus adit,
Undique tristitia est, ex omni angustia parte,
    Circumquaque aliquid me facit esse gravem.
Hæc tamen ut patiar, superat longum omnia tempus,
    Non tantum morbo, pauperieque premor:

Bis fera cessit hiems, toties æstate peracta,
Et valetudo manet, quæ fuit ante mihi.
Nec levius patior, morbus quoque tempore crescit,
Fœdaque crescendo est viribus aucta lues.
Sic vaga continuis augentur flumina rivis,
Sic rogus insurgit, qui modo parvus erat,
Non querar ista tamen, nec enim, quæ ferre necesse est,
Hæc indignato pectore ferre licet:
Sed movet in nobis miserandum Lossius iram,
Diis notum est, liceat quam mihi jure queri.
Ille febres præter mortali vulnere presso
Accincto longæ, sorte jubente, viæ,
Infandum! misero foturas corpore vestes
Abstrahit, et morbum quod gravet, addit onus,
Nulla viro pietas, neque enim emiseratur untem,
Ut decuit, longum per grave frigus iter,
Dii, notum est Vobis, quantum isto ex tempore pestis
Aucta sit, in nobis quæ fuit ante minor.
Ipsum enim vulnus concepti frigoris intus
Intendit vitæ prompta pericla meæ,
Qûi jacui, durum vehementi frigore corpus,
Semineces morbo concutiente manus!
Qûique peregrinos in concava vulnera fletus
Commovi, ut varia sum revocatus ope!
Quem non permoveam? cui non miserabilis essem?
Res foret hæc duris illacrymanda feris.
Tunc Phalaris potuit posito flevisse juvenco,
Busiris mœstum congemuisset opus;
Tunc ferus Eurystheus, tunc Thracius ore tyrannus *)
Dixissent: „pœnis est minor ille suis.“
Movissem torvumque Sinim, crudumque Procrustem,
Traxissem rabidas a feritate tigres.
Omnia movissem, sed enim, qui cætera vincit,
Sævior in nobis Lossius esse potest.
Hunc rupes inter, duræque ad robora quercus
Nutriit uberibus Afra leæna suis;

---

*) *Thereus. Sinis*, oder *Scynis*, der Strafsenräuber *Procrustes Bett.* Siehe Ovids Metamorph. VII.

Huic, ubi natus erat, quo nil crudelius esset,
    Dispositrix vitæ saxea corda dedit.
Hæc queror, o Superi! donisque ad templa relatis
    Ferre pias justa vos precor aure preces:
„Dura ferat, qui dura dedit, quique undique fævit,
    Cuncta habeat, quæ sint sæva, inimica, sibi!
Ille meas febres, ille horrida vulnera sumat,
    Ille ferat casus, ordine quemque, meos!"
Imprecor ista quidem, sed adhuc graviora meretur;
    Omnia sunt vestræ debita justitiæ!

Elegia II.

Facinus Lossii.

Tempus erat, quo post ductos ex ordine menses
    Octupes occiduas cancer inibat aquas;
Undique vis hiemis rapidos constrinxerat amnes,
    Undique concretus frigore pontus erat;
Et jam digressum Pomerana ex urbe parabam,
    Durum opus, et nimium viribus acre meis.
Vertere iter potuit, si vellet, Lossius illud,
    Huic ego tunc sumto debitor ære fui:
Sed petii, ut sineret, neque enim jam reddere possem,
    Fortunam alterius me subiisse loci;
Sive quid ingenio quæsitum, sive per artes,
    Quo possem lucro reddere sumta viro.
Annuit et dixit: quod abis, ita forte necesse est;
    Ergo tibi dabitur non potuisse satis.
Sive dolis, atque hæc simulata mente locutus,
    Sive ita pro mentis mobilitate suæ.

Cum molirer iter susceptum, atque arva tenerem,
Emisit comites perfidus ille suos.
Forte fuit juxta salices ex ordine natas
Alta palus duro pervia facta gelu:
Hac ibam, timidusque nihil, tutusque favore,
Ut peterem docti mœnia Rostochii,
Erumpunt, subitoque viri crudele minantur,
Ni faciam parvas, omnia dando, moras.
Oravi, fudique preces crudelibus istis,
Nec puduit tristes complicuisse manus.
Restabamque nihil, neque enim restare valebam.
Effetusque febri, vulneraque illa gerens.
Oranti, qui primus erat, morbumque querenti,
„Ne dubita, tecum jam bene, dixit, erit."
Detraxitque humero vestes; ego plurima flebam,
Et duxi oratos in pia vota Deos.
Tendit in adversum longa ille hostilia pectus,
Atque ait: Hic, taceas ni modo, vulnus erit.
Deposui raptos, humerum nudatus, amictus,
Cætera crudeles eripuere viri.
Parva fuit, modicis ita tunc compacta libellis,
Sarcina de nostros fertilis ingenio:
Hanc tenui saltem, nam, qua ditescere possent,
Non quamquam cupidis, illa rapina fuit.
Testatusque Deos: cum nil fera corda moverem,
Rapta est ex manibus sarcina tenta meis.
Nudato illusêre viri, pariterque ferebant:
„I nunc et magni nomina Vatis habe!
Forte novas aliquis, modo decantaveris illi,
Donabit vestes, nudaque membra teget".
Atque ita ridebant; ego, quam per frigora possem,
Aggredior cœptam continuare viam.
Quanta dehinc passus fuerim, quia multa ferebam,
Non patitur durus commeminisse dolor.
Summa tamen pateant: ita vixi, ut vivere nollem,
Et visum est tantis hoc superare malis.
Morbus adhuc mecum est, et ea valetudine plector,
Quæ tunc est nimiis concita frigoribus.

Vix aliquid scribo, sed nunc quæ scribere cogor,
Vix sunt in tantâ condita tristitiâ.
Atque ea sollicitos inter conficta dolores
Omnia cum lacrymis sunt agitata suis.
Dumque meus somno sub nonam Lossius horam
Solvitur, et placidos gaudet abire dies:
Aut mihi per laceres vigilata nocte labores
Rumpitur, aut studio, quæ solet esse, quies.
Jactet opes igitur, faustamque ex tempore vitam,
Luxuriæque suæ nesciat ille modum:
Rideat enummes *), ærumnosasque Camœnas,
Et malit tepidas vivere delitias:
Nos celebres artes pulchro jungemus honesto,
Peste etiam multos continuante dies.
Vicerit insanos constans patientia morbos,
Vincetur studio perfidus ille meo.
Nec dolet iis unici, sed tunc fortasse dolebit,
Quando sciet male se consuluisse sibi.
Ipsa graves etenim virtus neglecta dolores
Aggerit, et tacito turbine pectus agit.
Hæc utinam veniant, nec me spoliàrit inultus,
Qui nunc de nostro gaudet, ovatque malo.

Elegia III.

ad

praeclarum adolescentem Wolfgangum de Eberstein, Naugardiæ comitem, Pomeranum.

Parve comes, non parve tamen, quia tradita virtus
Sæpe fuit parvis maxima corporibus;
Parve comes, non parve tamen, quia gloria dispar
Sæpe etiam teneris fulsit in ingeniis:

---

*) Mohnike glaubt, es müfse *ærumnas* heissen. Vielleicht soll es auch, als ein neugeschaffenes Wort geldlos, dürftig ausdrücken.

Si miser Huttenus prece te miserabilis urget,
Et petit afflictis undique rebus opem,
Quid dubitas miseros demittere in aure rogatus?
Quidve negas vultum, quem decet esse tibi?
Nec te difficilem, nec te decet esse superbum,
Convenit æstati frons bene læta tuæ.
Si tibi, quæ nobis, eadem fortuna fuisset,
Aut esses simili conditione miser:
Nil magis optares quam, qui succurreret, unum,
Quique tuis posset obvius ire malis.
Quod tunc optares, mihi nunc optare licebit,
Fortuna ex omni nubila parte mea est.
Quidquid erat rerum, malesano Lossius ausu
Abstulit, ingeniis pestis iniqua bonis,
Nudus eo, vestram perveni nudus in urbem,
Quidquid erat rerum, Lossius omne tulit.
Res tulit, ut potuit, sed me divina voluntas
Ingenio nondum fecit abire meo.
Ingenium mecum, stabilissima munera porto,
Suscipe judicio dona probata tuo!
Cumque suo Hutteno socias assumme sorores,
Pars melior nobis parte abeunte manet.
Quidquid id est, toto juvenis tibi serviet ævo,
Atque erit ad nutum nostra Camœna tuum;
Inque tuas laudes ferventi moliar ore,
Num cupis, o, fato candidiore frui?
Hæc tibi clare comes, fato meliore ferentem
Suscipe, fortunas commiserate meas!
Quodque tibi cuperes fieri, si tu miser esses,
Huc ades, et lapsis suggere rebus opem!
Respice, in humanis quæ sint discrimina rebus,
Respice quam varium sors agat imperium!
Quæ mihi nunc dura est, potuit quoque ludere tecum,
Non certum est hoc te posse manere statu.
Finge, tuas volucer veniat Vulcanus in ædes,
Et centum indomito diruat igne domos:
Finge, tuas præceps ruat ut Neptunus in agros,
Spemque anni, lætas dejiciat segetes:

Finge repentina confectos morte parentes,
    Ante diem miseras exposuisse animas;
Et cum jucundis affines cedere amicis:
    Quid superest illa conditione tibi?
Dii tamen avertant, ne te mala tanta sequantur,
    Et tu fortunæ sic memor esse velis!
Quæque tibi nondum nocuit, potuisse memento,
    Illa quidem ancipiti datque, rapitque rotâ.
Atque, ubi cognôris, mentemque immerseris illis,
    Fortunæ tandem commiserere meæ!
Tot crucior morbis, absumque remotus ab illis,
    Unde foret misero spes capienda mihi.
Rebus egens, et inops, curisque afflictus amaris,
    Quamcunque adspicias, hac ego parte premor.
Hæc te permoveant, nec sis in cætera durus,
    Auxilioque velis, qua licet, esse mihi!
Sic, tibi cnm membris animus quoque tempore crescat,
    Et vivas multas hac probitate dies;
Nec tibi fortunæ facies aversa geratur,
    Et super æquales sit tibi partus honos.

E l e g i a IV.

Ad Joachimum Nigeman, Collegiatum Rostochiensem.

Tu quoque Pomerias celebris, Joachime, per oras,
    Et titulo, et rerum pondere nomen habens,
Musicus Huttenus, fortunam expertus iniquam,
    Et male sublimi trusus ad ima loco,
Nudus, egens, exspes, desertus, febribus ustus,
    Confugit ante oculos, littera *) visa, tuos.

*) M. will *littora* statt *littera.*

Sic aliquis longo lassatus navita ponto,
Quod vidit primo lumine, littus adit.
Te mihi præcipue magno rude vulgus honore
Extulit, et famæ est copia pulchra tuæ.
Atque aliquis dicit: prece si pulsaveris istum,
Mittet opem, votis auxiliumque feret.
Non temere scribo, fidis persuasus amicis,
Nec movet ingenium causa sinistra meum.
Invida paupertas, atque hæc violentia morbi
Nonne viros possent sollicitare graves?
Tempus erat, quo me clementior aura fovebat,
Quo carui morbo, pauperieque meâ:
Tunc alios etiam privata sorte juvabam,
Et nulli nostrum defuit auxilium.
Quæ fuit in nobis pietas, ita præstita multis,
Hæc moveat vultus, o Joachime, tuos!
Sisque mihi facilis, precibus persuasus honestis,
Dextera sub quovis judice causa mea est.
Non mihi, siqua fuit, ludendo perdita res est,
Cum foret ad cupidas alea jacta manus:
Non oculata meos diduxit tessera nummos,
Nec volucer positas talus abegit opes:
Nec me vina, dapes, et inepto scorta favore
Fecerunt humilem sortis adire statum:
Est in Pomeriis spoliator Lossius oris,
Ille meas vestes, cæteraque ille tulit.
Nec quidquam in causa est, cur me spoliàrit inultum,
Obsessor patulæ prædam agitando viæ.
Vis illata mihi, et tumido violentia fastu,
Hanc furiam in damnum compulit ire meum.
Quod factum est nobis, potuit contingere tecum,
Si nescis, varias sors premit arcta vices.
Nec mirum est, mihi si voluit fortuna jocari,
Sæpe vel hæc magnis ludit in ingeniis.
Cerne novos casus, priscam reminiscere sortem,
Et, potes, in nobis mollia corda gere!
Dii tibi, siqua mihi tribuas, in tempore reddant,
Et meritum hac pretium pro pietate feras.

Tu tamen, ut veterûm rimasti scripta virorum,
Ut *private* artes scisque, docesque bonas,
Ut, sophiæ cultor, sinuosa volumina tractas,
Ut calles docto plurima digna viro.
Scis equidem, tanta quæ pro pietate parentur,
Quid sit, in afflicta sorte fuisse pium.
Pauper in hoc mundo, nec cultu divite vixit
Christus, in humana conditione Deus;
Atque inopes idem divino sustulit ore,
Pauperibusque altas ipse recepit opes.
Martinus nudo pallam discidit egenti,
Perpetuum sibi nunc induit ille decus;
Pavit et Elisabeth, mensisque induxit egenos,
Nunc tamen Aethereis vescitur illa cibis.
Omnia pro merito nobis pia numina reddunt,
Sive bonum, sive es quidquam operate malum.
Nec posses alium potius, quam me miserari,
Multum, atque ex omni parte fatigor ego.
In me grassatur vicibus quartana remissis,
Et jaceo, vacuum peste furente caput.
Vivida tabidulum contendit ad ilia vulnus,
Nec mihi luce aliqua est, nec mihi nocte quies.
Huc fera paupertas fatis accedit iniquis,
Huc longe a patria terra remota mea;
Lossius huc raptor, jam nunc quoque fervidus ira;
Omnia sunt fatis horridiora meis.
Respice tot casus, animi miserere cadentis;
Sic habeas placidos in tua vota Deos!

Elegia V.

Ad illustrissimum Pomeraniæ ducem Bugslaum.

Maxime tot princeps hominum, tot in urbibus unus,
Cujus ad imperium cætera turba facit:
Pomera cui tellus certâ ditione ministrat,
Cui bona fœcundos Rugia nutrit agros:
Qui præclara tenes ex rebus nomina gestis,
Qui, nisi quos virtus præbet, amas titulos:
O generis spes una tui, spes una tuorum,
Cujus in hoc felix tempore fama viget!
Si licet, emunctam post mille negotia mentem
Solve, pias miseri commiserate preces;
Cum sedeas judex, causas censure tuorum,
Et veniant ad te dives, itemque miser:
Vertere in afflicti mœstissima fata poëtæ,
Et prosit causæ justa querela meæ.
Non ego te donis, captoque impello favore,
Non ego te falso vincere teste volo:
Causa mea ut justa est, ita te sub judice vincat,
Et noceat fictas composuisse preces.
At mittet sua dona pater, sua munera natus,
Lossius, et causam largitione geret:
Non ea tu sumes, neque enim tam vana verebor,
Tentabunt tamen ii sollicitare tuos;
Atque aliquis forsan, ubi ceperit ista, tuorum,
Dixerit in partes obvia quæque meas.
Sume animos, princeps, fraudesque immobilis illas
Cum bene vitaris, omnia cautus age!
Subdola magnanimos infrigunt munera reges,
Et fama est, ipsos hæc quoque velle Deos.
Corrumpunt etiam causas sub judice justas,
Et versant nutu jura fidemque suo.

Hæc oculos possunt etiam obcæcare severos,
Ne videant, quæ sint turpia, quodque bonum.
Qui semel hæc sumsit, semel hæc cui visa libido,
Semper habet cupidas muneris ille manus.
Et qui dona capit, nihil inconstantius illo,
Fluctuat in partes, consilioque labat.
Nec bene possibile est illum dare jura roganti,
Qui plus ex una parte favoris habet.
Non loquor ista tamen, quia de te suspicer illud,
Quo solet in vulgo quilibet esse levis;
Dejiciunt faciles ingentia flumina campos,
Non eadem scopulos, saxaque dura ruunt:
Sed vereor, ne quis noceat mihi, dumque ego simplex
Nil coner, tacitos misceat ille dolos.
Cumque aliquid possit præsens facundia majus,
Disponat monitus *) antevenire meos.
Quidquid id est, dux magne, meas ne sperne querelas,
Accipiunt humiles numina magna preces.
Atque ea ab innocuis, et paupertate moventur,
Et magis a tristi pectore vota legunt.
Non moveat, si parva meæ est injuria causæ;
Sed tanta est, animum tangat ut illa tuum.
An nihil est, quæ tu pro libertate tueris,
Hæc aliquem citra contemerare fidem?
Jusque datum regni sumto violare furore,
Atque ire in leges, imperiumque tuum?
Hæc si parva tibi posita gravitate videntur,
Et potes ipse tuis obvius ire animis;
Paulo aberit, quando populo sperneris ab illo,
Quem nunc legitimâ conditione tenes;
Paulo aberit, tua cum violata industria pace,
Fiet finitimis invidiosa locis.
Magna est impietas, qui publica jura profanat,
Non levior, fieri qui sinit ista, tamen.
Tu ne igitur tam durus eris, tam ferreus, inquam,
Ut possis patriæ nescius esse tuæ?

---

*) In der Druckschrift stand *Monitus*.

Vimque sinas fieri cuiquam violenter in illa,
Nec malis leges omnibus ire pares?
Si mihi non falsa est, quæ de te fama vagatur,
Quæque tuos mores, ingeniumque probat,
Non impune feret summi contemptor honoris,
Si quisquam est leges ausus inire tuas.
At solet afflictos rebus spoliare Poëtas
Lossius, assensu, consilioque patris;
Ille, ubi tu regnas, ubi libertate paterna
Tracta tibi a longis regna tueris avis:
In miserum Huttenum supremam exercuit iram;
Quære, quid hic juris subroget ille sibi?
An, quia debebam, quæ tunc non reddere possem,
Propterea vis est non male facta mihi?
Quin abitum pepigi, quem perfidus ille remisit,
Et sunt ad nutum singula facta viri.
Nunc tamen ille negat, dum pro se plurima fingit,
Quem constat facti pœnituisse sui.
At mihi detractas ægroto a corpore vestes,
Quodque tuli in duro, tristia multa, gelu.
Si te quid miseret, miseri miserere Poëtæ,
Res est ista tuos digna movere animos.
Non ego sum frigus mediocri triste dolore
Passus, in afflicto corpore febris erat.
Insuper et vulnus lateri lacrymabile nostro
Hæsit, et ex omni parte dolendus eram.
Hæc poterant movisse virum, qui mobilis esset,
Hæc potuit sævas causa tenere manus:
Non tenet ille tamen, sed contra juraque, fasque
In miseros dira perditione furit.
Exige crudelis rationem reddere facti,
Nec patere hæc fieri, quæ prohibere potes.
Quæ prohibere potes, et quæ tu avertere debes,
Non sine vim fieri, sævitiamque mihi.
Sed factum est, et quis commissa invertere posset?
Et satis est hujus pænituisse mali.
Si satis esse putas, nunquam plectenda putabis,
Digna vel extremo crimina supplicio.

Quid potuit crudele magis contingere ab illo,
 Quam si etiam vitæ sumta rapina foret?
Non tulit hanc igitur, sed sic permisit, ut essem,
 Qui nihil optarem, quam modo posse mori.
Auxit enim morbum, quo nunc quoque supprimor æger,
 Nec certum est, sic me vivere posse diu.
Hæc quoque, quam mitto, trepidanti est edita dextra,
 Sæpe etiam lacrymas litera passa meas.
Vix ea præ morbo conscripsi, et plurima possem
 Addere, sed pestis non sinit iste furor.
Qui siquid levior fuerit, querar omnia coram,
 Et potes in casus pallidus esse meos.
Et melius credes præsentia verba locuto,
 Sed dubium est, liceat sic mihi scripta loqui.
Tu tamen interea nostris instructe querelis
 Respice fortunam, pauperiemque meam!
Respice tot casus, fer opem, te judice nobis
 Pro tanto reddat Lossius æqua malo!
His ubi permotus nostram miserabere sortem,
 Et vis arbitrio dirigere ista tuo,
Inspice, quo vitam pacto traduxit uterque
 Lossius, et quo sit præditus ingenio!
Ille suo miseros condemnat crimine cives,
 Et facit insontes fraudibus esse reos;
Cumque pia castas oppressit virgine matres,
 Totaque adulteriis urbs scatet ista viri.
Qui, cum judicio miseros condemnat iniquo,
 Si tribui censet non sibi posse fidem,
Novit honorato, quis enim versutior alter?
 Munere præfectos sollicitare tuos.
Hos, ubi muneribus, pulchroque evicerit astu,
 Pro se multa tibi commovet apta loqui.
Sic tua, sic, princeps, vafer ille negotia tranctans,
 Sæpe tibi, si fas dicere, verba dedit.
Nunc quoque forte dabit, sed si pietate moveris,
 Afficient animos hæc mea verba tuos!
Hanc genitor vitam duxit, quæ publica fama est,
 Et fieri ex multis res tibi nota potest.

At suus ille dolis natus graviora paternis
Addidit, et nusquam est hoc genitore minor.
Ille per infectam justo petulantior urbem
Polluit et matres, virgineumque decus;
Atque alias donis, alias vi oppugnat, et ardet
Per fora, per vicos, balnea, fana, domos.
Non ego quid temere, nota est vesania, fingo,
Si fingo, turpi respue scripta nota.
Addidit huic titulos sceleri, gaudetque vocari
Doctor, et in rubra veste decorus ovat.
Sed, quia nil didicit, quia nil, nisi turpia, callet,
Non patitur doctos secum habitare viros;
Insidiisque suis verum insectatur honorem,
Hi sunt ii, princeps! quorum ego præda fui.
Quo decet arbitrio, nostras decerne querelas,
Et fac, ne de te sit mihi triste queri!
Sic tibi, qui mundum, qui te, qui cuncta gubernat,
Sit, precor, extremo mitis in arbitrio!

Elegia VI.

Ad Valentinum Steigenteyn (*Stoientin*) principis Bugslai Scribam, ut Querelam principi offerat.

Fertur ab Hutteno defletis scripta lituris,
Per te Pomerio danda querela duci.
Hic queror, ut patria spoliator Lossius urbe
Intulit Hutteno vim sine jure tuo.
Respice tot lacrymas, miserandum respice morbum,
Si potes, et casus commiserare meos!
Olim aderas nobis studiis addictus eisdem,
Quid pudet Aonias te coluisse Deas?

Per faciles Musas, per communemque magistrum,
 Perque caput nostrum, per caput oro tuum,
Perque tuam, et siqua est, qua nunc capiàre, puellam,
 Ne tepidum in nostro fœdere pectus agas;
Utque tuus per te videat mea carmina princeps,
 Et tandem ut spolium vindicet ille meum.
Adde tamen, si quid pro nostra parte loquendum est,
 Quo pondus causæ dent tua verba meæ,
Sæpe aliqua admotis valuit contentio verbis,
 Verba movent animos, verbaque pondus habent.
Quidquid ago, dum non verbis præsentibus utor,
 Facta est, quam fuerat, jam mea causa minor.
Vix licuit nobis re quidquam scribere in illa,
 Ut rapiat, patrios Lossius ambit agros.
Insidiasque mihi quovis molimine tendit,
 Exercetque suas in mala nostra manus.
Cum mihi non liceat, præsenti fungier ore,
 Vim, precor ingenio, qua potes, adde meo!
Adde meis pondus quovis sermone querelis,
 Carminibus vivæ suggere vocis opem!
Nota mihi doctæ satis est facundia linguæ,
 Notum est, quam possis omnia rite loqui.
Nec dubium est, quin sic nostro præstantior ore,
 Tu quoniam fluido vincis in eloquio.
Pande duci studiumque meum, sortemque sinistram,
 Lauda illi nostrum, qua licet ingenium.
Adde istuc mores, et nostræ stemmata gentis,
 Non dubium est, quin sit mobilis ille tibi.
Ut tamen hæc facias, nostro movearis amore
 Quem scis ex animo nondum abiisse meo.
Te quondam Odricolæ multum coluêre puellæ,
 Nec minor in nobis concitus amor erat.
Frater eras, memini, qua me quoque voce vocabas,
 Si memor es, fratris tu miserere tui!

Elegia VII.

Ad Ludovicum Huttenum, Eq. aur.

Musa, mihi longo nunquam defessa labore.
Pro me quodquod onus quæ patienter obis,
Per tot me morbos, per tot solata labores,
Una comes multis sæpe relicta malis,
Longa iterum metiunda tibi via, et eminus instat
Perge, decebit onus te subiisse meum,
Vade per Hercynium protensi fluminis Albim,
Cujus habet lævas accola Saxon aquas;
Atque ubi transieris, magnam Brunonis ad urbem,
Et vaga Brunsvigio subdita regna duci.
Labere trans curvi fruticosa fluenta Visurgi,
Qua tenet arboreos monticola Hessus agros,
Fagina dehinc restat montosis edita silvis,
Qua celer ulvosas Fulda refundit aquas:
Hinc pete vitiferi pigre euntia flumina Mæni,
Francia nobilibus qua jacet ampla viris,
Ipse tibi notus locus est, Ludovicus ubi arcem
Huttenus pulchra conditione tenet.
Dirige, Musa, pedes istuc, equitemque serenum
Tristis adi, lacrymas cernat ut ille tuas.
Invenies bijuges agitantem in pulvere currus,
Aut premere armatum terga fugacis equi.
Tractantem galeas, gladiosque, et missile robur,
Versantem hostiles Marte favente vices.
Quidquit agat, pete, Musa, virum, pete protinus istum,
Nulla verecundi signa pudoris habens.
Viderit has lacrymas, disturpatosque capillos,
Viderit in teneras unguibus îsse genas.
Ingemet, et dicet: quæ nostræ gloria gentis
Causa movet fletus tam impetuosa tuos?

An dolet Ulricus iterum sorte actus iniqua,
Et tandem in casus incidit ille novos?
Incidit, exclama, lacrymasque exterge profusas,
Atque utinam consors, dic, foret ille tibi!
Hunc, juvenes sævo defectum vulnere vires,
Quartana corpus discutiente febri,
Et tandem varios passum, velut ante, labores,
Aptantem fortes in sua fata animos,
Lossius invasit raptor, juvenumque superbum
Heu mihi, quam tristi concudit invidia!
Dehinc, ubi depromis miserandam ex ordine cladem,
Duc age cum lacrymis singula verba suis.
Difficile est, blandas non exaudire puellas,
Sæpe hæ constantes deposuêre animos;
Gratia inest illis, et habent, quo ducere possint,
Et potes esse illa tu quoque parte valens.
Nusquam aberit, nusquam tectas averterit aures,
Inque tuas tandem sentiet ille preces.
Quam tamen implores vindictam, injuria poscit,
Et satis ipsa in se est causa movere potens.
Tu quoque subde locum, faciemque ostende, modumque,
Quo veniat nostris ultio digna malis.
Ipse sciet merito fieri, sed nesciet artem;
Tu doce, et hæc lacrymis adjice verba tuis.
Est urbs, in veteri Francorum condita bello,
Nunc quoque ab avorum nomine nomen habens:
Per mediam se Mœnus agit, pontemque subintrat,
Nec procul hinc Rheni vasta fluenta petit.
Mœnibus alta suis, domibusque exstructa superbis,
Multum etiam populi laude superba sui;
Hanc Scytha cum Daco, Rhodopesque habitator, et Hæmi,
Hanc Macedo, et Grajæ finibus ortus humi;
Hanc Asiæ cognatus adit, venit Afer ad illam,
Gallus et Hispanus, Perses, et Assyrius;
Undique tot gentes adeunt, populique frequentant,
Emporium omnigenis mercibus illa patet!
Tempus enim notum est, pater huc quoque Lossius ibit.
Tu preme servatas obsidione vias.

Ceperis, includas, neque enim confodere cautum est,
De sumto pœnas ipse poëta feret.
Hæc age, et observa, siquid tangatur ab illis,
Si nihil, hoc iterum, quo moveatur habes:
Collige gesta viri, clarasque ex ordine pugnas,
Illius in laudes area lata patet.
Ivit ad adversos furibundo Marte Suevos,
Et pulchras Franci præsulis auxit opes.
Dispulit hinc Bavaros, atque illinc perculit Hessos,
Ipse suas gentes Rhenus adire tulit.
Deinde per oppositas Solymorum ad mœnia gentes
Appulit, et rubri littora sicca maris;
Vidit opes Italas, et eodem tempore Grajas,
Vidit in Hesperio consita regna freto.
Vidit et Epirum, Corcyram, Ithacamque vetustam,
Amplaque Pellæo regna relicta duci.
Isthmiacosque sinus, centumque per oppida Cretæ,
Extulit in Paphiam lintea panda Cyprum.
Atque inter positas Aegeis Cycladas undis,
Et Rhodon, et Delum, Carpathiosque sinus.
Huic tandem reduci frondentem ad Tempora laurum,
Notum est Cæsarias imposuisse manus.
Hæc ubi pertuleris, non vilem Lossius hostem
Sentiet, et spoliis ingemet ipse suis.
Atque erit, ut tandem precibus contendat amicis,
Cui nunc nulla satis sævitia esse potest.

Elegia VIII.

Ad Ulricum Pavonium, Gripeswaldensem, optimum amicum.

Quidquid, amice, mihi crudeli Lossius ausu
 Intulit, ut spoliis sæviit ille novis,
Ante mihi, memini, dicebas, ante monebas,
 Ne vellem infido credulus esse viro.
Narrabas similes, quas sumpserat ante, rapinas,
 Et potui monitu cautior esse tuo.
Sæpe tamen dixi: vincet patientia, vincet,
 Donec ero, facili jurgia mente feram.
Viderit hæc placide, nec moto corde ferentem,
 Ingenium tandem mitius illud erit.
Nec bene certabit, nisi causâ mobilis ullâ,
 Quæ nulla ex nobis, ut moveatur, erit.
Tu tamen instabas, iterumque ex corde monebas,
 „Si sapis - ajebas - provida corda gere!
Ut nihil instiges, haud facto, haud læseris ore,
 Inveniet, qua te puniat arte, tamen.
Ipse sibi causam dabit, invenietque quod obsit,
 Atque aliqua saltem fraude nocere sciet.
Tu nihil offendes, causa tamen ille nocebit,
 Ne noceat, magna est cautio habenda tibi."
Ille tamen, quia blandus erat, quia sæpe bilinguis,
 Detinuit vultus calliditate meos.
Heu mihi, tot monitis, et amico hortamine nondum
 Mobilis, erravi credulitate mea.
Quod tamen erravi, venia sum dignus in illo,
 Non sprevi monitus, dulcis amice, pios.
Fidus eram nimium, nimium patienter adhæsi,
 Quæ culpa est, virtus hæc eadem esse potest.

Da veniam, neque enim sprevi monitusque, fidemque,
Da veniam, non est, cur mihi abesse velis.
Crede mihi, nihil est, cur irascaris amico,
Tu culpa, siqua est, non moveare mea.
Adde rei eventum, vel, quod mihi luditur uni,
Si culpa est, nostro contigit ista malo.
Sed scio, quid potius de me statuasque, velisque,
Fama est, in spoliis te gemuisse meis.
Fama est, continuas egisse in fletibus horas,
Et mœsta fœdum mente tulisse nefas.
Mittitur huc etiam tristis tua littera dextræ
Littera flebilibus vix bene facta notis.
Nulla mora in nobis, tua visa injuria nostra est,
Non possem fidei certior esse tuæ.
Ergo ego perpetuas agitabo in pectore grates,
Duret ut ex merito sollicitatus amor.

Elegia IX.

Ad Nicolaum Marschalk, doctissimum virum.

J mea, nec longos abeundo congere passus
Musa, Cothurnato suscipienda viro.
Invenies illum placidas tractare sorores,
Invenies gravium volvere scripta virûm.
Et jam forte vagas depingit in ordine terras,
Cumque mari silvas, flumina rura lacus,
Et gentes quavis cœli regione repostas,
Totque urbes graphico digerit in radio.
Dum licet, accedas, et, quo decet, ore saluta;
Non est, quem metuas reddere dura tibi.
Ut tamen admissa es, et te mandata jubebit
Edere, fortunas ordine pande meas.

Pande graves morbos, variosque expone labores,
Dixeris, ærumnas ingemet ille meas.
Utque malis olim tulit ipse simillima nostris,
Dum leget, in promptu causa doloris erit.
Utere sorte tua, cui nunc Fortuna secunda est,
Quem levat ex longo parta dolore quies.
Utque tibi domus est, ut blandi muneris uxor,
Ut grave sub tanto principis nomen habes,
Dignum illis animum gere, et alto pectore gaude,
Quid juvat in macra degere tristitia?
Si tamen est, cur forte velis tristarier æger,
Tristitiæ causam nostra rapina dabit.
Non equidem, ut vigiles consummas fletibus horas,
Sed quo more licet tristibus esse viris.
Et quis non doleat, nec casu mœreat illo?
Quis posset nostris lætus adesse malis?
Nunquam aliquis potuit prius succumbere nobis,
Nunquam aliquis potuit perditus esse magis.
Lætus eram, memini, fotus melioribus auris,
Et potui patrias fungier altus opes,
Et patrium jactare genus, jactare parentes,
Spemque aliquam vegeto summere ab ingenio.
Nunc jaceo in morbo, nunc sævo vulnere anhelo,
Et sedet in membris vitaque, morsque meis.
Huc fera paupertas sese applicat, huc ferus hostis,
Lossius, ex Stygio bestia nata lacu.
Qui miserum morbo pressum, febribusque perustum.
Palpantemque arida vulnera sæva manu,
Semineum patrià direpto ejecit amictu,
Nunc etiam assidua conficit invidia
Intenditque suo nimium crudeliter hosti,
Insidias vitæ disposuitque meæ.
Actum est de nobis, si quoquam ceperit astu,
Heu mihi, quam sævas jactitat ille minas!
Ipse suis manibus tepidum exhaurire cruorem,
Ipse volet digitis membra secare suis.
Percupidus venas, validosque excindere nervos,
Intima sanguinea dirimet exta manu,

Utque agat hæc, plateas, et publica rura pererrat,
Et nullo tutum me sinit esse loco.
Quem quia nil video scelerum piguisse priorum,
Continuoque malis invigilare novis,
Addam animo vires, desperataque resummam
Pace, cruentatas causa agitante faces.
Armabo Clarias hydrâ lambente sagittas,
Forsitan et telis concidet ille meis.
Quidquid erit, mallem privata pace teneri,
Non sinit ille suas ejaculatus acus.
Tu me, ne noceam, cessaverit ille, monebas,
Atque odiosa tibi scripta cruenta refers:
Ille nihil cessat monitus, nihil otia curat,
Inque dies nobis horridiora parat.
Hæc ubi tradideris vati, mea Musa Thuringo,
Ad mea rescripto carmine tecta repi!

Elegia X.

Ad Lectorem.

Lossius hic meus est, hæc est injuria, lector,
Jam potes in causa certior esse meâ.
Ast ego, quem moles jam nunc premit ista malorum,
Quem Fortuna suo fecit abire statu,
Qui nunc tot morbis, et paupertate maligna
In sordes humili conditione feror;
Non tibi de vili, procul hinc jactantia, vulgo
Emersi, veteri stemmate natus eques.
Nota satis vetus est Huttenæ gloria gentis,
Nota satis generis sunt monumenta mei,
Insignita locis, et rebus splendida gestis,
Et nusquam fædis obnebulata notis.

Ille etiam, qui me genuit, non prælia tantum
    Gessit, honorato perpetuanda stylo:
Multæ urbes illum rebus petiere gerendis,
    Consilio magnos adjuvat ille duces.
Sunt et opes, et digna viro possessio tanto,
    Junctaque nobilibus edita mater avis.
Si videas arces, si consito in ordine villas,
    Jurabis, magni principis esse domos;
Si comitum turbam, si jura domestica cernas,
    Ille aliquo, dices, fungitur imperio.
Omnia magna satis, cultuque instructa decenti,
    Omnia sunt verbis uberiora meis.
Hoc ego sum genitus, quamvis modo vilis, et exspes,
    In varios casus, sorte jubente, ferar.
Non volui patrios liber vacuusque, penates,
    Non volui noti rura tenere soli:
Plus placuit, loca posse mihi peregrina, subire,
    Dum vigeat studiis læta juventa suis,
Dum vigeant anni, vegetique simillima veris,
    Exhibeant vires tempora prima bonas.
Nusquam habitare magis, quam me delectat, ubique,
    Undique sunt patriæ, rura, domusque meæ.
Cumque alius dulces dubitet liquisse parentes
    Nec velit a patrio longius esse solo:
Me juvat esse aliquid, famamque extendere factis
    Et tepidum obscura tollere nomen humo.
Hoc fertur Samio tantum placuisse magistro,
    Ut peteret Pharios, Italicosque sophos.
Hoc etiam constat magnum voluisse Platonem,
    Dum varios orbis gaudet adire locos.
Fitque humilis, qui magnus erat, tantosque labores,
    Qui posset placidâ vivere sorte, subit.
Ergo ego sum pauper, quoniam hoc ditescere visum,
    Et quoniam hæ veræ sunt mihi divitiæ.
Atque ideo versor lato vagus exul in orbe,
    Quod cupiam in culta splendidus esse domo.
Belle aliquis sentire hac me ratione probabit,
    Improbat, et cœptum Lossius odit opus.

Et tantum mansisse domi, bene vivere censet,
Dum saturat variis pectora delitiis.
Dum sequitur patrias corrupta fronte puellas,
Dum furit in doctos innocuosque viros.
Et solus dici cupit ista doctor in urbe,
Quos titulos nullo gestat honore tamen.
Mobilibus platanis, longæque simillimus orno,
Quæ sæpe a rapidis decidit icta Notis —
Sorte sua gaudet, tumidumque e pectore virus
Non timet in quodvis exacuisse scelus.
Non mirum est igitur, si me violaverit illo,
Quo sæpe immundas polluit ante manus.
Nec mirum est, quia sic cecidi, quia fusus ad imum,
Dissimilis videor nominis esse mei.
Ipsa suas Fortuna rotas, pro tempore versat,
Et levibus nostras axibus ambit opes.
Jus illi, quod triste velit, quod poscat amœnum
Efficere, et dubias datque, rapitque vices.
Nusquam firma loco, nec eodem cognita vultu,
Lubrica, et insigni mobilitate levis.
Nunc videt Auroræ nitidos adscendere cursus,
Nunc videt occiduas hæc Phaetontis aquas.
Non aliqua tamen hos motus regione gubernat,
Omnia femineo ponit in arbitrio.
Falsa, fugax, truculenta, levis, vaga, turbida, pugnax,
Miscet, agit, censet, produit, orit, amat.
Fregit opes Fortuna meas, animumque reliquit,
Vellet et hunc fractum Lossius esse mihi.

Ulrici Hutteni adversus utrumque Lossium Querelarum

Liber II.

Elegia I.

Ecce agit in vobis nostri pars altera fletus,
Da placidam nobis, obvia turba, manum;
Nec tibi sit placitum, si quid male Lossius audet,
Audendum est, qua nos juraque fasque sinunt.
Saepe fuit virtus animum committere factis,
Et totum in vires extumuisse suas.
Sed, quoniam immeritas prætendit Lossius iras,
Et ferus in quodvis effluit ille malum,
Displiceant vobis malesanæ jurgia linguæ,
Nec moveant odiis crimina ficta suis.
Ille quidem tota graditur vesanus in urbe,
Pallidus in mores, ingeniumque meum,
Exacuensque in me genuinos undique dentes,
Torva agit implicitis ora superciliis.
Si quis adest de me meritus bene, livet et odit,
Inque meos omneis publica bella parat.
Si quis item nobis non detrahit ore maligno,
Ex merito Musis obsequiturque meis,
Hunc, nisi consensum dederit persuasus amicum,
Impete conculcat, turbat, agitque gravi.
Undique sollicitus de me, varieque laborans,
Ut nostri magnam concitet invidiam.
Quem movisse potens, monitis nisi forsitan illis
Assistat studio credula turba suo?

Ecce mihi tantos jam dudum impendit honores
Rostochium, ut vates dicar in urbe novus,
Intenditque meo ingenio sitibunda juventus,
Doctrinasque novas turba frequenter adit;
Aestuat ille magis, nec adhuc sua spicula ponit,
Et queritur sortis splendida dona meæ.
Sæpe quidem monui, si quid desistere possit,
Ut saltem vellet lividus esse minus.
Ille nihil monitir, nihil hortatore movetur,
Et semper rabida crescit in invidia.
Nec satis apparet, si quem spoliaverit, ille,
Inque animi vires insuper ire parat.
Vellet et in famam, sed debilioribus armis
Nec famæ, tanto nec nocet ille animo.
Pugnet, agat, certet, laceret, furat, oderit, urat,
Nos tuti nostro stabimus ingenio.
At tu summe meas dextræ, pia turba, querelas,
Crede mihi, offensas res habet ista suas.
Si qua tamen pietas etiam jactetur in illis,
Non est, cur possis tu gravis esse mihi.
Nunquam aliquem læsi, nunquam in certamina sumsi
Tela Lycambeæ sanguine tincta notæ.
Infecitque meas petulantia nulla Camœnas,
Turbaque doctorum me bene ferre potest.
Ille tamen pugnat, monitusque quiescere nescit,
Quique sibi noceat, suscitat ipse rogum.

Elegia II.

Ad D. Theodoricum de Bulow, Episcopum Lubucensem.

Sume, Lubusini *) præsul sanctissime templi,
    Carmen, et in patria condita scripta tua.
Nec contende diu tecum, quis scripserit autor,
    Non decet ex animo me cecidisse tuo.
(Ille tibi scribit, quem tu puerilibus annis
    Dignatus veri patris es officio)
Ille tibi scribit, quem tu vice judicis æqui
    Texisti indoctae plebis ab invidia.
Sume animos veteres, priscumque agnosce favorem!
    Quid cadit ex animo Fagina Musa tuo?
Atque, ubi cognoris blandam, mea vota, salutem
    Ad mea consuetum carmina pectus habe.
Ecce meas præsul lætata fronte Camœnas
    Accipit, Hutteni plenus amore sui;
Ecce jubet faciles secum residere puellas,
    Et totus nostro candet in ingenio.
Dii tibi dent tanti pretium non vile favoris,
    Qui memor, o, longi pectus amoris habes!
Si tamen inquiris, quo me sors improba verset,
    Atque aliquam de me spemve metumve geris,
Tolle, quod invidiæ est, quaque arsit Lossius ira,
    Non erit angusta res mea fulta statu.
Ille meas iniit furibundo Marte Camœnas,
    Ille mei multum sustulit ingenii;
Ille mei requiem studii placidosque recessus
    Turbat, et insano spicula corde vomit.

---

*) In der Wolgaster Druckschrift steht *Lubusine*.

Ast, ubi confectum telis famaque sinistra
Impulero cœpti pœnituisse mali,
Tota meæ dicam placidissima tempora sortis,
Usque adeo magnos intulet ille metus.
Causa tibi nota est, nota est injuria, præsul,
Utere judicio tu super ista tuo,
Meque tuo semper, si forsan amore recusas,
Quod satis est, vero dilige judicio.
Nec facile a nobis priscos, antistes, amores
Surripe, tu si quo commoveare novo.
Non facile accedet, qui sit tibi gratior, alter;
Quique tui meriti plus velit esse memor.

Elegia III.

Ad auditores suos Rostochienses.

Lossius infami fultus spoliator honore,
Ardet, et insomni languet ab invidia,
Dum juvenem Huttenum Musis sacroque labore
Tandem aliqua fungi commoditate videt.
Frendit et insultat, fremit, æstuat, ingruit, ardet,
Deque mea nimium conditione dolet.
Quodque meis faciles monitis committitis aures,
Tam dolet hic, quam vos forte juvare potest.
Palleat, insultet, contendat, et ilia rumpat,
Non habet in nobis sordida rixa locum.
Nos decet effrenes animo contemnere fastus,
Proque truci faciles reddere fraude jocos.
Et facile has nugas, facile has contemnimus iras,
Nil nocitura leves tela movent animos.
Non habet ille tamen, quo juste intendere possit,
Et causa, in nobis qua moveatur, abest.

Vos igitur, juvenes, mecum florentibus annis,
Si sapitis, veras carpite mentis opes,
Nec legat in vobis crescenteis Lossius *annos*;
Utilius studiis consule quisque tuis.

Elegia IV.

Ad Egbertum Harlem, hospitem suum Rostochiensem.

Ardet in Ecbertum calido mea Musa favore,
Hunc solum ante oculos ponit habetque virum.
Ex merito venit omnis amor, meruisse fatemur,
Et decet accepto reddere quemque bono.
Quod pater est mihi, quod genitrix, quod turba sororum,
Et quantum in nobis frater amoris habet,
Deposui tecum, tibi me vovique, dedique,
Quidquid aves de me, sumere jure potes.
Præcipe, mox pro te medios proficiscar in hostes,
Quæ posset nostras copia ferre manus:
Præcipe, vel fluctus, vel eam moriturus in ignes,
Nulla mora est, pro te cuncta subire libet.
Non tamen ista jubes, saltem memorem esse placebit,
Forsan et hæc pietas sufficit una tibi.
Dum ruit occiduas Germanus Rhenus in undas,
Dum petit Euxinas Ponticus Ister aquas,
Dum mare tot terras, dum cœlum circuit undas,
Semper eris menti portio fida meæ.
Contigit huc nudum amissis divertere rebus,
Quartana pressum vulnere hiante febri,
Suscipis, ah, miserum, votisque accersis egentem;
Dii reddant animæ munera tanta tuæ!
Pone leves igitur laudes, blandumque laborem,
Desine nil meritos tollere, Musa, viros.

Totas iste tuas meruit pro tempore vires,
Iste feret, si quid carmen honoris habet.
O facilem pietate virum, nil mente superbum,
O semper laudi corda severa suæ!
Te meus offendit, quoniam in me Lossius ardet,
Tu primum ærumnas commiserare meas.
Aeger eram, dederamque gravi membra ægra grabato,
Tu petis, ah! morbo sordida tecta meo;
Copia nulla cibi, mensis inducis opimis,
Tu mihi delectas ponis, amice, dapes.
Per tua respirant arentes pocula fauces,
Tu vacuas læto sufficis aere manus.
Nunc quoque, si quidquam gravius succedere visum est,
Multa doles, nostris motus, amice, malis.

Elegia V.

In Philopompum quendam.

Sume animos iterum, et tepidum, mea Musa, timorem,
Femineoque leves excute corde metus!
Non tamen, ut pugnes, aut quemque prima lacessas,
Sed sit ut ex monitu cautior ille tuo.
Si mihi notum animi fastus, simulataque virtus,
Vix etiam accessus perferet ille tuos.
Tu tamen accedas, et, quo licet ire, fereris,
Non omnes levibus dimovet ille minis.
Terreat imbelles, et inania pectora pulset,
Nos aliquid nostro fidimus ingenio.
Non omnes mordacis agunt convicia linguæ,
Sæpe quis *) adversos substitit ante notos.

---

*) In dem Autograph stand *quid*.

Quid tibi cum teneris, oror, Philopompe Camœnis?
    Quid petis immiti Musica sacra manu?
Quid *) profugum Huttenum, toties sua fata gementem,
    Infestas odiis, invidiose, novis?
Si bene succenses, nec iniquo duceris ausu,
    Et causam, in nobis quæ tibi præstet, habes,
Non opus occultas in nos committere fraudes,
    Sed potes hæc patulum ponere in arbitrium.
Certum est, nocuisse mihi, voluisse nocere,
    Certum est, rumores attenuasse meos;
Multaque de nobis lingua statuisse severa,
    Quæ nolles coram proposuisse mihi.
Pone tuæ freno admoto convicia linguæ,
    Pone, precor, duram, si potes, invidiam;
Aut, si forte nequis, et te quid lædere oportet,
    Si non vis nobis parcere, parce tibi.
An juvat huic rabidis moliri incommoda verbis,
    Quem notum est nunquam sic nocuisse tibi?
Quique tuas laudes æquo dispersit honore,
    Et qui omni de te suspicione vacat?
Laudavi vultumque tuum, gestusque serenos,
    Laudavi mores, osor inique, tuos.
Omnia pro rebus, fictoque ex pectore nunquam,
    Sæpe tuum magni fecimus eloquium.
Non tamen ista tuum nobis causentur amorem,
    Et sit in obsequio gratia nulla meo.
Quid petis innocuum, nihil in tua jura ferentem,
    Et nulla adversum conditione tibi?
Si te laudis amor lacerandique atra cupido,
    Spesque lucri **) rabidam cogit in invidiam,
Invideas, si quis meliori congerat auro ***)
    Emanaturas tempore divitias;
Invideas famæ, si quis meliore fruatur,
    Et si quem simili lædere more potes.

---

*) Eben so *qui* statt *quid*.

**) In der Druckschrift: *Spem lucri*.

***) *M.* räth auf *aura*.

Nos tenuis victus *) et famæ portio quanta,
Non sinit excelsis officere ingeniis.
Nec potes ex isto spolium decerpere bello,
Arcanos, nescis, res habet ista metus;
Sunt etiam nobis animosæ in prœlia vires,
Et tela ultrici discutienda manu;
Nec leve de nostro surgit molimine vulnus,
Livet **) et absque omni plaga relanguet ope,
Quam neque restituat mixtis Podalyrius herbis,
Nec Phœbi patria curet alumnus ope,
Quam male componant docti medicamina Crinæ ***),
Quæ refici Coo nolit ab Hippocrate.
Verte animos, sunt et nostris sua vulnera telis,
Et nimium duris scimus obesse modis.
Aut, si nulla tibi pietas, et lædere quæris,
Et requiem studiis non sinis esse meis,
Addam tela tuis, atque arma coacta resumam,
Adjuvat insultus tam bona causa meos;
Addam Marte vices, ausuque remetiar ausus,
Et reprimam Stygias in tua terga faces.
Quid tulit e nobis violenta Lossius ira,
Expertus vires in mea fata suas?
Hunc ego perfregi totamque sub infima mersi,
Si sapis, exemplo cautior hujus eris.
Si possent levibus peragi mea pectora telis,
Lossius iste mihi, quod cupit esse, foret.
Sed, quia nequidquam vestris invadimur armis,
Consultum est telis abstinuisse tuis.

---

*) I. d. Autograph: *victos.*

**) *J. d. D.: linet.*

***) Ein Arzt aus Marseille zu Rom, welcher Astrologie mit der Heilkunde verband. —

Elegia VI.

Ad J. Crotum Rubianum, magistrum suum.

Notus amor nostri tentataque fœdera votis
Me sortem hanc variis insinuare jubent.
Quis velit hospitibus peregrinam ostendere fraudem,
Aut cladem, qua tu nil moveare, queri?
Vix etiam hæc veros lacrymis inducet amicos,
Ut solet a flamma proximiore domus.
Ecce, sedet Musasque inter, pulchrosque labores,
Et nostri curam Crotus amicus habet.
Huic nihil hoc toto semoti scripsimus anno,
Ignaro, quæ me nutriat ora vagum;
Ignaro, qua sorte fruar, quibus utar amicis,
Et tamen in casus æstuat ille meos.
Dii tibi tantum animum meliora in tempora servent,
Qui potes, o, nostris condoluisse malis!
Nec vetus oblitus fraterni fœdus amoris
Diluis alternum pectus in officium.
Me tua quæsitum bibuli Saxonis *) ad urbes
Missa est sollicitis littera facta notis,
Venit et ad Scythicos Germano in littore Cimbros,
Et prope Pomeriis, nuncia fama, locis;
Marchia me tellus nusquam respondit euntem,
Nec facta est votis Francia fida tuis.

*) v. 17. Vergleiche diese mit andern Anspielungen Huttens auf die Trunkliebe der Teutschen, vorzüglich der Sachsen in: „*Gujaci Medicina*“ *c. 19.* In dem Epigramm: „*Qui et quales Italiæ imperium ambiant.*“ — In der: „*Exhort. ad Maximil. in Venet. Hex. 6. — Epist. Joh. Pileat. ad (Ortuinum) in Ep. obsc. vir.*“ Endlich in den: „*Inspicientes - Dialog.*“

Undique scrutanti, quæ me, sua fœdera, tellus,
Nutriat, aut quanam conditione fruar,
Difficiles casus et duras undique clades
Pande coloratis charta referta notis.
Decidet, ut nostrum ferventi pectore nomen,
Viderit, et subiti corda stuporis aget.
Decidet, ut tandem lectis ex ordine scriptis,
Agnorit nostræ nuntia tristitiæ.
Pone graveis animos! lætumque in fine malorum,
Pectus habe, o mentis portio fida meæ!
Pone graveis animos! melior fortuna secuta est,
Et possum elapsi nescius esse mali.
Si qua tamen superest, hanc solam Lossius iram
Concitet et motis causa sit hæc furiis.
Hunc tu in bella voces, cum sis in cætera clemens,
Molitum toties omnia dura mihi.
Aspera multa tuli, quæ tunc graviora putabam,
Omnia duritie sustulit ille sua,
Hæc quoque, quæ tecum privata sorte ferebam;
Post veteres casus stat novus iste furor.
Tanto aliis trucior, quanto leo cætera vincit,
Cum bilem huic torto verbere cauda movet;
Lossius efrenes simulatæ vocis hyænas
Vincit et immites efferitate leas;
Lossius et tigres et Pœna *) animalia vincit,
Et magis Attalicis æstuat ille feris.
Quantus hic insidiis tamen est, quantusque furore,
Quantus, ubi insanum turbine pectus agit,
In me tantus erat, tantaque efferbuit ira,
Quaque potest, jam nunc arte nocere parat.
Quid tamen effecit? nisi, quod notavit euntem,
Ut possem efferri commodiore statu?
Res tulit hic parvas, ut multo plura tenerem,
Dum nocuit, damnis obfuit ille meis.
Nunc igitur tristes consumit lividus horas,
Et, quia non potuit lædere, posse cupit.

---

*) Im A.: *pene.*

Nulla quies illi, noctes vigilantur amaræ,
Dum solitas animo concipit insidias.
Luce operum vacuus, nisi quod mihi obesse putarit,
Nil agit, et studiis abstinet ille suis,
Insano livore macer, cæcoque veneno
Pallidus, atque intra viscera rupta miser.
Non cibus est illi gratus, mensaque reponit
Vix bene libato pocula sumta mero.
Ante oculos illum, tanquam mea perstet imago,
Terret, et hanc se jam coram agitare putat.
Quando igitur nihil hunc commissi pœnitet hujus,
Et semper fraudes audet inire novas,
Me decet ulcisci, et cæcos stimulare furores,
Ut tandem invidia tabeat ille sua.
Tu quoque, sive pedes numeris intexere malis,
Sive placet scriptis ut pede liber agas,
Ede aliquid, sed rumpe moras, impelle nocentem,
Nunquam animum melius exacuisse potes.
Ille quidem furit et vetitis nihil imperat ausis,
Dum furit, in medio siste furore moras.
Qui nihil innocuis sanctoque pepercit honesto,
Huic te nulla sinunt parcere jura viro.

Elegia VII.

Epitaphium M. Jacobi Paver, optimi viri.

Flete meæ mœstæ, et lacrymas confundite, Musæ,
Et rigido teneras ungue ferite genas!
Ille mei species, ille auxiliator honoris,
Pulchram animam cæcas condidit in tenebras.
Rostochium studiis, patria Lubecia fovit,
Oppida Germano nobilitata solo.

Ipse vagas merces primis exercuit annis,
Et didicit vafrum multiplicare stipem.
Post ubi compertum est, perituri gaudia mundi
In se victuræ lucis habere nihil:
Sprevit opes rerum, positaque cupidine lucri,
Maluit æternas quærere divitias.
Ergo illi, spreto fallacis fænore nummi,
Assumta est divi cura sacerdotii.
Ne tamen oratis tantum sacra poneret aris,
Et daret assiduas in sua thura preces,
Decretum est teneram studiis ornare juventam,
Et velle iis animos eruduisse rudes.
Atque, ut ei pacta est Lunensis *) cura cathedræ,
Edocuit pueros, edocuitque viros;
Nunquam luce vacans, nunquam sine Marte quietus,
Semper agens variis sollicitudinibus,
Exemplum vobis, juvenes, ætate sequendum,
Qua legitis vitæ commoda quisque suæ.
Ille videns luxus, iras, discrimina, cædes,
Mollitiem, casus, jurgia, furta, dolos,
Quasque senes curas, quasque illaqueata juventus
Volvimus, et varias sortis in orbe vices,
Difficilesque ortus hominum, et breve tempus honoris,
Vanaque, divitias, stemmata, regna, duces,
Conjugiumque recens et pignora cara parentum,
Et stata quæsitis otia parta bonis;
Ille videns, inquam, fragile et sine nomine corpus,
Vimque hanc, quæ, postquam crescere cœpit, abit,
Et faciles vetitis animos, in agenda rebelles,
Et tantum duris cuncta paranda modis,
Præcipitesque annos et post sua robora canos,
Et stabiles nulla conditione dies,
Persimiles paleis, ventoque fugacibus undis,
Persimiles umbræ roboreisque comis;
Ille, videns unum exitium justisque malisque,
Non eadem extremi præmia judicii,

---

*) Eine akademische Regenz in Rostock, welche die: „Schule zum halben Mond" hiefs.

Despexit, si quid propius mortalibus esset,
Concepitque animo fertiliora suo,
Deditus ingenio, solius cultor honesti
Nusquam animo, nusquam religione vacans,
Et pius, et clemens, et vani exactor honoris,
Nil peregre cupiens sollicitusque sui,
Supplicibus facilis caros adjuvit amicos.
O, quantum rebus profuit ille meis!
Notum est in morbo nostros gemuisse *) dolores,
Notum est in casus collacrymasse meos.
Tristis erat, si quis nostrum non carperet hostem,
Sæpe illi in docto Lossius ore fuit.
Damnabat scelus enorme, spoliumque nefandum,
Damnabat, si quid tristius esse potest.
Heu nihil exemptum, nihil hoc in tempore tutum,
Omnia fracturæ mortis in arbitrio!
Si potuit virtus claro superesse decore,
Quid jacis in tantum, mors, tua tela virum?
Proruc de vulgo quemquam, sit vivida virtus!
Tu nihil in vero numine juris habes.
At, quia non standum est, sed in hac ætate cadendum,
Et nihil incerto est certius exitio,
Et, quoniam nihil est, ævo ut speremus in illo,
Omniaque ad nutum mors agit ista suum,
Pone tuas lacrymas, vanosque intercipe fletus,
Quale illi fuerat, tu quoque corpus habes.
Quod tamen hic juvenis cecidit viridique sub ævo,
Vertitur in lacrymas nostra Camœna novas.
Sed tu, qui transis, saltem, ut tranquilla quiescant
Ossa, petes, lacrymus nil cupit ille tuas.
Utque aliquo sacrum cultu venerere sepulchrum,
Quatuor admissa carmina fronte legas:
Hic jacet extinctus validus Jacobus in annis,
Vir bonus et magno presbyter ingenio.
Qui, si divitiis, morum probitate vel annis
Restitui posset vita, superstes erat.

---

*) Im Urtext: *genuisse*.

Ite, graves tanti Manes salvete sepulchri,
Suscipiat promto vos deus ipse *) sinu!
Ite revisuri magnorum arcana deorum,
Jam dabitur vita prosperiore frui.

Elegia VIII.

Ad Eobanum Hessum, vivacissimum poetam.

Hesse, cothurnati divine poematis auctor,
Hesse, tui vates gloria prima chori,
Si qua tibi veteris permansit cura sodalis,
Et potes Hutteni jam memor esse tui,
Accipe ab extremo Germani littoris orbe,
Atque in Pomerio condita scripta solo. **)
Fortunasque meas vultu cognosce sereno,
Si quod adhuc prisci pondus amoris habes.
Quod tibi nulla meæ delata est littera dextræ,
Quod tibi tam longo tempore nulla salus,
Non ea culpa mea est, sed quæ conatibus æquis
Sors levis insano contrait imperio.
Quæ tacite nostras secuerunt tempora mentes,
Omnia sunt nigris inficienda notis.
Tota mihi morbo peregre traducta fameque
Tota mihi in fœda condita pauperie.
Ille ego, cui pater est vel eques, vel divite censu,
Cui fama est claros nobilis inter avos,
Quique aliquid didici Musis et Apolline dignum,
Et cujus magni tu facis ingenium,

*) Im U.: *ipsa.*
**) Im A.: *salo.*

Ore cibum petii peregrinas pauper ad ædes,
Nec puduit luteas sollicitare casas;
Ante fores somnum gelida sub nocte petivi,
Vix raro surdas jussus inire domos.
Rebus egens, pressusque gravi miser omnia febri,
Pæne eadem vitæ cura necisque fuit.
More viros nostro potuissem quærere doctos,
Impediit cœptam pestis amara viam;
Et quoties volui, toties magis illa furebat,
Ne foret hac una spe mihi certa salus.
Sum tamen hinc tandem Pomeranam ereptus ad urbem,
Quæ prisca indigenæ nomina Gryphis *) habet.
Passus eram leviter, sed tunc, graviora ferendo,
Incepi veteris nescius esse mali.
Lossius his natus, cum patre nefarius auctor,
Lossius Aetnæi sævior imbre freti;
Quem potes et tigribus torvisque æquare colubris,
Quem posses Libycas antelocare leas,
Cui nihil humanum est, cui sævum marmore pectus,
Cui riget innata debile rupe caput.
Primum erat ille mihi simulata fronte benignus,
Ut caperet tacitis credula corda dolis,
Hospitioque suas peregrinum accepit in ædes,
Et, quæ sperarem, multa daturus erat.
Promissa capiebar ope, instigabar amore,
Quem gravis in vultu prætulit ille suo.
Nondum certus eram famæ, exemploque peritus,
Nec, qui me fida mente moneret, erat.
Assuetas igitur paulatim intendere fraudes
Cœpit et has primum dissimulabat acus.
Deinde nihil simulans spem frustrabatur inanem,
Jam nihil occultos ausus inire dolos.
Si quid erat, quo me posset, velut ante, juvare,
Abstinuit palam commoditate mea.
Difficilem accessum, responsaque dura ferebam,
Sustinui tumidi jussa superba viri,

*) Greifswald soll von einer Familie *Gripes* den Namen erhalten haben.

Sustinui arcanos in nostra negotia risus,
Et cœpi infectos dissimulare jocos.
Sæpe etiam nocuit, verasque exercuit iras,
Quælibet huic odii non mala causa fuit.
Prodidit invidiam facies vultumque sinistrum,
Et ferus in torvo ferbuit ore furor.
Una salus abiisse fuit, sed et ille vetabat,
Jure suo, ut sumto debitor ære *) fui.
Sæpe tamen monitus tandem discedere jussit,
Et notum est abitus sponte tulisse meos.
Bruma fuit, solitoque magis vis frigoris ingens,
Cogebar tamen hanc continuare viam.
Vix modicum progressus eram, campumque tenebam,
Cum sensi occultos verba fuisse dolos.
Ecce ruunt equites, instantque minacibus armis,
Sumitur e nobis quanta rapina fuit.
Deripiunt vestes et toto corpore nudant
Turba nihil morbos commiserata meos.
Jusserat hoc sceleris commentor Lossius hujus,
Jusserat, et fieri, quod jubet ille, decet,
Utraque jura docens et tanto consule natus;
Ostendam tamen hoc non decuisse scelus.
Nil ego de famulis querar, ut facientibus illud,
Cogitur a domino subdita turba suo.
Ipse dabit pœnas commissi Lossius auctor,
Ipse erit ingenio justa rapina meo.
Vertitur in subitum mitis natura furorem,
Et movet iratum tam bona causa animum.
Arripui calamum, rapiorque furentibus ausis,
Da veniam cœptis, magne poeta, meis.
Ipsa suam poscit vindictam injuria, nec me
Ulcisci hoc alia conditione decet.
Tu quoque sic læsus frueceris talibus armis,
Quem memini duris sæpe nocere modis;
Quem memini meritum vertentem in carmina telum,
Laxa magis moto frena dedisse animo;

*) Im U.: *ore.*

Et Stygias movisse faces, sumsisse furorem,
Et totum telis incaluisse tuis.
Quæris, an hæc maneat, quam tunc fortuna ferebam?
Pone metus, pulchrum est res mea nacta statum.
Nondum convalui totus, viresque recepi,
Spes tamen est ratior, quam fuit ante mihi.
Rostochiam spolio deveni nudus in urbem,
Inveni doctos qualibet arte viros,
Inveni faciles et libertatis amicos,
Omnia pulchra magis credulitate tua.
Sic me juverunt, ita sum susceptus ab illis,
Ut videar patria non procul esse mea.
Hæc mea fortuna est, sed Lossius ilia rumpit,
Et fœde nostri pallet ab invidia.
Exercetque novas successu temporis iras,
Nec video culpæ pœnituisse suæ.
Pœnituit, suus ut princeps irascitur illi,
Et quia tantorum est conscia mens scelerum,
Deinde, mei cunctos quia commiseratio cepit,
Quodque sua nostri vivit in urbe favor.
Huic igitur parcas? aut me parsisse jubebis?
Et potes hoc æquo pectore ferre nefas?
Este procul timidi, quique omnia fertis inulta,
Diluat offensas mens agitata suas.
Et, quoniam magna est, ultricem injuria Musam
Excitet in famam, raptor inique, tuam.
At tu, magna tui pars, Hesse, fidelis amici,
Qua decet, hæc saltem crimina mente feras,
Nil metuens, ne qua priscos oblitus amores
Defuerim scriptis tempora longa tibi.

Elegia IX.

Ad Joannem Loberingum, patronum suum in causa Lossiana.

Musarum atque omnis cultor Loberingus honoris,
Quem decet humano ponere in ingenio,
Palladis et Clarii Loberingus Apollinis ardor,
Phocaica dignus tempora fronde tegi,
Qui carmen, qui lege facit nova scripta soluta,
Quique aliquid nitido perficit eloquio;
Ille, inquam, tantus tantique decoris amator,
Sponte sua causam format agitque meam.
Jamque suas leges animo repetente recenset,
Et spoliatori jura timenda meo.
Hoc duce judicibus injuria nostra severis
Panditur, et lectum fertur in arbitrium.
Frendit et insano furit auctor Lossius ore,
Et dolet in partem quemlibet ire meam.
Ille nihil monitis, nihil hoc perterritus hoste
Suscepit nostri jura patrocinii.
Ille meam quovis moderatur judice causam,
Jamque sua tabulas condidit ipse manu,
Et mea subscribit posito instrumenta sigillo,
Nuncque ore scriptis nunc agit ille notis.
Quod meritum, quæ causa virum in mea commoda movit,
Quaddo alius vastas polliceatur opes?
An tot opes superant? an tanta pecunia nostra est,
Ut possim hostiles vincere divitias?
An spes est illi in tam justæ commoda causæ,
Proque suo quidquam ferre labore cupit?
Non merui quidquam, neque jam dare munera possum,
Justitiæ solum diligit ille decus.

Atque igitur misero fit defensator amico,
Tam turpe intactum ne videatur opus;
Neve suas frustra tentarit Lossius iras,
Justitiæ laxis exspatiatus *) equis.
Heu mihi, quam timeo, ne tandem cedere cogar,
Cum meus immensas penderit hostis opes,
Atque ego tam longe a patriis discretus amicis,
Non habeam dictis omnia temporibus,
Neve egeat sumtu tandem Loberingus in illo,
Et queat Hutteni tædia ferre sui!
Sed facile ex nostro tam vilem corde pavorem
Suffers pollicitis, dulcis amice, tuis.
Jamque nihil dubito, quin tu satis omnia possis,
Et potes, et partis te decet esse meæ.

Elegia X.

Ad Poetas Germanos.

Grande, Elegia, iterum, nec onus vulgare subibis,
Semper habes, tua quod crura fatiget iter.
Tu tamen ire para, et nostris nil detrahe jussis,
Hoc mihi non vilis munere surgit honor.
Labere per totos commisso Teutonas orbe,
Et patriæ gentes, ruraque culta meæ.
Non, quod ibi merces fulvum tibi congerat aurum,
Aut, loca quod videas cognita sæpe prius:
Sed pete Germanos ex ordine quemque poetas,
Patria vel quos hoc nomine terra colit.
Ut quemque invenies, pro conditione saluta,
Non referendus erit omnibus unus honor.
Pars onerat Claria vivacia tempora lauro,
Pars vegeto ipsa sibi consulit ingenio.

---

*) Im Urtext: *exspatiatur*.

Qua se Varna celer vicinos fundit in agros,
Et prope dux arcem Magnopolensis habet,
Marschalcus faciles studiorum pondere Musas
Sustulit, hunc ego nil grande latere puto,
Carpathos in flavos rapido ruit amne Prutenos
Istula, Dantiscæ dum petit urbis opes;
Illic Suchtenius meritos descripsit amicos,
Jam procul a patria Sarmata factus humo,
Verberiusque celer, quo non velocior alter,
Accessit cupido Musica transtra pede.
Hinc tibi regressæ, ni erraveris, obvius ibit
Odera cum nymphis numinibusque suis.
Urbs est ad fluvii ripas, ubi Marchia tellus
Tenditur ad fines, lucide Eoe, tuos,
Nomine Francorum portus, *Vigilantius* illic
Musarum culto tradit ab ore decus,
Trebeliusque meus Pomerano cum grege vates,
Qui scribit lepidis cultum epigramma modis.
Hic mihi non patria tantum sociatur eadem,
Vix animi voto junctior alter agit.
Hoc duce res vatum augetur, jamque impiger ille
His studiis juvenes extulit *Ostenios*.
At Phaëthonteum perrecta Silesia ad ortum
Non nihil in nostra laude decoris habet;
Hic faciles Elegos *Corvinus* protulit auctor,
Qui patriam Musis ingenioque fovet.
Busta Sigismundi tamen hic venerare poetæ,
Intempestive quem dedit hora neci.
Rura Bohuslaus montosa Bohemicus ornat,
Ipse decus variæ nobilitatis habens.
Ingenium velox et nobile stemma parentum
Huic dedit, et pulchras Antias *) addit opes.
Et patriæ consors apud hunc mihi Sturnus amicum,
Francorum cujus nomine vulgus ovat.
Hos ubi contigeris, tractu *Eitelvolphus* in illo
Præcipue veniet nobilitatis eques,

---

*) *Fortuna Antias* vergl. ***Horat. Od. L. I.*** 35.

Qui motos inter bellorum strage tumultus,
Cæsariasque acies, Teutonicasque manus,
Prœliaque et ductas effuso sanguine turmas,
Cum Musis placido permanet ingenio.
Sed noti ad ripas Albis Saxonibus agris
Urbs est Gymnasio nobilitata novo.
Vivit in hac Francus, patriæ nova gloria nostræ,
Phacchus amicitiæ portio fida meæ.
Cumque suo Phaccho parili conjunctus amore,
Qui miram ingenii vim, *Spalatinus*, habet.
Est quoque Thuringus, cui fama urgente, *Sibitus*
Cæsareæ lauros imposuere manus;
Et longe a patriæ sejunctus Sbrulius oris,
Qui juveni Italicos intonat ore modos.
Hinc vicina petes Misneæ mœnia Lipsæ,
Cui tandem famam Lusaca Musa *) dedit;
Rhagius hic juvenes, nec non, quibus actior ætas,
Erudit, et teneris consulit ingeniis.
Sæpe quid in vulgus magni gravis edidit Emser,
Et jam nescio quid secum habet ille novi.
Nec tu prætereas sublimem virginis urbem,
Pæne habitat mediam Nisa puella viam.
Hic bene de doctis meruit Gasparus amicis,
Quem passim in numeris Musica turba colit.
Offeret excelsos digressæ Erphordia vates,
Atque omnes junxit, quos habet, illa mihi.
Crotus in hac nobis sub primis præfuit annis,
Crotus Apollinæ fama superba togæ,
Qui tibi, seu numeros, seu quidquam lege solutum
Scrisperit, egregia laude probandus erit.
Sed dabit ipse meus veniam hac mihi parte magister;
Quis non ingenio cesserit, *Hesse*, tuo!
Te juvenem tetrico texentem verba boatu,
Vincentem cultu tempora nostra novo,
Pallida miratur victa gravitate senectus;
Judice me, nil te hæc tempora majus habent.

*) Früher *Nomen*. Von Hutten selbst verbessert.

Quique agit in studiis miro Temonius illis
Marte, nec est vili præditus ingenio.
Passibus hinc aliquot, spatio sejunctus iniquo,
Tranquillam vitam ducere *Rufus* amat,
Ipse sui totus, sed enim nec cedera cuiquam
Aptus, ut ex quovis præmia Marte petas.
Consulit hunc Crotus, doctoremque eligit Hessus,
Non nihil et crebre profuit ille mihi.
Francorum ad fines miris *Trithemius* Abbas
Artibus infami nomen ademit humo.
Hinc grave per montes et densas undique silvas
Est iter in saltus, Fagina dura, tuos.
Hæc etiam tellus, nostrarum conscia rerum,
Nomen in Aoniæ munere sortis habet.
Hic, ubi se Titan ab Eois erigit undis,
Doctus habet patriæ rura Capella suæ.
Vivit ad occiduos Phœbei luminis ignes
Hopfo, pars animæ, tu Philomuse, tuæ.
Fagina sed qua se tellus demittit ad austrum,
Exulis Hutteni vivit uterque parens.
Invenies fratres et forsan utramque sororem,
Stabit et ante oculos turba propinqua tuos.
Hoc tibi mandatum secluso in pectore serva,
Ne quidquam in causa resciat illa mea.
Quod valeam incolumis, quod habent bene cetera, dices,
Dum salvere meo nomine quemque jubes.
Multa volet mater, sed tu, quid Lossius hostis
Egerit, ut crebro sollicitata, tace.
Audiat illa nefas, defectos decidet artus,
Et gelidum absque omni sanguine pectus erit.
Cura mihi est, male ne nostros ferat illa labores,
Neve illi nova sim causa doloris ego.
Nesciat hoc genitor, juvenis quoque nesciat, ævi
Maxima qui post me tempora frater habet.
Transieris tristemque patrem vatesque relatos,
Vertere ad Arctoos officiosa polos.
Salve fida domus, sacrorum Fulda tuorum,
De te præsentes testificata deos;

Salve plena dei patriæ lux aurea nostræ,
Quæ facta es tantis hospita reliquiis!
O vetus hospitium et peregrinis mansio sacris,
Quæ claudis mirum hoc sub tua tecta decus!
Te sibi delegit unam Bonifacius hospes,
Atque in te sanctos transtulit ille viros,
Templaque composuit, fierique hæc mœnia jussit,
Et totam fausto condidit auspicio.
Digna tui cultus, nunquam sine laude futura,
Hospitii semper cresce decore tui.
Huic urbi largita novas Elegeia laudes
Abbatem noti quaere monasterii.
Ah, tantum petitura virum, ne qualibet erres,
Angor ubi merito sollicitorque metu,
Respice, quo studio eductus, quo sanguine cretus,
Et premat elatum quanta corona caput,
Quæ sit fama viri, probitas, sapientia, virtus,
Et quibus hic culto præstet in eloquio.
Omnia cognoris, totamque inviseris urbem,
Hartmannum flexo poplite, Musa, pete.
Præsule post veterem hoc urbs est celebranda Rabanum,
Qui mira in versu calliditate fuit.
Quod dices aliis, illi quoque dicere cautum est,
Ille dolet, si quod nos male turbat onus.
Francus in hac etiam subque hoc rectore sacerdos
Vivit, et est nostræ promtus asylus opis,
Et paribus studiis frater Georgius illi,
Clarus et ingenio dives utroque bono.
Cumque illis hac laude valens Axungia Petrus,
Et minor in cultu cætera turba suo.
Ne tamen offendat tuus hic te Tundalus hostis,
Et male suscepta cogat abire via.
Rivius ad patrii, pete et hunc, vada dura Visurgi,
Hessorum populis fama secunda, viget.
Videris hunc, per eos montes pete Westphala rura,
Qua novus hospitium *Langius* auctor habet,
Langius, et vates et equestri stemmate natus,
Et non vulgare in carmine pondus habens.

Qua super ingenium Germana nobile fama
Buschius ante alios carmina scribit eques;
Buschius Aeoliis validus dare pondera nervis,
Buschius heroi pernicitate pedis,
Buschius ingenio vivax, et Buschius ore,
Buschius antiquo stemmate natus eques.
Et patria junctus volucer Murmellius illi,
Qui novitate Elegi carminis auget opus.
Quique suum vertit sacras Montanus ad odas
Carmen, et antiquo numina more canit.
Nomina non memini, multos tamen ante videbis.
Quam trifidum ad Rheni lintea flumen agas.
Sulcat Agrippinam lunatum littus ad urbem
Rhenus, et occiduum fertur in Oceanum,
Clara opibus, munita loco, pollensque virorum,
Quaque est Germano majus in orbe nihil;
Nutrit honoratos sacrata Colonia vates,
Et facta est similis hoc quoque honore sui.
Prima est ante alios Jacobi gloria Gaudæ,
Qui miscet sacris Musica sacra suis.
Vix alius nostras callet studiosior artes,
Vix Elegos vena candidiore facit.
Et non vulgari peregrinus laude Remaclus,
Cujus pauca quidem sed bona visa mihi.
Quidquid ad expertum posses conferre poetam,
Non etiam invalidus carmine Cantor habet.
Qua refluo Trevirum Rhenus capit amne Mosellam,
Urbs fluvium pulchro est inter utrumque situ,
Et locus, et populus Musis et Apolline dignus;
Hæc est *Ulrici* patria *Fabricii*.
Hunc olim nobis fines pereuntibus hosdem
In studiis socium Pallas amica dedit,
Una quies, unusque labor, communis utrique
Vita fuit, tantum contulit ille mihi.
Disjunxit tandem spatio fortuna locorum,
Heu! quantum studiis invidiosa meis.
Quod potuit, fecit, sed fido ego corde tenebo
Hunc juvenem et vera dignor amicitia.

Ipse suum ad dulces carmen componere nervos
Novit, et arguto dulciter ore canit.
Fluminis ad ripas, vicinaque mœnia Rheni
Turba venit jussis crebra adeunda tuis.
Magna Geresmundum servat Moguntia utrumque,
Legibus Aonias jungit uterque deas.
Contentus parvo Nemetis prope mœnia Spiræ
Incolis angustas, *Wiviphelinge*, domos,
Non nisi, quod sacrum est, studio complexe frequenti,
Qui, quidquid scribas, utilitate scates. *)
Multa, Jacobe, tibi debet Germana juventus,
Profeci monitis ipse ego sæpe tuis.
Sturmis ei comes est et Gallinarius illi,
Et tu, qui nomen principis arce tenes.
Plurima præterea juvenum consortia vatum,
Quos sibi doctrinis allicit ille suis.
Hoc etiam Angustus, quondam meus, orbe vagatur
Wolphus, Plautino clarus in eloquio.
Brantus ab iis paulum semotus considet oris,
Qui Germana nova carmina lege facit,
Barbaraque in numeros compellit verba ligatos,
Edit et ingenio carmina facta novo.
Pulchre illi latum classis deducta per æquor
Convehit insipidos quolibet orbe viros.
Et, qui materiam sumens Philomusus ab illo
Spem sibi ventura posteritate facit.
Armat et adversos furibundum carmen in hostes,
Turpe viris censens omnia velle pati.
Barbariem contra pugnace *Bebelius* ore
Non sine victuro nomine castra locat.
Quique suæ nomen parit inviolabile Phorcæ,
Dum triplici sacros explicat ore libros,
Inter Germanos ad comica scripta poetas
Primum ausus vetitas explicuisse manus.
Hos mihi præcipue blanda compelle salute,
Deinde novi memores criminis esse jube.

*) I U.: *scatet.*

Quod fecit nobis, faceret quoque Lossius illis,
Cui studium est multis posse nocere simul.
Vos ego, Teutonicæ verissima lumina gentis,
Quando ita se præsens obtulit hora, precor:
Non, ut pro nobis quisquam mala carmina faxit,
In nova vel subito bella furore ruat,
Sed doleat nostros, communia vulnera, casus,
Atque animo tandem hæc penitiore trahat,
Neve meo dicat versu petulantius usum,
Dum queror offensas insinuoque novas.
Si non ex merito, si non querimonia justa est,
Si non insigni cogor ab opprobrio,
Judicet ille meam, qui judicat omnia, causam,
Et sint hæc animæ debita jura meæ.
Tentavi hunc precibus, tentavi hortatibus hostem,
Littera ad hunc exstat supplice scripta manu.
Sed nihil efficio, nusquam hunc compellere possum,
Ipse suas in nos insuper auget acus,
Ipse minas jactat, furit et convicia dicit,
Jamque novum bellum nunciat ille mihi;
Persequiturque meos, si quem deprehendit, amicos,
Insidiasque mihi qualibet arte parat.
Non querar hæc igitur, qui sic quoque lædere possem?
An nondum offensis sufficit ille suis?
Vestrum aliquis jam tutus agit, fruiturqur quiete,
Nec timet hostiles tutior insidias,
Et tranquillus agens, requiem putat omnibus illam,
Quæ sibi secura contigit in patria.
Quisquis hic est, melius pro causa consulat illa,
Fortunamque gravi penset utramque animo,
Ipse quod in patria est, et consuetudine multa
Nusquam inconsuetas sensit obesse vices.
Nos peregre juvit varios cognoscere mores,
Non citra arbitrium, docte Tyane *), tuum.
Dumque hinc inde leves agimur, varieque vagamur,
Occurrit variis vulgus in ingeniis.

---

*) I. U.: *Thiane.*

Nunc inimicus adest, nunc se mihi præbet amicus,
 Nunc mihi, qui prosit, nunc mihi, qui noceat.
Sed quia Fortunæ est. habet inconstantia causam
 Nostra, quod ex casu dispare corde fruar.
Jam satis est vobis, .quod, quæ nunc aspera facta est,
 Nunquam alicui vestrum Musa odiosa fuit.

Hermanni Trebelii Notiani,
Poëtæ Laureati et Legum Imperialium Candidati,
ad Henningum Loetz,
J. U. Doctorem,
pro poëta Hutteno
admonitio elegiaca.

Aspera res agitur, patribus non cognita prisce,
Quos celebri Genio Teutona terra tulit.
Res nova, res truculenta, minax, res impia, mordax,
Res agitur, Lossi, sanguinolenta tibi.
Felices, quibus innocuis, sine crimine fama,
Ad Stygios olim contigit ire lacus!
Felices etiam, liceat sceleri scelus addant,
A doctis cupidas qui tenuere manus!
Sed non hoc misero licuit tibi, teque beatum
Cum multis dici ferrea Parca vetat
Heu! facinus, dirumque caput, tam barbara tamque
Horrida tempestas hæc mea corda ferit.
Quid patimur vates, divino numine pleni,
Atque supernorum maxima cura deum?
Esto, sit quisquam doctor consulque superbus,
Ergo sacros vates carpere jure potest?
Res potius truculenta, minax, res impia, mordax,
Res surgat, Lossi, sanguinolenta tibi.
Dicamus, qui sint doctor, genitorque superbus,
Et Phœbi telis ictus uterque cadat.
Tu quoque, tu Pallas, quia te veneranda vetustas
Armatam pinxit, cuspide tuta veni!

Pallas adest, miseri et graviter fert damna poëtæ,
Nunc, Henninge, tuos, perfide, pande sinus!
Perfide, pande sinus! Quid stas? dubiusque moraris?
Pande sinus, inquam, perfide, pande sinus!
Concipe Pierium pro tanto crimine vulnus,
Persta, non uno vulnere, dure, cades.
Dura ferat, qui dura tulit, jactetur, agatur,
Qui ferus Aonios pellit ab urbe viros.
Non poteris tantos finire in morte dolores,
Ille dolor, nobis crede, perennis erit;
Imo post varios luctus, post funera major
Semper erit, tantum carmina docta valent.
Quid tibi nunc, Doctor quod sis, quod consule cretus
Proderit? ardenti veste quod altus eas?
Novimus atqui te, passim canimusque poëtæ:
Doctor es, et calles, Doctor, in arte nihil.
Doctor es, et soli *) vulgo populoque videris,
Doctor es, at poteris vix tria verba loqui;
Grammaticæ ignoras prima incunabula, cum sis
Doctor et Orchestra publica jura legas.
Denique, vix tantum tanta tibi in arte relictum est,
Ut, Doctor quid sit, Doctor, ab arte scias.
Sed jam forte sacrum nimis excandescere vatem,
Dices, et ignoto durius ore queri,
Ista tamen tecum debebas volvere, Lossi,
Dum furor innocuum pellere ab urbe fuit.
An ignorabas, non vinci posse poëtas?
Et nimium longas vatibus esse manus?
Atque pios vates, quos vel Plato lædere nollet,
Sublimes quamvis vinceret ille sophos?
Ergo feras, Lossi doctor, quod ferre necesse est,
Et, quantus surgat deinde poëta, scias,

*) Im Meiner'schen Exemplar: *solo*.

Admoneasque patrem fucata nare Wedegum,
    Ne posthac Clarios opprimat ille viros,
Tu quoque præcipue caveas, ne lædere pergas,
    Nominis est saltem si tibi cura tui.
Quodsi non audis, nec stultam carmina mentem
    Afficiunt, populo fabula turpis eris.
Germanos omnes in te jurasse poëtas
    Flebis, eritque omnis tunc tibi ademta salus.

Publii Vigilantii poëtæ &c. Hendecasyllabon ad Lectorem.

Liber loquitur.

Nemo me legat, aut revolvat nemo,
Quem non permoveat scelus malignum,
Audax vel facinus senisque nati,
Vatem quo miserum, probante nullo
Causam, conficiunt. Sed ista quisquis
Cernis, desine, non novum, vides, est,
Phœbum perfidiæ referre pœnas;
Ulciscique suos Apollo vates,
O Lossi, solet. Ergo perfer istas
Dicas, atque cave, sacrum poëtam
Posthac ne laceres, vel hæc sequetur
Velox Archilochi poëtæ jambus,
Quo viso miseram fugit Lycambes
Vitam, quem laqueo juvat perire.

Ad Lectores.

Tetrastichon Ulrici Hutteni.

Tractet, amet, legat, excipiat, colat, audiat, adsit,
Cui placet hæc novitas;
Spernat, agat, cremet, ejiciat, premat, oderit, absit,
Quisquis ubique nocet.

III.

Ulrichi de Hutten

Equitis Germani

De Arte Versificatoria

Carmen Heroicum.

Joanni et Alexandro de Osthen
Pomeranis Equitibus
dedicatum.

Einleitung.

Das nächste vorzüglichere poetische Werkchen, welches Hutten nach kurzem Aufenthalt zu Braunschweig und Frankfurt an der Oder, während eines Besuches in Wittenberg im J. 1511 geschrieben, ist eine lateinische Metrik in Hexametern. Er begleitete sie mit einer Zueignung an zwei junge Pommersche Edelleute, Johann und Alexander von Osthen (von welchen in den historischen Anmerkungen ein Mehreres) als warme Freunde der klassischen Literatur. Ihr diplomatischer Titel ist folgender:

ULRICI HUTTENI de Arte Versificandi Liber vnus Heroico carmine ad Ioannem et Alexandrum Osthenios Pomeranos Equites.

Auf dem Titelblatt der Original-Ausgabe steht noch: *Philippus Engelbrechtus Hutteni conjuratus ad Lectorem:*

Nobilis Eoo petitur Smaragdus ab orbe,
Et magno exiguus venditur aere lapis.
Exilis Phario reperitur in aequore gemma,
Et pretium modico corpore grande facit.
Sic liber Hutteni, fulvo pretiosior auro
Archetypis laudem vendicat iste novis.
Qui tibi dat brevibus tornatos edere versus,
Et struere ad dulcem carmina docta chelim.

Quare age, fac habeas operoso hunc marte libellum,
Inque sinus condas interiora tui.
Nam si magna licet parvis componere rebus,
Non minor Attalicis est liber hic opibus.
Diis auspicibus.

Am Schlusse hingegen:

Apud Phacchum hospitem Vvittenbergensem
Idibus Februarii, absolutum sinceriter citra invidiam.
Exaratum industria officiosissimi viri Vvolffgangi
Monacensis Lipse feliciter.

Vergl. *Hirschii Millen.* II. p. 5.

Die Typen sind gothisch; das Gedicht selbst welches 12 Blätter enthält in 4., mit Marginalien geziert. Auf dem Exemplar, das ich aus der Züricher Stadtbibl. erhielt, sind zwei lateinische Gedichte, wie mir scheint von einer gleichzeitigen Hand geschrieben, die ich aber nicht ganz herausbringen konnte.

Was die übrigen Ausgaben der „*Ars versificatoria*" betrift, so ist ihr Verzeichnifs folgendes:

1) *Ars versificandi. Witteberg. 1511. apud Wolfg. Monacensem.*
2) Unter dem Titel: *Stichologia compendiosa ita non infrugifera. Lipsiæ 1518 ex ædibus Valentini Schumann.* Der eigentliche Titel lautet also:

VLRI-
CHI DE HUTTEN
EQUITIS GERMANI
STICHOLOGIA
COMPENDIOSA
ITA NON IN-
FRUGIFE-
RA.

Diese *Stichologia* ward von Christoph Hegindorfer besorgt, und dem Eoban Hefs zugeeignet. Sie ist, nebst der Zueignungsepistel, mit zwei Gedichten, einem Epigramm zu Hessens und Huttens Preis (siehe die Urtheile und Gedichte auf Hutten in der Haupt-Einleitung) und einem „*Carmen Asclepiadeum*", ferner mit einem Briefe an Hermann Tulichius (in dem gleichfalls Huttens erwähnt wird); endlich einem „*Epigramma ad Eundem*", und einem andern „*Contra Logodeolos*" — alles in einem barbarischen Latein geschrieben, ausgeschmückt, und verräth durch die unmäfsig an E. Hefs verschwendeten Lobsprüche, dafs der *Homo novus* von ihm wieder gelobt werden wollte.

3) *Parisiis. Ex officina Roberti Stephani e regione scholæ decretorum. Anno M. D. XXVI. VIII. Idus Octobr. 8.*
(*Maitt. Annal. II. p. 681.*)

4) *Parisiis, ex eadem officina. 1528. 8.*
(Panzer bezweifelt dieselbe.)

5) *Norimbergæ 1531*, mit dem *Nemo* zugleich. Burkhard in seinem 1ten Theil des Comment. nennt diese Ausgabe; Panzer bezweifelt sie gleichfalls.

6) *Parisiis ex offic. Rob. Stephani etc. Anno M. D. XXXII. IX. Calend. Jan. 8.*
(Soll in der Schwarzischen Biblioth. zu Altdorf sich vorfinden.)

7) *Parisiis, ap. Rob. Steph. cum commentario Roberti Vallensis Rugiensis. 1534. 8.* (diese Ausgabe wird in dem *Catalogue des Livres de Mr. Pierre Antoine Bolongaro-Cevenna. Vol. III.* a. S. 247 angeführt.)

8) In den *Operibus Poëticis*, welche mit den Schriften des *Decius Ausonius Burdegalensis Lugd. 1537*, ohne Jahrzahl, zusammengedruckt worden, steht die *Ars versificatoria* zulezt; eben so

9) In den *Operibus Poëticis, Francof. 1538. 8.*

10) In „*Jodoci Willichii Prosod. Lat.*“ *Lipsiæ per Mich. Blum. 1539.*

11) *Basileæ ex typograph. Oporini 1551. 8.*

12) Mit dem ΟΥΤΙΣ *Nemo*, und der „*Exegoria in Ebrietat. per Eobanum Hessum. Norimbergæ apud Johannem Petreium. Anno M. D. XLII. 8.*“ (Ohne Benennung des Herausgebers. Panzer glaubt, daſs diese ein Nachdruck der Nürnberger vom J. 1531 seyn könne, falls eine solche erschienen.)

13) Ist sie in „*Ackeri Selectis Poëticis*“, *Rudolst. 1711. 8.* enthalten.

14) Endlich kommt noch eine Ausgabe zu erwähnen, die in Leipzig ohne Jahrzahl erschien. S. *Catal. Bibl. Christ. II. p. 104.* Vergl. Panzer u. v. H. S. 8 — 11.

Ad
Joannem et Alexandrum de Osthen, ex equestri familia, adolescentes studiosissimos Epistola.

Ego nunquam in vobis, optimi Juvenes! neque generis antiquitatem admiratus sum, qua estis satis præstantes; neque divitias, quibus estis florentissimi; sed, quod rarissime in nostro ordine contigit, in bonas artes studium incredibile, et ingenia ad hoc supra modum acria. Quod quum mihi jam pridem in vobis perspectum esset, et ego jucundissimâ vestrâ consuetudine istuc invitarer, volui aliquo interea vos honore prosequi, quoad liceret vobis per vos ipsos claris fieri. Quod ego procul dubio futurum censeo. Nam vos profecto ex hoc albo estis, id est, eorum numero, qui sibi famam, et decus nominis apud posteritatem comparare possunt. Unde eos longe sua fallet opinio, qui vos contemptui habent, propterea, quod me, meique similes studiosissime sectamini. Dum enim se ad altiora, (ut ipsi ajunt) studia conferunt, ea negligunt, sine quibus studiosi esse minime possunt. Sed venentur illi per mare, piscentur per aërem, volent sine pennis; vos, (ut decretum est) iis literis operam date, sine quibus nihil percipi potest, ut tandem in Jure Civili, et Pontificio (eo namque tenditis), edocti, vobis emolumento, et patriæ atque amicis honore esse possitis. Hoc autem Carmen Scholasticum raptim (ut volebatis) a me compositum, eo animo accipite, quo ego illud offero, et muneris parvitatem donantis benevolentia rependite! Neque per ætatem erubui hæc ad vos scribere; estis namque tam novi lectores, quam ego Poëta. Valete, et Trebellium Notianum vestrum optimum præceptorem amate, meque vel diligite! Ex Wittenburgo pridie Kalendas Januarii, novo ineunte anno, post millesimum et quingentesimum undecimo.

De arte versificatoria
Carmen Heroicum.

Quis modus, et quæ sint servando in carmine leges,
Et quo quæque suum distentat syllaba tempus,
Littera quas vires habeat, quoque ordine mutet,
Omnia discutiam paucis, huc læta juventus
Verte animi votum, sitibundasque imbue fauces.
Non, quia præterea scriptum nihil utile dicam,
Sed, quia munus habes, animo gratante profectum,
Improbet ista licet, cui mentem insana libido
Carpendi studio vexat, mihi fama trahatur,
Inque dies mihi perstet honos, mihi gloria surgat,
Qui velit invideat, seque hoc mœrore fatiget.

Littera apud Latios isto discrimine fertur
Vocalis Criticos, quod voces integra reddat,
Tales quinque putant, y Græca exinde retracta.
Consona, quod voces nil mutans adiuvat ipsas,
In se nulla tamen, nisi vocibus addita rectis.
Harum aliquæ nobis vanos referuntur ad usus,
Quæ sint, disce brevi, quibus e non assonat ipsis.
O tamen u junctum stat in versu crebrius illo,
Ut sequor, ut quoniam, vetus est scripsisse calendas.
H nota nonnullis venit aspiratio verbis,
Non tamen idcirco, quo possit littera dici.
Adde, quod in versu cadit hæc, et nulla putatur
Nec te conturbet, si obiecerit unus et alter,
Posthabita coluisse Samo, hic illius arma,
Non ego confirmo, quo quisquam est rarior usus.
X culpa est, veteres (brevitas cum forte juvaret)

Pro (gregis hoc monstrat) junctis scripsere duabus.
Duntaxat Græcis Z est data littera verbis.
Quæ super has restant, dabis illis littera nomen.
Consona vel muta est, quoniam malo vocibus astat,
Inque e finitur, vel (quæ plus consonat istis)
Semisona, incipiens e, dum se terminat ipsam.
F tamen (ut muta est) nihil hac ratione tenetur,
Namque potestatem non mutat spiritus ulli.
Quid? quod habet mutæ vim totam, et convenit ante
Mobilibus liquidis, sic flavus, sic fremo profers,
Omnis in hoc numero vocalis ponitur anceps,
Non ut apud Graios, ubi stricto jure tenentur.
Nulla unquam tenuit vocales syllaba binas,
Ni coeant simul, et diphthongi nomine quadrent,
Quatuor ista modis fieri connectio sueta est.
Aulæ erit exemplum, fœlix atque eurus in illa,
Quinta fere excoluit pacto diphthongus eodem.
Scribe graveis tamen hac, tentabunt pabula fœtas.
Quisquis ab antiquis scribendi congeris usum,
J solet uque simul nativam amittere vocem,
Consona facta, Jovis, Venus hoc ostendere possunt,
Utraque converti facilis, retroque referri.
Troia, gaza velut. Troiæ qui primus ab oris.
Et verbum solvo, dux longa pace solutus,
Sic vicibus mutantur, et in sua jura recedunt.

J quoque, ubi posita est vocales inter, utrinque
Fit dupla, et crassas extendit murmure voces.
Caius ut est, tamen hanc voluit geminare vetustas.

U quandoque sono manca est, vimque exuit omnem,
Ni liquidam dicas, quoniam resolubilis extat.
Suavis ibi quercusque dabunt documenta, vel anguis.

Quasdam etiam dici liquidas voluere Latini,
Mollior iis sonus est, et qui persæpe liquescat.
Quin, positæ ad mutas, vocalem (quæ præit ante)
Si brevis est alias, communem incedere cogunt.
Sic aper exit apri, tenebræ sic, sive tenebræ.

Syllaba dispositis surgit compacta lituris.
Subditur huic tempus, nam si qua est longa duorum
Temporis unius brevis est, ita syllaba constat,
Quanta sit, et junctas signant fastigia voces.

Quæcunque est inter primam verbique supremam,
Hanc mediam dicunt, medias ita dictio plures
Continet una simul, quæ lege tenentur eadem.

Quæ venit ante aliam vocalis, corripietur,
Sic via, sic decus est, fio producitur, usque
Dum subit r voci, fierem fierique notando.

Omnibus est anceps genitivis syllaba in ius.
Casibus in quintæ, quando i subscribitur, extat
E longum, choream, plateam communiter effer.

Diphthongus longa est. Mora fit, si forte sequatur
Consona vocalem duplex, ita piscis et axis,
Vocalem longant, ita nox, ita maius habentur.

Sto, fero, scindo, bibo, do, findo, collige raptim
Præterita in primis, alias dissyllaba produc.

Sumis iterum, lector queo, cum sero, stoque sinoque,
Et lino, cunque citum, ruo, do, reor, omne duarum
Tende supinum alias, et ab hoc quæcunque creantur,
Huc tamen accitus, staturus, longa notabis
Ambitusque simul, quibus excitus sotiatur.

In reliquis præsens hæc tempora cuncta sequuntur,
Sic colo dat colui, sic verbum amo format amavi,
Tolle tamen potui, genui, ex illis posuique.
Præteriti geminata brevis stat syllaba semper.

A, præ, se, de, pro, simul, e, di, longa reponas
Compositis, dirimo tamen hinc, et tolle disertus.

Ad, sub, ab, inque, per, ob, re, bi, bis contraria sunto
Ni positu longæ fiant, biga excipe tantum.

Omne suam sequitur, qua fluxit origine, verbum.
Sic scriba a scribo, nomen fit mobile verbo.

Sunt brevia ista tamen, deducta ab origine longa,
Et manus, et titulus, fragor et fragilis, duce arista.

Cum sopor, atque farina, lucerna, disertus, offella,
Adde dicax, stabilisque, sagax, odiumque, mamilla,
Et lotium et fatuus, siquidem, curulis acerbus,
Junge femur, vada, aquæ, noto, cum quater adde quaternus,
Cumque fides, vitiumque, viri, nato, arena, tigillus,
Quodque abit ex signo, ligulamque, bubulcus, acervus,
Et stabulum, varicosus, anus, coma, junge numisma,
Huc domus, huc oculus, huc confers lector omasum.

Deducta a brevibus, sic producenda notantur
Regula, jucundus, staturus, secula, vomer,
Vitupero, remus, tum casus, junior, humor,
Tegulaque, humanus, legis, laternaque, raptum,
Caseus et totus, vocis, jumentaque, regis,
Viginti, binus, denus, trinus, quoque nonus,
Jugera, vena, quibus sedes, et macero, petus,
Serius, et nequam, feralis, sumina, vires,
Vociferor, fomes, ceritus, secius adde.

Non ego cuncta meo, lector quærenda labore
Esse puto, restabit enim, ventura quod ætas
Quærat, et ut studio quisquam se exerceat illo.

A quo deflexum recto, reducitur isthuc.
Sic lego fit legerem, legi legisse parabit.
Præteritum sua namque tenet, sua tempora præsens.

Ipsa suum simplex coeuntia jura sequuntur.
Quod si forte tibi primaria syllaba verbi
Simplicis ignota est, te compositura docebit,
Ponere præpono notat, et conducere duco.

Sæpe per accentum, quanta est, te syllaba fallit.
Corporibus dicens, po negaret (ut est) breve quisquam,
Sed tu protuleris modo corporis, illico nosces,
Nam numerus verbo nimium si excreverit ulli,
In brevius redige, aut alia hoc ope nitere lector.

Fit breve compositum, persæpe ex simplici longo,
Agnitus hoc monstrat, cum pronuba, et innuba, lector
Deierat a viro, sic infio, suffio cedunt.

Sæpe aliquam doctis placuit geminare poetis.
Reliquiæ velut, et reduco, religioque.

I brevis in medio est, velut armiger, excipis inde,
Qualicunque, et ubique tamen, nec perstat ibidem,
Quanticunque, etiam plerique, tibicen utrique.

Hic, ubi se rectus reliquis in casibus auget,
A longum, eque scies, simul o, sic profer earum,
Musarum, quorum, dominorum, sicque dierum
U brevis ique manet, verubus, gravibusque notabunt.

Alis ut in neutro producitur, adjice naris,
Omnibus ar neutris, cum mascula corripiantur,
Sic jubar et nectar, vel epar, salis, excipe ab illis.
Præter anas, producis ab as, ubi casus abundat.
Sic pietas pietatis habet, sed adis breve perstat.
An longum, sed et ax. profertur casibus istis.
Dropacis hinc, facis, atque abacis, corax tamen aufer.
El, en, es, tendis, paries, aries, seges, et pes,
Et teges, et teres, atque abies, et præceps, hebesque,
Interpresque, Ceres, quibus omnibus est brevis usus.
In quoque producunt, delphinis ut, et salaminis.
Ex breve comperies, ver lege excedit ab illa.
Et quibus ad Latios, eris transfertur ab iris,
Ut Panther, Crater: secus est, ubi dixeris aer.
Is breviter crescit, longo monosyllaba fine,
A lapis ut lapidis, sic lis fit mobile litis.
Ni gregis exciperes, ex longum (ut regis) haberes.
Ni etiam (ut silicis) mutetur litera voci.
Adiectiva per ix, nec non muliebria tende,
Præter onix, histrix, pix, nix, natrixque, salixque,
Caxendixque, filix, laricis, stygis et strigis adde.
Mascula præterea producta sequentia mastix,
Phœnicis, Bombix, Cerx, Spadix, Sandixque,
Dæmonis o breviat, præter pene hoc, legis onis.
Fœmina, mas, commune, simul non propria, produc
Or quibus accrescit, deme indecor, et memor, arbor.
Rhetoris, or brevis est neutris propriisque notatis.

Si quod ab u recti crevit, breviabit o semper.
Sic pecus hoc pecoris, sic est ebur, et breve corpus,
Obs scrobis, ops inopis, paucissima corripientur.
Cappadocis præter, bovis et crescentia præcox.
Longum erit os, simul ox, sic moris, sic lege vocis.
Utis ab us crescens, nec non producitur udis.
Dictio in ux patrio longa est, monosyllaba præter,
Lux tamen hinc demis. Sed in ur correpta manebunt,
Ut ligur, ut turtur, sine fur tamen esse seorsum.

Est etiam, ut videas, quo crescant verba tenore,
Dum legeris profers, et dum tu deinde legeris.
Dum sequerer, sequereris ais, multum inter in illo est.

I brevis in terna est, quarta hanc inflexio profert.
Sic legimus dicunt vulgo, sic deinde perimus.

At vi præteritum semper productilis est vox.
Audivi exemplo est, quæsivi, et lector amavi.
Longa velim simque i faciunt, sic verte velimus.
Passim alibi brevis est crementis ista secundis.
O semper longum est, brevis ut crescentibus astat.
Possumus ut dicas, legitote, et talia cuncta.

Ultima dicendum est, quanta extet syllaba voci
Cuilibet, inprimis, mediisque vagabere passim,
Multa legens, nam quis diffusam comperiet rem?
Inque novas leges coget? probus autor in illo
Sudari frustra putat, haud ego murmure longo
Sustineo quenquam, placet omnia dicere paucis,
(Quæ rata sint) verbis, et te brevitate juvare.
Quæ velit hæc scribat, longoque accepta labore
Colligat, et multis dociles sermonibus aures
Turbet, ubi tamen hanc nunquam satis explicet artem.

Ordinibus cunctis genitivus longus habetur,
Is brevis est ternæ, prolixum pone dativum,
Pone ablativum, sed e tertius excipit ordo.

Plurali rectus, cunque accusante, vocator,
Longus erit, quanquam est neutris brevis omnibus usus
Casibus is longum est, sed bus breve, pone duobus.
Quod semel exposui generali, candide dicto,
Jam satis est lector, neque enim per longa morabor.

A fini longum est, sed casus corripit illud,
Præter ablativum, Graioque ex nomine quintum.
Ultra, ita, vel quia, cum frustra, puta mixta leguntur,
Longa tamen crebro, ginta communiter exit,
Qui finit numerus, breve quadringinta manebit.
Et si quod simile est, toties hæc regula fallit.

E brevis est, Græcis muliebria longa feruntur,
Sic quæ o finito veniunt adverbia casu,
Deducta, ut pulchre, longeque e verba secundæ.
Cum quare produc, fermeque, fereque, fameque;
Et monosyllaba, sed ne brevis, dum connotat, an sit.
Nunc sunt longa, vale, cave, nunc correpta leguntur,
Quintus at in Græco, cum sexto longus habetur.
Dic bene, dic male, et huc generalia congere dicta,
Partim ita longa vides adverbia raptaque partim.

J produc, pari corripitur, similesque cadentes,
Phillidi non secus est tibi, cum mihi, ubique, sibique,
Et nisi, deinde quasi, vel ibi, communia sunto.

O varia est cunctis, sed eunt monosyllaba longi,
Ponis in hanc etiam, ceu vero, adverbia normam,
Mutuo, crebro, cito, sero, sedulo in ancipiti usu.
Illico contrahitur, semper modo corripietur.
U longum est, nihil hinc demis, sic collige cornu.
In bd et mt breves cunctos posuisse videmus.

Sæpe tamen miror t produxisse poetas.
Naso refert, cum voce abiit, ego. Junius inquit,
Magnus civis obit, et formidatus Othoni.
Sive licet doctis, sive hoc ita syncopa poscit.

C quibus est, produc: nec erit breve, lac breve, donec
Hic varium est casu, sed fac, qui corripis, audes
Nescio quid dubium, legitur tamen haud semel illud.

L breviter pones, nil, sol, si exceperis inde.

Omnia in n tendis: sume hoc ex ordine forsan,
Et tamen, exin, et in, viden, an, crescensque secundo
In casu nomen, sic pecten pectinis auget
Cum syren, capis hinc hymen, productus in in stat
Rectus, in in quartus brevis est, ita tygrin habebis.

R correpta venit, crater, ætherque, character,
Cur et iber, panterque, stater, producitur et fur,
Aer, nar, ver, parque, et ab hoc fit mobile si quod,
Adde illis lar, farque simul, cor (ut ingeris) aptum est
Versibus an tamen huc (dubium est) dolor et simile addas.

Omnibus as longum est, secus est, ubi lampadas inquis,
Pallas et arcas, et in Grais, quæ talia multis.

Es longum vates posuere, ubi patrius auget.
Se breviter casus, miles velut est, breviatur.
Inquies, es verbum, penes et pluralia Græca,
Ast aries, paries, abies lege, longa Ceresque.
Resque, fides, et spes, cum pes, bipes inde tamen sit.

Is brevia, trahimus, sicubi genitivus abundat
Cum longa, ut samnis samnitis, iunge secundam
Personam verbi, cui declinatio quarta est.
Cum sis, cunque velis, vis et monosyllaba cuncta.
Præter is, et quis, mis, bis, tis, quæ contrahis usu.

Protrahit os finem, sed cui genitivus os ossis
Additur, excipimus, sed Græcus in os brevis extat
Patrius, et neutri rectus, muliebreque nomen.

Corripiemus in us, quæ sunt monosyllaba præter,
Et quibus extensum est casus finale secundi.

Siç lego virtutis, telluris, sive paludis.
Certe ego, quod veniat palus in mea carmina, nolim.
Flaccus ut est usus vatos, nam quæ unus et alter
Autor habet, quis in hunc nisi crassa forte Minerva,
Ingeniique inopis, sive testibus, incidat usum?

Hæc ut in admissam concedat syllaba vocem,
Tradidimus breviter, quod si tibi noster in istis
Angustus nimis est labor, atque hac deficis arte,
Ulteriora potes studioso acquirere nisu.

Syllaba facta pedes facit, et pede carmina constant,
Longa secuta brevem, spartanum gignit Jambum.
Huic contra, ex longa ponere brevique Trocheæ.
Pirrhe celer brevibus, longis Spondee duabus
Ite pedes, longam correptis Dactyle binis
Antefer, at contra volat Antidactylus illi.
Tot volucer brevibus Tribarchus, longisque molossus
Nacta utrinque duas brevis est ubi syllaba longas,
Creticus efficitur. Scolius contrarius illi.
Ante brevis longas Bacchius, contrait autem
(Ut versura docet) Palymbacchius eidem.

Sunt, quibus accedit (potes hoc inquirere lector)
Syllaba quarta pedes immensum est omnia dici.

Miscueris tenuem, si quando ad carmen Homeri,
Penthametrum, numeris dabit his elegia nomen.

Exiguos elegos pedibus constare duobus,
Maxima pars vatum sentit, da Dactylon illis,
Spondeumque gravem, nihil hoc in carmine juris
Alter habet, cunctis est ultima versibus anceps.
Ponis in Heroo semper promiscue utrunque.
Jus tamen in quinta est (nam sex regionibus illud
Dividimus carmen) soli tibi Dactyle perstat,
Spondeus sextum sibi pes vice quærit eadem.

Sæpe tamen quintam in versu pes occupat idem.
Chara Deum soboles, magnum Jovis incrementum,
Alter in alterius, quoniam resolubilis extat,
Tempora. Sunt etiam, quibus ultima syllaba abundat,
Principio alterius connectit hypermeter illam.
Omne adeo genus in terris hominumque, ferarumque,
Et genus æquoreum, sed quod legis ariete crebro,
Hoc Proclevmaticum pedibus docet addier istis.

Disce, quod angustis hærere in legibus amplos
Non deceat vates, magna est in carmine virtus,
Sæpe novi quicquam venia committere honesta,
Quod varium mentes lectorum ducat, et aures.
Fluviorum rex Eridanus, Maro dicere posset.

Penthametrum in partes doceo disponere binas,
Prima duos miscere pedes solet, huncque vel illum
Continet, ut libitum est, dehinc ultima syllaba restat,
Dactylus inde duplex, parti solet esse secundæ,
Syllabaque ad finem, quæ sic collata priori,
Jure pedis quinti numerum hoc in carmine complet.

Tu quoque, qui versus in partes digeris ipsos,
Disce modum, neu te mandatis subtrahe nostris.

Contigerit vocis si quando in fine prioris
Vocalem poni, sicque inceptare sequentem,
Prima cadit, fiet Synalephe, sic cadit ante
(Fiat ut Eclipsis) m litera, monstrat utrunque
Littora multum ille et terris jactatus ab alto.

Hanc tamen adversus potuit Maro dicere legem,
Insulæ Jonio, sic deinde sub Ilio alto.
Sæpe etiam ut longæ maneant, mirabimur illas.
Hæc Helenum cecinisse penatigero Aneæ
Naso tulit vates, sic Jonio immenso,
In Satyra scriptum est, tum propter plurima, tum his.
Perstat item si qua est vocalis dictio facta.

O utinam tunc, cum Lacedæmona classe petebat.
Antiquum est etiam decidere falcibus ramos.
Sæpe brevis totas præscindit Syncopa partes,
Ut quoties raro duxti suspiria motu.
Demit et Apocope finem (sic pone negoci)
Quem Paragoge auget, sic quisquam fungier inquit.
Jus habet in binas differre Diæresis unam.
Ut solet, in cumulum junxisse Synæresis ambas.
Sic nos aulai, sic persolvenda notamus.
Ferreique Eumenidum thalami, furtumque Promethei,
Plurima præterea Dii, cui, deinceps velut addis
Semianimis, dehinc, deinde, vel huic ji pende leguntur.

Dicendum et, qui sunt ornando in carmine flores
Hic operæ est pretium, vigiles huc vertite mentes
Osthenii juvenes, nec vos labor abstrahat ullus.

Continuo studio curisque calentibus, acri
Optima quæque animo, legere aut audire, gravesque
Edidicisse libros, crebraque indagine doctos
Eligere autores, scribentem carmen oportet.
Quicquid habent alii passim, Maro novit, et artes
Calluit omnigenas, doctrinaque acre juvabat
Ingenium, hinc illi tanta est in carmine virtus,
Tantus honor, hinc est, quod vates altior omnes
Hic superat Latios, nomenque ad sidera tollit.

Nec, quoniam munus vobis natura benignum
Contulit ingenii, nimium confidite vobis,
Excolite has vires, animumque intendite rebus.
Quis molem hanc moveat, quis euntibus imperet astris,
Quid fatum, quid sit casus, quo turbine præceps
Mundus eat, quæ sit rebus natura creatis,
Discite per causas, hominumque inquirite mores.

Nam conforme suis multum scripsisse probatus
Temporibus carmen, vivosque effingere gestes.
Dum legitis, multum potius, quam multa legetis,

Nec vos dicendi lateant genera, utque peritus,
Orator causas tractat, sic scribere vates,
Sic solet eloquio mentes mulcere, sed illi
Liberior vocum est usus, vos cogite voces
Inter se similes, nam res etiam ista juvabit.
Profuit et genus in speciem, aut contra variari,
Et saltem affini confundere nomina sensu,
Raro aliquod ponas nomen, nisi forsitan illi
Adjectum tribuas proprium, sit lucidus omni
Duritie procul hinc sermo, sint omnia plana,
Sint facili producta stylo, venaque fluenti.
Non tamen, ut sensu careant, frustraque legantur,
Sed moveant animos, aliquemque ferantur ad usum.

Est etiam ut studeas pictas miscere fabellas,
Historiaque simul, si quid locus exigit illud.

Sæpe, ubi quid repetis in carmine, pulchrius exit,
Ter sunt conati imponere Pelio Ossam,
Ter pater extructos disiecit fulmine montes.
Militat omnis amans, et habet sua castra Cupido,
Attice crede mihi, militat omnis amans.
Multa super Priamo, rogitans super Hectore multa.
Illum et labentem Teucri, et risere natantem.
Meme adsum, qui feci, in me convertite ferrum,
Pauper amet caute, timeat maledicere pauper.
Quodque Maro dixit: Sequitur pulcherrimus Astur,
Astur equo fidens. Et in adjectiva resurgens
Marsa manus, peligna cohors, festina virum vis.
Et si quid simile his, velut est Athamasque Thoasque.

Usque adeo sensis similem docet esse loquelam,
Ut si quid durum est, duro procedat hiatu,
Concitet et gestum sermo, quid pulchrius illo?
Monstrum horrendum, informe, ingens, cui lumen ademptum.
Pulchrum est: rura petunt, hic Thuscum, atque ille Sabinum.

Transit et in carmen celebri translatio cultu.
Belle equidem dictum: classique immittit habenas.
Navigio sulcat mare, ferrum armatque veneno.

Stat pro contento retinens, ut vina coronat,
Per Venerem luxus, per Bacchum intellige vinum
Per Cererem fruges, inventoremque suarum,
Finge ipsas rerum, non ista licentiâ tantum
Quinetiam decor est. Ornata Periphrasis omni
Laude nitet tibi, mille locis exempla petantur,
Non etiam incultum est, rapiunt incensa, feruntque
Pergama vos celsis. Ita sermo patheticus ornat,
Transponunt etiam, quas jungere lege deceret,
Italiam contra dixit Maro, dixit et idem:
Transtra per et remos, septem subjecta Trioni.
Synthesis his propior: Juvenes fortissima frustra
Pectora. Et in medio conclusa Parenthesis ornat
Allegoria simul: pueri sat prata biberunt.
Dissimulansque in se quicquam Ironia relatum.
Quisquis ab his cultum quæris, versusque colorem
Non excede modum nimia est vitiosa venustas.
Quodque satis pulchrum est, crebro vilescit ab usu.
Cætera, quæ poterant istis supperaddier, olim
Vestrum aliquis per se quæret, mea commoda saltem
Sit brevitas quicquam, vobis ne spernar ubique.

Sinceriter citra pompam.

Zelo virtutis.

IV.

Croti Rubiani

ad

Ulrichum Huttenum

Epistola.

Einleitung.

Diesen Brief des Krotus Rubianus haben wir gleich unserm Vorgänger Wagenseil der Sammlung der Hutten'schen Werke einzuverleiben für nothwendig befunden, weil er zur Verständigung von Huttens frühsten Schicksalen sowohl, als in mancher andern Beziehung von äufserster Wichtigkeit ist, und den Uebergang zu den folgenden Schriften bildet. Er befindet sich in den „*Monumentis pietat. et litterar. virorum in republica, et litter. illustr.* (von Mieg) *Francof. ad Mœnum. M. D. C. C. I. P. II.*; als der erste aber in der Wagenseilischen Sammlung der Briefe Huttens. Mohnike in seinen Anmerkungen zur mehrerwähnten Jugendgeschichte hingegen ärgert sich nicht wenig über die vielen Fehler, mit welchen er abgedruckt worden. Wir werden seine Bemerkungen, die uns gröfstentheils nicht ungegründet scheinen, an den gehörigen Stellen bemerken.

Crotus Rubianus ad Ulrichum Huttenum.

S. P. D. Plura quaeris in Epistola, respondebo per ordinem. Primo scire vis, quo in te animo sim, qualis sim amicitiae cultor, clarior esse tibi debet amor meus, quam vel de me dubites. Crescit cum aetate mecum fides, constantia, integritas, observantia erga bonos, adversus malos contemptus. Amavi te antea.

Jam vero auxi amicitiam charitate, veneratione, religioneque sincerae mentis et *Huttenum* meum sane habeo inter fidos amicos loco primo, aut certe proximo. Concessit hoc mihi natura parens, ut favoris et benevolentiae principes in me dotes esse cognoscam, quas in hunc usque diem tali integritate expressi, ut neminem poenituerit usum se fuisse mea familiaritate. Amicos non habuisse semper inhonestum putavi. Cessisse vero benevolentia et charitate, et turpe et indecorum duxi. Deinde quamvis me natura facilem clementemque effinxerit; voluit tamen in amicitia paranda parcus existere. In parata vero et promptus et constans: inde est (nam per hoc ad alteram partem epistolae tuae venio) ut postquam in hanc solitudinem secesserim ad veteres Phagos, Gelidosque monteis, nihil omiserim, quod ad rem tuam pertinere arbitrarer. Volui, vox mea tibi deserviret, et amicitia nostra tibi esset propugnaculo. Saepe cum patre, saepe cum nigricantibus consodalibus honorifice de te sum locutus. Frequenter addidi stimulum, frequenter preces. Incidit aliquando sermo, ut vestem velle mutasse, credidisses, aut incussisse minas male audientibus. *) Scripsi eadem ad te binis verbosissimis literis, imo Commentariis. Unas commisi patri anno superiore, cum nesciremus plane quibus oris terrarum jactarere. Nisi quod quodam rumore monebamur te vivere in urbe Brunonis spoliatum. Alteras tradidi nuper mense Decembri Joanni Aquilio: ita voce profugum adolescentem e familia *Weigerorum*. Scivi eodem tempore, sub quo cœlo versarere: Doctus primo a Madora adolescente cum bello, tum bene instituto. Deinde lectione tui Lossii dono mihi missi a *Mutiano* illo Polyhistore. In eo Commentario diligenter perscripsi, quæ hoc anno de re tua didici. Sed quia neutras recepisti, vellem occidione occidisse. Non enim omnes scire debent, quæ tibi amico communico. Aquilius apud Francorum vadum sedet, discessit eo consilio, ut te bonas artes audiret præcipientem. Spes vagum fefellit. Nuncio fortuito repete ab errabundo literas errabundas. Ego interim cantabo tibi eandem cantilenam, sed summa sequar. Pater tuus Ulisseo ingenio præditus callidior est, quam ut plene intelligatur. Quoties mecum locutus est, (frequenter autem locutus est,) semper ridicule de te interrogavit, damnavit et te studiumque tuum voce adeo contemptibili, ut vix habereris unius assis, mira audires, si liceret extra epistolam exspatiari. Ille quemque vincit **) sordidata Tua existimatione. Nihilominus tamen laude tua mirum in modum pascitur, quam nunquam satis audit. Cætera occulit vir prudens: nimum titillantem ex tuis præconiis non occulit, manifestat illud.

*) So haben die *Monum. piet. et liter.* und Wagenseil diesen Satz. Mohnike verbessert die Stelle also: *Incidit aliquando sermo, te incussisse minas male audientibus, ut vestem velle mutasse creditus esses.* Vergl. Jugendgesch. Hutt. p. 63. Wagenseil pag. 53.

**) Mohnike ist dem *vincit* von Wagenseil beigetreten; die *Monumenta* haben *vicit*. Mir scheint es gleichviel.

crebra de te repetitio. Porro cæteris canentibus receptui novum ipse exorditur postliminio, quæ res mihi certo indicio *) fuit, aliter de te dicere, aliter sentire: propterea omnia de te pleno ore commemoro, ridet ille, vix pendit; hem habeo te callide! Scio, quid sentis.

Satis facis tuo circumspecto sermone detonsis patribus, Jureiurando affirmas gnatum tuum per te reversurum in cucullum, non audiente, renuncias paternum animum, sic sedantur calvi. Tu interim remotiora, hoc est nova moliris et gnatum vis extollere. Hæc vera sunt, *Ulrice Huttene.* Vult carere genitor tuus omni suspicione, quod me hercle facit, ita exuit omnem sui suspicionem, ut Monachi credant nihil ipsum æque exspectare, ac tuum reditum, non omnino falluntur, quia hoc molitur, mens tamen, ut audisti, subest alia; si propositum consilium male successerit. Anno superiori ad poculum serotinum mihi et duobus reliquis assessoribus, nam cæteri abierant, se totum sine nube aperuit. Tria verba dixit tibi memoranda, Diis in fidem vocatis juravit, sese centum filios nomismatum velle mercari prius, quam mœnia Vuldana **) exiret equo, ne tot annos hoc in monasterio hic contrivisses. ***) Deinde cœpit de Religione: sibi videri ait verisimile, ne unquam bonus cænobita evaderes. Tertio memoravit aliquem esse in Italia, Vestræ familiæ causis forensibus mirabiliter nobilitatum, si redires applicaresque te Jurisprudentiæ, omissis tuis nugis, memorato causidico se velle te mittere. Melius in foro fieres Rabula forensis profuturus genti

---

*) Wagenseil und die *Monum. pietat.* haben *judicio*, was ein blofser Druckfehler ist.

**) *Vuldana* stat *Fuldana.*

***) Wagenseil und Meiners halten diesen Satz für verdorben. Mir scheint es keineswegs, und aufser auf die von Mohnike und Rühs gegebene Weise läfst sich diese Stelle noch anders recht gut übersetzen.

Huttenorum *) quam Monachus perversus male auditurus patribus præsidibus. Hæc tunc: quod jam vero aliter scribat, mandet, clamet, vociferetur, non mirum, causam recensui. Ergo illis duabus meis epistolis deperditis diligenter tibi suadebam reditum. Non ad consortium Gallorum **). Nam quicquid ejusmodi est nihil dico, sed quod introspiceres consilium paternum secretius. Monui eisdem ***), si tibi suspecta foret pax patris, consederes apud fidos amicos et propinquos. Unde hortareris hominem, te adesse, quicquid vellet, mandaret. Deinde displicente tibi conditione, posse tibi patere totum mundum. Nunc idem videtur optimum factum, ad quod te hortor, moneo, invito. Crede mihi tuis rebus sollicito non te capiet pœnitudo. Sin autem imprudens nostrum consilium videtur, fac quod libet. Scribito quod *Pomponium Lætum* †) ad patriam revocatum a Roma rescripsisse solitum accepimus, siquidem non probans suorum voluntatem, sic respondit: Pomp. Læt. propinquis et amicis salutem, quod petitis fieri non potest, Valete. Vox, me hercle a magno animo profecta, tibi juveni similis studii non spernenda. De Monachis autem quod memorem supervacaneum puto, præsertim quando habeas binas literas, me interprete exaratas. Unam illud teneto. Omnes te amant, omnes tibi plurimum tribuunt, omnes in te magnam spem ponunt, præcipue Archimandritæ quorum clementiam tibi pro numine colendam contendit pater, quoties nares subducit, et cutem non relinquit suo loco. Quod vero nihil æris tradiderint *Zonario* ††), quem quidam †††) non

---

*) W. hat *Huttorum.*

**) M. *illorum* statt *Gallorum (?)* Vielleicht aber soll es ein Witz seyn: und etwa: *Schnapphähne* bedeuten.

***) Wag.: *eodem.*

†) Ueber *Pomp. Læt.* siehe die Beilage am Ende!

††) *Zonario.* Vergl. Burkhard. P. III. p. 43.

†††) W. und die M. p. *quidem.*

satis perite Cinxium nominavit, debes tu suspicari. Verentur *) circumspecti Patres ne illudantur; ajunt **) ubi fidem servaveris, optime de tuo studio literarum velle consulere. Profitebar me de Monachis decrevisse supersedere, non parui. Propositum vicit verbositas mihi tecum perculiariter communis. Ergo igitur cesso, causamque totam *Zonarii* interpretationi relinquo. Paro statim transitum ad aliam quæstionem: Est mihi ut volo: quæris tu his verbis, conveniens est eisdem. Respondeam, quo satisfiat verbo *Catonis* par pari refero: vel tu quoque, fac simile. Sed transeat jocus, palam loquar. Est mihi ut volo. Nam volo illud, quod fortuna, sive aliquod fatum est, offert. Secunda et adversa discrimino: illa a Diis peto. Ista quantum possum, providentia vito, quicquid vero parum feliciter evenit, quia facta infecta fieri nequeunt, juxta prospera pono, et fortunæ ostendo medium digitum, ut nuper in gravi casu, quo vita et fatalis hora juxta erant. Audi a Zonario fortunas hominum. Cæterum si de tota serie mei status fieri vis certior, pande aures ac summa duntaxat intromitte. Nolui malam messem facere, et beneficio mereri ingratitudinem ***), quamobrem discessi ab illustribus discipulis impetrata dimissione ****), nolente volente patre redii †) ad Erphurdium in consortium hominum similitudine studiorum parium. Quod genus vivendi ego arctissima ††) societate jucundissimum pro cujusque ætate duco. Et Marcus putat. Vidimus inibi omnia discordiarum plena. Discedente plebe a patribus quotidieque nova moliente. Non tutum videbatur versari

*) M. p. und W. *verendum.*

**) M. p. und W. *amet.*

***) M. p. und W. *gratitudinem.*

****) M. p. *Immissione.*

†) M. p. und W. *Fredii.*

††) *arctissimum.* W. und M. p.

inter enses, atque pro calamo ferrum tractare. Proinde semestri spatio cœpi *) cogitare, quo consilio subriperem me ex turbulentissima Charibde, præsertim jam se inclinante collegio hominum literatorum. Ita mecum cogitanti redduntur literæ a Vuldanis **). Advolo media hyeme, advenienti proponuntur conditiones multæ, displicuerunt omnes; ergo rediissem in Duringiam ***), nisi *Eromius Appollo*, *Petrus Schambergius*, cæteri invitum precibus detinuissent, tantopere displicuit ludus scholasticus, quem nolebant separare a prælectione Monachorum, prout ipse enixe cupiebam. Victus itaque orando mansi præses gemini ludi, pro mercede a Kirchbergio, quem totum habeo aureorum, vestitus aulici, a Juribus flo. XIIII. cum reliquis corollariis, non numeratis quisquiliis superstitibus a grege scholastico. Vale, et quæ ab amico sincero alias castigatius scribuntur, sine arbitris lege, scis quem morem in scribendo tecum habeam, apud alios utor aliqua diligentia, tecum duntaxat verbis. Vale.

III. Nonis Februarii. An. M. D. XI.

---

*) M. p. und W. *cepi.*

**) s. die vorige Anmerkung.

***) statt *Thuringiam.*

V.

Ulrichi ab Hutten

Equit. Germani

ad

invictissimum principem Maximilianum, ut bellum in Venetos cœptum prosequatur,

Exhortatorium.

Einleitung.

Dieses Gedicht, welches Hutten auf seiner gefahrvollen Reise durch Böhmen, Mähren u. s. w. zum Preise des grofsen Kaisers Max verfertigt, und auf fliegende Blätter niedergeschrieben hatte, wurde dem gastfreundlichen Vadian, und dessen Freunden, nach der Ankunft des Ritters in Wien von dem Verfasser einst vorgelesen, und Vadian gerieth darüber mit allen Freunden der klassischen Literatur in solches Entzücken, dafs er in vielen seiner Briefe Teutschland zu seinem ritterlichen Sänger Glück wünschte, und Grofses von diesem, schon in den Jünglingsjahren so herrlich sich entwickelnden Genie versprach. Ja er gieng weiter, und liefs das Lied mit mehrern andern kleinen Gedichten, meistens Epigrammen Huttens im Januar 1512 ohne Wissen des Verfassers zu Wien in 4. drucken, und sandte ein Exemplar mit einer Zueignungsepistel an seinen Freund Georg Tannstetter, genannt *Collimitius*. Hutten arbeitete es mit den Epigrammen, wie wir hören werden, einige Jahre fpäter, um. Diese Vadianische Ausgabe enthält aufser Gedicht und Brief an Tannstetter, noch „sieben Disticha Joh. Abhausers"; „eine Elegie Vadians an die Teutschen" (s. Haupt-Einleitung); ferner das „*Heroicum, quod Germania &c. nondum degeneraverit;*" „*Hutteni, Viennam ingredientis Carmen;*" endlich zum Schlufs: *Magni de Eck Carni Decasticon ad Imp. contra Venetos* und die Unterschrift: *Viennæ Pannoniæ apud Hieronymum Sietorem et Joann. Singrenium. Mense Januar. Anno M. D. XII. 4.* Vergl. Panzer 12—13. Befindet sich zu Zürich auf der Stadtbibliothek. Den Titel zieren des Kaisers Wappen, und folgende Disticha:

Cæsaris alta viget (Superi, servate!) potestas,
Victrices Aquilas Max'milianus habet.
Cæsar obest Venetum populo sua crimina sero
Noscenti, et veniam justior ira negat.
Quidni fortunæ nimium, ventisque secundis
Confisos virtus Max'miliana domet?

Das *Decasticon M. de Eck* lautet also:

Cæsar ave, cui tanta Deo est demissa potestas,
Cujus et arbitrio Jupiter ipse favet.
Nulla tibi gens est tota cervice rebellis,
Quæque adeo Imperii robora celsa levet,
Quam Venetum, quorum præcordia vexat Erynnis,
Atque utinam tandem se in tua jura serant.
Participesque altæ pacis, te principe fiant,
Auguror, hi victi, tu modo victor eris.
Jura tamen proni, germanaque sceptra sequentur,
Dat veniam victoris Cæsaris ira semel.

Wir glaubten, den von allen Biographen Huttens angeführten, und theilweis excerpirten

Brief Vadians an Tannstetter hier als am eigentlichen Platze vor dem *Carmen exhortatorium* abdrucken lassen zu dürfen, da er, Meiners Bezweiflung ohngeachtet, sicher die Stelle einer freundschaftlichen Zueignung vertrat. Mohnike hat ihn seinen Beilagen zur Jugendgeschichte gleich nach dem Briefe des Krotus an Hutten beigerückt. Die Veranlassung zu diesem Gedichte, so wie zu den Epigrammen an Kaiser Max, und den übrigen Gedichten, in welchen Hutten seinen patriotischen Haſs gegen die Venetianer und Franzosen mit seinem Landesherrn theilt, und unermüdlich losläſst, wird in der Lebensgeschichte Huttens, wo die politischen Verhältnisse Teutschlands von Zeit zu Zeit, als Huttens schriftstellerische Bahn bestimmend, und auf sein Leben einwirkend, geschildert werden sollen, näher berührt werden.

Eine neue Ausgabe des „*Carmen Exhortator.*“ erschien zu Augsburg in 4to 1519 apud Joan. Miller., in den *Operib. Poëtic. Lugd. 1538*, und in den *Deliciis Poëtar. Germanor. P. III.* Wahrscheinlich befand es sich auch in einer zu Deventer im Jahr 1513, vor der verbesserten Ausgabe der Epigramme u. s. w. herausgekommenen Sammlung kleiner poetischer Schriften, die Meiners anführt, welche aber schwerlich mehr dürfte aufgefunden werden.

Joachimi Vadiani
ad
Georgium Collimitium
Epistola.

Joachimus Vadianus, Helvetius Poëta et Orator Laureatus Georgio Collimitio Mathematico et Medico S. D.

Venit superioribus mensibus ad me Mariumque et Aperbacchum illum eruditum, dum ageremus contubernio, Ulrichus Huttenus, Poëta, tam, ut ipse quidem videre videor, ingenii fecunditate nobilis, quam majorum claritudine, ac insigni prosapia famigeratus, qui ea fere ratione, et accessit nos, et acceptus a nobis est, qua constantiæ ac fortitudinis exemplar, Ulysses ille, quum terris jactatus et alto, vi superum, post ingentem illam Alcinoi, Phæacum Regis, humanitatem, patriam peteret *); ad nos venit, quibuscum pristinæ quietis voluptas sibi accessit. Quum enim vel prima nocte, qua lares nostros ingressus est, petentibus nobis, ordine narrasset, quam peregrinatio sua experiendi gratia instituta, ærumnis referta fuerit, quamque in Germanico etiam Oceano, quem **) attigit, Scyllæam rabiem expertus, ad proxima littora in Cyclopum ***) manus inciderit; quos primum (mirum) amicos habuisse ajebat, deinde vero, urgente fato, quum iter alio instituisset, furore correptos, præter vitam omnia eripuisse sibi, quam et ipsam petitam esse, cicatrices, quas nobis,

---

*) *petens*, Burkh.

**) *quod*, B.

***) nemlich der *Lossier*.

dum iretur cubitum, ostendit, satis attestantur. Deinde quemadmodum circa ea loca a Calypso quodam exceptus, fotus, et curatus summa cum diligentia fuerit. Rursum vero, Mercurio suo ita instigante, per saltuosa Boemiæ, pannosus et naufragio squalens, in Moraviam illam, fertilitate Corcyræ fere parem, ut casu venerit; ibique ad Stanislaum Tursonem, Episcopum Olomucensem, studiosorum et Musas colentium Alcinoum liberalissimum, deductus fuerit; non quidem a Nausicaa, quæ illic nulla erat, sed ab Echeneo heroe, hoc est, Augustino Moravo, qui summa eruditione et prudentia vir; Hutteno adpulso, ut animum novit, ex officio est patrocinatus, quemadmodum Echeneus apud Homerum, in Odyssea Ulyssem peregrinum, in Alcinoi auro gemmisque lucescentem aulam, induxit, minimeque passus, ad focum eum in cinere ultimum sedere. Cui Episcopo quam grata fuerit Hutteni præsentia, certum faciebant et alacris sonipes, quem illi dono dedit, et largum admodum viaticum, quo ad nos usque pervenit, tum annulus ex auro et insigni gemma, ab Augustino Præposito donatus, quem summa utriusque laude et commendatione crebro digitis gyrabat. Quum, inquam, hæc et alia memoria versaret, manum in sinum inserens, carmen deprompsit, solutis inscriptum schedulis: censete *), inquiens, viri boni, quo loco habenda sit ea opera, quam diebus proximis ob itineris ærumnas constans, in invictissimi Cæsaris nostri memoriam, ex rebus a se institutis insumpsi. Quod quum vellicatim carperemus, erant enim, ut Sibyllina olim, folia dispersa placuit omnibus inventum, dataque est **) illico opera ejus exscribendi, et libelli formula compingendi. Quem nuper, dum in patriam abiit Marius, rursus visum de-

*) *Et censete.* · *Burkh.*

**) *Et* B. und bald nachher *abit* für *abiit.*

prohendi, visusque est relegenti mihi luce et multorum lectione dignus. Et subinde apud Hieronymum nostrum ac Syngremium, Chalcographos, ejus invulgandi opera suscepta, qui typis suis exactissimis rei litterariæ his annis nonnihil visi sunt profuisse; et hunc, credo, libellum emunctissimum edent, tuo vero nomine insignitum, Georgi Viceecancellarie, quod et Huttenum nostrum, dum aderat, multa humanitate, et singulari benevolentia, ut decebat, prosequebaris, et Imperatoris Maximiliani victrices aquilas, animumque invictum et in eruditos omnes incredibilem benignitatem, decantari, et, ut merito fit, commendari, gratissimum tibi semper fuit *), quemadmodum est et mihi, et ceteris bonis, qui justam causam externo favori anteponunt. Vale, et tecum cogita, quid Germanis de Hutteno sperare liceat, qui hæc et alia, nondum vicesimum **) egressus annum meditetur. Viennæ Pannoniæ, pridie Idus ***) Januarias. Anno MDXII.

---

*) *Fuerit.* B.

**) *Quartum* ist ausgelassen, oder *Vadian* irrte sich auch. M. v. *Burckh.* a. a. O.

***) In der Ausg. von 1519 steht, blos anders ausgedrückt, II Idus Januarias.

Ulrichi ab Hutten
Equitis Germani
ad invictissimum principem Maximilianum,
Romanorum Imperatorem,
ut bellum, in Venetos coeptum, prosequatur.
Exhortatorium.

Præfatio.

In loco audacem esse apud te, si peccatum est Cæsar, peccavi ego, qui hoc ad te exhortatorium concinnavi imprudens. At quid istius temporis aliud facerem? Tantisper libitum insanire est, dum per ætatem possim opera tibi aliqua mea prodesse. Quod si nunc æquanimiter feres, quam mihi bone Jupiter augebis ad scribendum industriam? Plane in te est aliquod confidentiæ hujus stabulum. Ita iam pridem habuisti multos alios. Es potes ita nosse te ipsum, ut rectius putes a nobis te vero laudari, quam falso a Venetis vituperari. Quibus enim non impetiverunt te contumeliis? Quam non ignominiam tibi obvertere conati sunt, impuri homines, semper in regum ac principum existimationem coaxantes Ranæ? Nec suo id incommodo. Jam experimento cognitum est enim, quæ sit hominum de Venetis opinio, quam sua ista sibi petulantia pepererunt, immensum videlicet nominis huius odium, quod per omnem passim Europam disseminatum, iam olim, nunc tandem, aperiente te fenestram, ac omnem confestim cunctationem abrumpente. Unam hanc pestem te indignam fortuna alit, qua isti confisi insolentes homines, nulli pepercerunt flagitio, et a nullo temperarunt dedecore. Qua in re, ut de aliis taceam, quid non moliti sunt, quo teobliqumu adversus contumeliosam hanc suam potentiam everterent, quas non fallacias intenderant? quibus non technis circumvenerunt? quas non fraudes commenti sunt? Nuper illi feroces quidem, sed victi abs te armis, nunc pacem quod unum est illis suæ perfidiæ asylum, apud te inire student, scilicet quo inopinantem post expeditius opprimant, hoc iam tum commenti sunt nefas, hoc invenerunt consilium. Quos, si quando non dico omnes, aliquas saltem dico tuas vires effundere voles, ita contundes, ita proteres, ut ipsa si cupiat salus, servare a te incolumes non possit. Quid igitur tanti est, cur nolis in cervicibus Venetorum collocare nos? Sed audi, quid ego in versibus, declamatorem agens, luserim.

Ad Lectorem.

Hoc animi invenilis opus, meliora sequentur,
Tu modo temporibus suffice Parca minax.
Jam rudis hoc ævi est, crescet crescentibus annis
Vis illa, assiduis usibus alta petens.
Primitias teneri jam nunc lecturæ poëtæ
Olim, ita sperandum est, uberiora leges.
Quæ te nunc diffusa umbris defendit ab æstu,
Quo crevit platanus tempore, virga fuit.
Nil magnum est subito, cujus nunc ista leguntur,
Quale tibi scribet vir modo factus opus?

Sinceriter, citra pompam.

Si tua quam nota est Venetis clementia Cæsar,
Tam perspecta prius cognitaque ira foret,
Non tandem hic saperent, genua ad tua voce coacti
Supplice, tu cassas respueresque preces.
Quam facile adversos sequitur prudentia casus,
Omnis consilium præbet amara dies.
Triste prius quæ bella decem tulit Ilion annis,
Dum gaudet, modico tempore ferre nequit.
Omnia cum Venetis pro voto ac nutibus essent,
Quæ fortuna fuit, non potuere pati.
Nunc postquam clades fortuna invexit acerbas,
Rem desperatum transtulit inque statum.
Deserti atque inopes extrema per omnia currunt,
Quæque iterum faciant irrita, pacta rogant.
Quis Veneti furor est, ut pacem oretis ab illo,
Cui paulo ante omnes opposuistis opes?
Quem, cum pace frui possetis, in arma vocastis,
An non hoc verum est: si potes, arma cape?

Jussistis ferre arma, tulit, commercia pacis
Atque omnis veniæ sustulit illa dies.
Desinite ulterius sperare, et credere famæ,
Quæ nos clementes, quæ facilesque vocat.
Tunc manibus decuit veniam implorare supinis,
Cum stetit intacto Cæsare vestra acies.
Grassati ferro, igne, ruistis in omne periclum,
Tentastis pugnam, pugna sinistra fuit.
Nunc victi, quoniam possunt nihil arma, paratis
Qua facile est vobis vincere, pacis opem.
Cernimus insidias moniti, ne tendite frustra
Retia, jam nostro cognita sæpe malo.
Fallite inexpertos, vetus est hæc captio vestrum
Qui potis est, nec vult vincere, fædus init.
Detur ab insidiis tamen hoc procul esse, dolisque,
Et servare datam vos didicisse fidem.
Culpa tamen major, quam cui quis parcere possit,
Vestra est, et seram vertitur in veniam.
Non est consilium, quod quis re jam male gesta
Reperit, in facto qui sapit, ille sapit.
Poscitis amotis in pace quiescere castris,
Vosque prius moniti non voluistis idem.
Desinite inniti veniæ. Tu maxime Cæsar
Tam cupide Venetis arma rogata cape.
Quod petiere ferant, quoniamque occasio præsens
Versatur, magnæ premia laudis adi.
Quod nisi contineat tua te clementia retro,
Ullaque susceptum causa moretur opus.
Actum est de Venetis, te Maximiliane sequetur
Splendidior priscis gloria Cæsaribus.
At tibi si nondum causæ satis esse videtur,
In bellum tantæ laudis amore trahi.
Si cur arma geras, nulla est tibi gloria tanti,
Ut tueare tamen libera jura, tuum est.
Vis Italas urbes, magnæ vis mœnia Romæ
Visere, et in veteri quæ tua sunt Latio.
Contra audet Venetus conatu exercitus omni
Tendere, et a cœpta te prohibere via.

Idem multa tibi rapuit, centumque per annos
In spoliis Veneti consenuere tuis.
Qui te sponte sua petiere, ultroque lacessunt,
Qui tibi multa, tuo qui rapuere patri.
Quinque tibi primi bellum indixere volentes,
Quid sinis impunes exeruisse manus?
Posce tuos, coeant populi, ferat arma juventus,
Quæ nunc insolita lenta quiete sedet.
Adde animos causæ, ne te commorit inultum,
Cui nunc majestas sordida facta tua est.
Cui nunc, quod patriis es tarde viribus usus,
Germanum visum est degenerasse decus.
Quid, quod in arma vocant, et te petiere priores?
Ah pudet a Venetis? quemlibet ista pati.
Sed quibus a Venetis? a piscatoribus illis,
Mœnia in Euganeo qui posuere freto.
Nam qui nunc terras lata ditione gubernant,
A quibus hoc ipsum nunc mare nomen habet.
Et qui Germanas ausi contemnere vires,
In te præcipiti turbine Cæsar eunt.
Hos aliquis scabram piscatum ducere cymbam
Vidit, et Adriacum lintre secare vadum.
Ipsum etiam tantæ urbis opus, cultissima rerum
Mœnia, et in medio consita regna mari.
Ductaque marmoreis ingentia tecta columnis,
Tecta, vel auratis splendida culminibus.
Quæque super nihil est humano nobile luxu,
Si quæras, unde est? una rapina fuit.
Prima quidem genti Phrygio de sanguine origo,
Atque Antenoreis prodiit a Venetis.
Sed quam turpe scelus nativis expulit oris,
Ut procul a terris has habitaret aquas.
Cum quibus exulibus nihil acrior addita virtus,
Quodquod in immenso dedecus orbe fuit.
Prima viris tenuem piscatu quærere victum
Ars erat, et magno parva labore sequi.
Crevit opus, crevit: fortuna adigente: potestas,
Et primo lucrum justius illud erat.

Post ubi se manus hæc opibus firmavit ademptis,
Paulatim accessu est facta superba novo.
Huc quibus innocui lucro fuit ara cruoris,
Et quibus ad cædem prompta nocensque manus,
Accedunt, patriaque sua privata juventus,
Aut aliquo saltem nubila facta modo.
Et quibus auxerunt tenueis periuria census,
Et quibus hæc novitas spemque animosque dedit.
Quosque frequens cumulus alieni propulit æris,
Et si quis patrias dilapidasset opes.
Et cupide repetita quibus fuit alea damno,
Consciaque in quodvis mens sibi facta nefas.
Hi juncti Venetis ubi piscatoribus essent,
Erexere novos arma virique duces.
Decretum est propere furtivas ponere sedes,
Et contra ultrices tecta locare manus.
Ergo sibi in medio statuunt nova mœnia ponto,
Mœnia ab incursu salva futura levi.
Tunc occulta prius late grassata, rapina est,
Jamque palam gens est viribus ausa suis.
Qualis ad adspectum primi gregis, omnibus agris
Aut lupus, aut rabidus perfurit ore leo.
Quem vesana fames jeiuni ventris adegit
In patula e tutis ire pericla locis,
Cauta legit primum pavido vestigia gressu,
Vitat et oppositas callidus insidias.
Dehinc ubi tuta fugæ prospexit, apertius audet
Grassari, medium prosilit inque pecus.
Non quisquam auxilio propere subit, impete primo
Pastorem, et timidos terruit ille canes.
Haud secus ausa novi furibunda libido senatus,
Incubuit terris incubuitque mari.
Conventum ad prædam, rapitur terraque marique,
Quicquid in occursum se dederat Venetis.
Primum ibi finitimi subitos sensere latrones,
Paulatim a patria est sumpta rapina procul.
Protulit inscenso classem levis aura Timavo,
Atque aliam inscenso protulit aura Pado.

Hinc sparso Illyricos vastavit milite campos,
Viribus his Italas Adria fregit opes.
Quæ tamen oblata est civili occasio bello,
Quod primum ancipitem perdidit Italiam.
Pars decepta dolis consensit in hospite frustra,
Pars est pro patria nisa suisque mori.
Quos ita diversos Veneti oppressere ruentes,
Quique hostis, temere creditus hospes, erat.
Ad Patavi muros antiquam Antenoris urbem
Fulserunt Marco splendida signa suo.
Capta urbs est gentis caput, extinctumque vetustum
Est Veneti generis nomen ab urbe nova.
Successit Verona potens, quæque oppida circum
Belligeri ripas murum habuere Athesis.
Tunc etiam longo sed forsitan intervallo
Acta est ad dominos ampla Ravenna novos.
Mantua tentata est, subiit Vicentia bello,
Submisit lentum Brixia pulchra caput.
Nulla quidem antiquam cinxerunt castra Cremonam,
Sed misere cives deseruere sui.
His nondum contacta dedit se Crema procellis,
Inde Placentinos hostis obivit agros.
Frustra aries spissos Mutinæ convellere muros
Conatus, frustra Felsineosque fuit.
Imola tunc monita est, allecta Faventia, sensit
Parma dolos, structas fortis ad insidias.
Hæc Calabras urbeis arma, hæc adiere Sycanas,
Corneliumque forum, Flammineamque viam.
Quo Mediolanum, quo tota Insubria bello
Ut poterant, nullas opposuere manus.
Tempore diverso res has gessere, nec uno
Momento tanti vim peperere mali.
Forsitan historiæ quisquam feret ordine scriptor,
Nos ut se memori quæque dedere animo.
Inde Tridentinos perdit Germania montes,
Quique omnes habitant montibus his populos.
Abstulit Illyricos idem impetus, abstulit Istros,
Seque dedit Verso Marte Liburnus ager.

Quanta esset, potuere pati Cretensia classem
    Arma, sed Adriacos non potuere dolos.
Victa dolis Crete, multas secum abstulit urbes,
    Inque illo posita est, insula si qua mari.
Thracia tunc partem, tunc partem Græcia perdit,
    Insidias recte fertque videtque Rhodus.
At tu vicinis frustra monefacte periclis
    Rex Cypri, Veneto credis, habesque fidem,
Infelix gener, et monitus frustrate paternos,
    Ne quicquam temere fraude petitus agas.
Ergo atrum bibis exitium, mixtoque veneno
    Præmia sunt Venetis regia facta Cyprus.
Interea virtute sua miserata ruentem
    Italiam, ultrices Janua cogit opes,
Sævit eques terris, Tyrrhenum possidet æquor
    Miles, et instratas classis obumbrat æquas.
Succumbunt Veneti, mandata stipendia pendunt,
    Sic illos vinci Janua posse docet.
Qualis ubi imbellem leporem, damamve trementem
    Fert lupus, aut pavidam de grege tractat ovem.
Dum sedet, et pedibus prædam complectitur uncis,
    A tergo celeres audiit ire canes.
Ipse fugit, vitæque timet, prædamque relinquit,
    Quam bonus elapso salvat ab hoste Crotus.
Talis in Adriacum spectata est Janua Marcum,
    Conatum a patria ferre palude pedem.
His tibi cum Venetis res est, hæc gentis origo,
    Hæc facta, hi mores, hæc scelera, hique doli.
Sic cœpere prius, dehinc accrevere, superbæ
    Hæc series urbis, conditio, hicque status,
Ut pudeat, quos ora Ligus, quos Janua vincit,
    Hos contra invicti Cæsaris ire manum.
I tamen, et quoniam rerum hæc fortuna tuarum est,
    Fer modicas laudes, exiguumque decus.
Rectius eos peterent tua signa Tyrannos,
    Imperiumque Asiæ, Threiciosque duces.
Rectius Ægyptum superasses, pulchrius iret
    Sub juga Judæus, sub juga nostra Syrus.

Nunc cum te in modicos titulos fortuna releget,
  Laus est a media summa adeunda tibi.
Scilicet, ut parvi inbelles vicisse negoci est.
  Tu modo delectu vique fruare tua,
Hostibus Euganeis ita bellum inferre necesse est,
  Ne pariat magnum parva favilla rogum.
Sæpe hæc Cæsaribus posita stetit obice contra,
  Urbs hæc fortunis obstitit una tuis.
Vendidit hæc Turcis urbes, hæc vendidit arces,
  Hæc Bysantinum prodidit imperium.
Quo minus has Aquilas Asiæ videantque tremantque,
  Quo minus hoc septrum mollis adoret Arabs,
Non tu Turca ferox, nec quisquam ex hostibus auctor,
  Sed Veneti, nunquam qui tenuere fidem,
Quique ubi communi voto respublica Christi
  In bellum vires contulit unanimes,
Pro ritu sacrisque suis, vitaque suorum,
  Finibus imperii, religione patrum,
Aut ipsi pro se cessant, cœptumque morantur,
  Aut perdunt socias proditione animas.
Omnino in Venetas sumenda est ultio fraudes,
  Morbidaque hoc pars a corpore habenda procul.
Ac velut membrum, si quod sacer ignis adurat,
  Si lues cancer immedicanda vetus,
Accurrunt medici ferro, partemque recidunt,
  Ne totum tracta defluat illuvie.
Urbs hosti sperata, tuis contraria votis,
  Si sinis, Illyricum prodet et Italiam.
Donec enim superant, fraus, impostura, doliquc,
  Pactaque juratis insidiosa Deis.
Virus et insidiæ, non te sinet esse quietum.
  Hoc tu de Venetis scisque feresque diu?
Jam quoque conanti Latium tibi et Itala regna
  Visere, se mediis opposuere viis.
Aspicis hæc, poterisque pati, Cæsarque vocari?
  Quin agis, atque orbis te caput esse doces?
At quisquis facit hos contra, Diis non facit æquis,
  Et cum fortunæ numine bella gerit.

Crevit enim, viresque iterum tenet Adria summas
Et se victori surripuit Liguri.
Non ærumnosum piscando quærere victum,
Non ultra laceras anxia habere casas.
Imperiosa mari, fortuna elata secunda,
Et plusquam brevitas temporis ista sinit.
Vince tamen, cœptumque armis, tantoque paratu,
Prosequere hoc bellum viribus use tuis.
Sæpe quod in summum ascendit, multosque per annos,
Crevit, in occasum dispulit una dies.
Quod si Marte tuo respublica concidet illa,
Quæ res nunc tanto cœpta labore tibi est,
Signa sui clare dabit hic fortuna favoris,
Quæ si quid voluit, datque rapitque cito.
Vix tria dum Venetum duravit sæcula regnum,
Et tamen hac visum est amplius urbe nihil.
Atque adeo armarit sua ut hanc petulantia contra
Germanas vires Cæsareumque decus.
Vince, inquam, Cæsar, nec te fortuna moretur,
Terreat aut, solos visa sequi Venetos,
Quæ fuit his propior, primis favitque sub annis,
Hæc eadem verso cardine tristis erit,
Quid metuis, ne qualis erat, sors præstet in illis,
An nescis varias rebus inesse vices?
Si quicquam istarum potuit se extollere rerum,
Illud idem casu temporibusque ruet.
Inspice tot mundi discrimina, et inspice casus,
Omnia nostra vaga mobilitate labant.
Quicquid habent homines, rapidum versatur ad axem
Et per inæquales itque reditque rotas.
Ipsa sedens medio radios moderatur ab axe,
Fortuna, et tantum sedula versat opus.
Stant homines, circumque suis data tempora rebus,
Omnia fœmineum flexa sub arbitrium.
Qui modo summus erat, vel qui modo proximus illi,
Cum volet hæc, agili pronus ab axe cadet.
Quæ paulo ante oculis cum te spectaret iniquis,
Iniustas Venetæ sustulit urbis opes.

Crede mihi, ancipitem cum verterit irrita molem,
    Hunc rerum integrum non sinet esse statum.
Adde, quod et sceleris piget hos, veniaque precantur;
    Dum quanta est, patuit numinis ira tui.
Sed quia nulla fides illis, qui pacta resolvunt,
    Et quia non unquam fœdere stare solent,
Quanquam pacis emant prætextum, et munere captent;
    Tu tamen e cœptis propositumque tene.
Nullus in admisso veniæ locus, undique causa est,
    In Venetos clemens cur habeare minus.
Quando odiosa tuæ facta est clementia pacis,
    Virtutemque tuam criminis instar habent.
Quando tibi nocuit, quod tu prodesse putabas,
    Jam tandem iri tibi Cæsar in arma licet.
Sume animas, veniamque nega, num parcere fas est,
    Qui prior, et causa non agitatus obest?
Aut dabis huic veniam, qui cum requiescere posset,
    Indixit rupto fœdere bella tibi?
Da tamen, et misso pacem largire duello,
    Si pax cum Venetis, suspicione caret.
Instabilis servare fidem nequit Adria proles,
    Naturam patriis traxit ab æquoribus.
Nemo dat Adriacis, quanquam videt esse serenum,
    Fluctibus, inducta navita puppe, fidem.
Hoc scit nauta rudis, Venetos tu fœdera credis
    Firmius Euganeo posse tenere freto?
Huicque dabis veniam, qui si te posset in armis
    Vincere, non pacis congrederetur ope?
Qui crevit fallendo, atque hac se muniit arte
    Et qui quos jurat, non putat esse Deos.
Præterea Venetos tibi bellum inferre pudendum est,
    Si quando externis fama dabit populis.
Tu caput es rerum, tibi terræ subdidit orbem
    Partitus geminum Jupiter imperium.
Jupiter est cœlo summus, sub Cæsare terra est,
    Hic sibi mortales subiicit, ille Deos,
Quantum est a nigris Nabathæis finibus Indis,
    Phœbus ubi rutilum provehit axe diem,

Ad fines America tuos, quaque arduus Atlas,
Alta pruinosis sidera fert. humeris,
Quantum est a gelidis septem regione trionum
Partibus, ad pluvio regna subacta Noto,
Quanquam ita non habeas, totum te spectat ad unum;
Quicquid inest terris, sub tua sceptra cadit.
Omnia cum tua sint, et se tibi debeat orbis,
Cum subsint regno, terra fretumque tuo,
Cumque nihil rerum te sit sublimius uno,
Quid pateris cives te violare tuos?
Jam populosa tuam sequitur Germania laudem;
Tu modo quid jubeas, fortiter illa geret.
Non eget admonitu, cupit ire, ac sponte laborat
Ulcisce, et laudes accumulare tuas.
Sentit enim Venetos, plus quam decet esse, superbos;
Te plus clementem, quam decor iste ferat.
Verum est, nulla salus bello est, pacique studendum,
Eventus dubii coecaque diva monent.
Hostibus hæc metuenda tuis, si numina cœlo
Sunt, quibus hoc bellum suscipis auspicibus.
Causa bona est, sumptis admissum ulcisceris armis
Dedecus, hi læsis te petiere Deis.
Arguit hos scelerum cumulus, tua causa Deorum est;
Nec magis hæc nostra est ultio, quam superum.
Quæ mora ducendum est dilatum tempore bellum,
Hic te clementem terminus esse vetat.
Julius his pacem dedit, et socia agmina iunxit;
Et tua subducta pace fefellit ope.
Junxerit et dederit, sed tu mirabere, fœdus
Qui tenuit nulli, non tenuisse tibi?
Sic tibi fallaces Ligures, sic Janua nota est?
Italicæque artes, pontificumque fides?
Ducent auxilio Turcas in prœlia, ducant,
Quicquid habent Asiæ, Thracia quicquid habet.
Quas Sulthanus opes, una est Germania contra,
Et si tu moveas, sufficit una tibi.
Imperet in populis Asiæ, Phrygiasque per urbes,
Horrida terribilis sceptra Othomanus agens.

Arma regat Scythiæ, regnet Dacisque Gelisque,
    Danubiique ferox frenet utrumque latus.
Belligeros Thraces, Pontique ferocia regna,
    Sauromatas premat, Massagetasque truces.
Quaque fremit Pontus, Leandri insignis amore,
    Cujus complecti milite possit aquas.
Bysanthique amplas teneat, quas abstulit, arces;
    Regnet in Armenios, Cappadocasque suos.
Velocemque Tygrim juxta, Prusamque potentem;
    Pamphiliamque omnem dirigat et Lyciam.
Occupet Euxinum, Tanaim, et Mœotidos undas;
    Qua rigidus crudo Marte Gelonus ovat.
Riphæasque arcer, pulchrumqun Boristhenis amnem;
    Regnum agat in Medis, per Cilicasque vagos.
Per Macedum campos, Oetheoque ad loca saltu
    Edita, Pieriis nobilitata sacris.
Quaque piger refluis ludit Mæander in nndis;
    Aegeum ad pelagus, Joniumque fretum.
Serviat huic, quicquid Peneius alluit amnis,
    Bebriciæque urbes, quas Galatæque colunt,
Pareat Joniæ tellus huic, Cares adorent,
    Omniaque ad Tauri consita utrumque jugum.
Catatique urbes Pelopis, perque Arcadas omneis.
    Barbarus hoc leges tempore Turca ferat.
Jus Hierosolymis dicat Sulthanus, et omnis
    Oppida Judææ sub ditione regat.
Per Syriam tonet, atque Arabes vastissimus ille,
    Et terat imperii fulmine cuncta sui.
Flumen ad Euphratem, Nilique per ostia septem
    Regnet, Idumæas sub pede salcet opes,
Hic ubi odoriferis nascuntur thura Sabæis,
    Balsamaque, et longo cinnama agenda mari.
Imperet urbe Tyri, quaque est rarissima Phœnix,
    Aegypti in terras, Aethiopesque nigros.
Caldæosque et opes regis moderetur Erythræ,
    Et circum Pharii littora rubra maris.
Ac sacras Jordanis aquas, Memphitis ad urbes
    Imperio Meroën claudat et Assyrios.

Ingentem Babylona regat, Gazamque potentem,
Hasque omneis Venetis viribus addet opes,
Omnia pro Venetis, pro te Germania pugnet.
Hæc manus ad bellum sufficit una tibi.
Non opus est, flavi ducantur in arma Britanni,
Utque armet populos Gallia magna suos.
Non opus est, equitem trahere in tua castra Polonum,
Aut in opem Scythicas ducere Pannonias.
Adde nihil nobis, si quid Germania priscæ
Laudis habet, si quid Martia turba potest.
Si qua viget nobis ex rebus gloria gestis,
Franges hoc Venetas milite divitias.
Prima Tridentini maturent prœlia cives,
Omnis ab excussa sæviat alpe furor.
Et formidati Venetorum clade Tyroli,
Exeat Alpini bellica vis Athesis.
Spargat in occursum Venetis, quos Enus inundat,
Quique timenda lavit Rhoeticus arma Lycus.
Post sibi finitimos moveatur Brisga Trebotes,
Proque aliquid veteri laude Suevus agat.
Arma gerant Bavari, linquant sua rura Nemetes,
Advolet et felix Austria bella gerat.
Tum chalybem, durumque excudens Styria ferrum,
Carnus, et in pingui rure Carinthus agens,
Vangio, Vindelicique omnes, et Norica virtus,
Torvus ab Hercinio vertice Bemus eat.
Quæque adeo gens est, Moravi promiscua cives,
Et si qua hoc tractu nomine terra caret.
Exue Silesios densis cultoribus agros,
Mitte paludosæ robore Lusatiæ.
Pergat arenoso piscatrix Marchia tractu,
Quæque metallifero est Misna opulenta solo.
Et læti agrorum de fertalitate Doringi,
Optimaque armorum portio Francus eques.
Hic ubi se Mogus curvis ambagibus infert,
Et genus invictæ nobilitatis alit.
Quique agit in tetricis venator montibus Hessus,
Quæque fovet durum Fagina parva genus.

Arma Ubii tractent: intestinaque soluta
Lite: novi causam Geldria Martis habe.
Prodeat arma ferens Eburonum exercitus omnis,
Se paret in bellum Juliacensis ager.
Et nondum imbelles Batavi, Frisiique feroces,
Et procera rudis corpora Westphaliæ.
Et Vettrava acies, et nunc Germania Trevir,
Excipe pugnantes Adria Vesterichos.
Quique ab utroque bibunt Rhenanos littore fluctus;
Quosque vago præceps amne Mosella rigat.
Excipe non solis inhiantes Saxonas obbis,
Quos sua pugnanteis asperat ebrietas.
Inde invicta acies veterum genus ibit Othonum,
Quique bibunt Albis flumina, quique Salæ.
Quorumque arma duces nigro bovis ore figurant;
In Venetos rapida vi Pomeranus eat.
Dittimarique rudes, genus insuperabile bello,
Et juxta Holstadii turba quieta ducis.
Et quæ se Gothico sparsit Germania ponto,
Insulaque Arctoo Rhugia cincta mari.
Immittant Venetis tristem vada Balthica classem,
Arma viros ingens concitet Oceanus.
Huc quoque littoreos moveat causa ista Borussos;
Finitimos agris Sarmata dura tuis.
Istula tot Venetis, tot miserat Odera gentes,
Causaque diversos contrahat una duces.
Quot populis animoque tuo contente domabis,
Horribili Venetas obsidione manus.
Ardet, et antiquam repetens Germania laudem,
Egregie quicquam quod gerat, esse cupit.
Tanta quibus virtus animosa in pectora venit,
Ut cupiant laudes iugiter ire tuas.
Sponte sua qui te arma petunt, præbe ocyus illis
Fomentum pugnæ materiamque novæ,
Præbe illis, quo se primis exerceat annis,
Si quis in hac turba sedulus esse cupit.
Turpe est in primo juvenes torpescere flore,
Et nihil ætatis vi meliore frui.

Turpe est arma tuæ tracta rubigine gentis,
Olim clara foris, nunc latuisse domi.
Turpe est imbelles populos, Venetosque fugaces,
Egregios armis sollicitare duces.
Germanæ virtutis erat, gerere arma repente,
Quanquam indicta forent arma movere prius.
Proh pudor, ira animo subeat, clementia cesset,
Unaque sit virtus bellum iniisse cito.
Quondam nostra foris multa Germania laude
Gentibus invictis nomine terror erat,
Nunc quatimur toties vicinis undique bellis,
Et ruit in populos quæ libet ira tuos.
Nec tamen ista loquor, quo te his in casibus ante
Unquam adeo segnes dicam habuisse manus.
Aut procul a curis animo torpere remisso,
Armaque pro patriæ lenta movere bono.
Notum est ingentes bello subiisse labores,
Notum est tranquillos non habuisse dies.
Suetum anteire loco, pugnaque exire priorem,
Fungi aliquando ducem militis officio,
Gaudentem castris, et aperto vivere cœlo,
Qui vitæ modus est, quæ seriesque tuæ.
Ergo age livor edax rabidum compesce labellum,
Desine de tanto tristia rege loqui.
Desine Cæsareos titulos, pulchrosque labores,
Vilis homo spurcis comminuisse labris.
Non fugere est, si quis lentam cunctatur ad iram,
Nescis qua deceat hoc opus arte geri.
Tot circum casus pensat Jovis ales ab alto,
Cum volet, ingentes conciet illa metus.
Sæpe quidem pennas, sed non pro viribus ipsis,
Pandit, et excussis unguibus ampla patet.
Sed non tota ruit, summamque exurgit in iram,
Omnino vires prosequiturque suas.
Hactenus hæc populos suspensis terruit alis,
Vindicis hostiles admonitura animos.
Dum tamen ora furens ex causa armabit, et ungues,
Dum ruet, et totis viribus arma geret.

Tunc neque Gallus ovans casu eventuque secundo,
  Quocunque hoc fiat tempore major erit.
Nec bene res Venetum tantam subsistet ad iram,
  Viderit Adriaco fulmina jacta salo.
Ah potes arbitrium rerum moderator iniquum,
  Deque tuis factis, ingenioque pati?
Ah sinis hæc aliquem tibi detrectare tuorum,
  Quæ nunquam justum promeruere odium.
Aude aliquid, factisque novis istam eleve famam,
  Quæ tamen haud causas unde seratur habet.
Nunquam aliquis vidit luxu te egisse supino,
  Nunquam aliquis vidit mente vacante levem,
Utque solent Reges mollem deducere vitam,
  Dulciaque amplecti, deliciisque frui.
Semper dura pati, semper fugere otia promptum,
  Duritia mentem perdomuisse patet.
Castra voluptatis nunquam civiliter intras,
  Sed tanquam laqueos insidiasque fugis.
Et si quando audes, nunquam temerarius infers
  Arma, sed ex causæ conditione gravis.
Dumque infers, non lentus ades, non ultimus adstas,
  Ex acie primos conseris ante duces.
Spes mihi per te igitur cunctando restitui rem,
  Quæ nunc ex animo statque caditque tuo.
Huc ego jam pridem res abs te colligo gestas,
  Quarum est, quam debet laus tibi parta minor,
Stultum est ex ipso premere, aut extollere casu
  Res gestas, animo consilioque decet.
Et quia successu caruit tua magna voluntas,
  Laus ex conatus pondere major erit.
Augebitque tuam fortunæ injuria famam,
  Plus meriti, quam quis credere possit, habes.
Tu varia indomito conflasti incendia Geldro,
  Atque tuos tandem jam silet illa pedes.
Tu moto inversos pressisti milite Belgas,
  Inque tuum frustra gens stetit illa caput.
Vidit equos, viditque tuos tunc Sequana currus,
  Horruit armatas ipse Mosella manus.

Te Rhodanus tristisque Araris sensere ruentem,
 Inque Pyrenæo culmine castra locas.
Tunc Mediomatrix sensit tua signa, timentes
 Tunc Senonas bello, tunc Heduosque petis.
Nec procul hinc natum funesta strage Philippum,
 Plurima post tandem millia cæsa refers.
Et te jam regem ducibus pater ipse coactis
 Dixerat, assensu consilioque ducum,
Eiicis a patriis Matthiæ castra Tyranni
 Sedibus, in regno sederat ille tuo.
Austria tunc armis, tunc magna Vienna recepta est,
 Et tibi se totam Pannonis ora dedit.
Omnia cæde reples, et ne sine testibus hoc sit,
 Ister ab hostili clade cruentus abit.
Ne tibi vulgares solvit nigra factio pœnas,
 Quam laquei infami morte perire facis.
Quo pater *Huttenus* bello tua signa secutus,
 Sæpe mihi dixit, quantus in arma ruas.
Sensit enim viresque tuas, sensitque vigorem,
 Cum manibus tantum prosequeretur opus.
Undique pacatis rebus, belloque receptis,
 Quando hostile nihil jam superesse putas.
Tunc vero Helvetii silva atque e montibus illis
 Ausi, in te vires constituere suas.
Quos licet, ut deceat nondum superasse puteris,
 Et res in dubio pendeat ista statu,
Hora tamen veniet, intermissoque triumpho
 Aptius hoc olim tempore tempus erit.
Invidit fortuna tibi, laudemque morata est,
 Sæpe prius magnis obvia facta viris.
Cumque foret, quæ te cœpto revocaret ab isto
 Causa, refers populos hoste petente tuos.
Quinctiam obsequio tibi conuirasse futuro,
 Notum est, et dextris fœdus inisse datis.
Ut si nunc quicquam pro te minus egerit æquum,
 Perfida Diis ipsis testibus, arma gerat.
Traxerat Eoos Bavarorum in rura Bohemos,
 Dux Rheni, et magno est gens tua pressa metu.

Illico sublatis commisces prœlia signis,
Vixque tuo tandem milite septus ades.
Quando unum (ut fama est) medios furor egit in hostes,
Audentem prima conserere arma acie.
Ingentique animo populum turbare ferocem,
Cum jam telorum septus ab imbre fores.
Hinc spoliis dives, cœsoque ex hoste superstes,
Marte Palatini castra Leonis adis.
Quorum cur modicum livor tibi pendat honorem,
Quod pene in patrio est res tibi gesta solo.
In promptu causa est, non te fortuna sinebat
Ire foras, dum sunt tanta gerenda domi.
Sæpe quidem bellum cum jam transferre parares,
Causa nova in patria quæ retineret, erat.
At quanta interea est externos gloria reges
Pacatos solo continuisse metu?
Aut refert patriam factis servasse, manuque,
An bene re visa, consilioque ducis?
Hactenus internas componere præstitit iras,
Resque alio pacto non potuere geri.
Nec potes in bellum discordes ducere gentes,
Non bene sedatas compositasque prius.
Utque opifex docili parat instrumenta ministro,
Et quo quid faciat, factum habet ipse prius.
Sic quo bella geras populo, quo milite pugnes,
Prospicere, atque opus est ante parare tibi.
Jam tamen hoc factum est, ne habet Germania bellum,
Per te intestino libera facta malo.
Tempus adest Venetas armis excindere vires.
Tempus adest laudes accumulare tuas.
Jam potes hoc clare, jam te tempusque locusque,
Quoque incas melius prœlia, causa iuvat,
Causa iuvat, tu coge duces, tu collige vires,
Opportuna tibi bella parata vides.
Ignescunt animi, furit inflammata iuventus,
Utere quod præsto est, quæque parata vides.
Olim ardor feret iste retro, flammæque tepebunt,
Seque interposita leniet ira mora.

Ne sine dilabi, juxta est occasio Cæsar,
Quo propior, cupide hoc arripienda magis,
Quod ratione geri petit, omninoque gerendum est,
Præsertim instructis præstat adire cito.
Nam si lenta tuas cunctatio fregerit iras,
Quod medium est, Venetis tempus obesse putas?
Principium est illis reparandi hoc tempore belli,
Irrue, quam virtus creverit ista prius.
Tempora dant dilata vices, citraque laborem
Opprimitur, cum jam nascitur, omne malum.
Turpe est, cum possis, Venetos non vincere, pejus
Hic aliis si te deside cedat honor.
Nam nisi tu facias, nisi te duce bella gerantur,
Forsitan in populo qui gerat, alter erit.
Non sine te Cæsar privari laudibus istis,
Atque alium palmam præripuisse tibi.
Jam ferus Italiam successibus occupa tæquis
Gallus, et in laceri pelle leonis ovat.
Et nisi tu venias, nisi te intromittere certes,
Ille tuos titulos, nominaque ille tulit.
Si te nullus amor patriæ tenet, et tibi præstat
Otia inexperta carpere duritie.
Hoc saltem stimulet, saltem hoc de mordeat intus,
Lintea quod velis prætulit ille tuis.
Quodque præit laudes Gallorum gloria nostras,
Gloria, fortunis nobilitata suis.
Quæ postquam e somno Germanas sentiet iras,
Jam tandem dicet: me minor aura juvat,
Certum est te Venetos primum hæc in bella vocasse,
Certum est hos, fines marte adiisse tuos.
Redde vices, nec sic poscentibus arma, recusa,
Ut nolis, causa cogeris esse ferox.
Adde profanatas leges, ruptamque nec una
Fraude fidem, et toties fœdera læsa tibi.
Adde Deos nuper contra, et socialia jura,
Quatuor a Veneto millia cæsa duce.
Tot bello afflictos populos, urbesque subactas,
Mista prius multis, mista venena tibi.

Tum quod in exemplum possunt ea crimina duci,
Conjice, ni fœdum pœna sequatur opus.
Quod nisi de Veneta sumenda erit ultio fraude,
Hoc poteras bellum sponte inlisse tua.
Unius ob raptum nuptæ socia arma sequuti,
Eruerint Danai Pergama celsa duces.
Ausa sit Oebalii soboles animosa Philippi
Humanum bello sollicitare genus,
Monuerit affines raptarum causa Sabinos,
Adversus Romam contrahere arma novam.
Nos Venetos regno tumidos, et nostra petentes,
Ferre extra patrias arma sinemus aquas?
Quam molles olim populi, belloque minores,
Ne sine Germanos non potuisse magis.
Quæ natura loci, quæque ars ab origine gentis,
Institor Adriacus vendat ematque piper,
Cui minus est, patrium piscando naviget æquor,
Spem lucri parvam possideatque scapham.
Tu natos e Marte viros ne crede timeri,
Dum sinis a Marco semileone peti.
Usque adeo pudor est, quod nos Veneta arma lacessant,
Tum quid si contra, tu nihil ausus eas?
Consule temporibus, videant tua facta nepotes,
Dumque licet, famam posteritatis adi.
Gloria quæratur tibi Persidos æmula Cyri,
Nitere Pellæi vincere gesta ducis.
Ad Lacedæmonios animo contende triumphos,
Thebanas laudes Cecropiumque decus.
Vince graves Marios virtute, amplosque Metellos,
Fabricios, Curios, Scipiadasque bonos.
Pompeiumque senem', sed adhuc sua fata sequentem,
Quæque repentini Cæsaris acta canunt.
Vince inquam, tantoque magis, quod qui ista gerebant,
Horum quam nostra est bellica fama minor.

Effice, ne videant illud tua tempora primum,
Quod quis Germanis fortius arma gerat.
Jamque oculis propone duces, propone Tyrannos,
A quibus hoc quantum est, nobile stemma trahis.
Ut pudeat, si non his te majoribus æques,
Qui famæ implerunt omnia laude suæ.
Ecce ruunt Cimbri, et collectis Teutones armis
In Latium, et Romam non sine clade petunt.
Ecce alacer magnis Romanum viribus ausum
Arminius victa deiicit e patria.
Et qui te propius contingit rumor, Othones,
Nonne vides toto nunc etiam orbe cani?
Et Fridērichorum fama superesse triumphos,
Infaustum Latiis urbibus exitium?
Sic te ex plebe leva, sic te super æthera tolle,
Duret ut et nomen sæcula longa tuum.
Sed jam bella paras, jam totis viribus audes,
Jam cita concepto castra furore moves.
Jam ruis in Venetos, et te timet hostis euntem,
Non opus est monitis ad tua cœpta meis.
Annue Christe duci, quem tu hæc in regna locasti,
Annue ad intuitum militat ille tuum.
Da pauco Venetos superari sanguine cives,
Da tanta exiguo bella cruore geri.
Agnoscant Veneti dominum, suaque omnia dedant,
Et subdant posito colla recurva jugo.
Aut quia se toties non agnovere monentem,
Tam justa immissis dirige vela notis.
At tu pasce animum votis, et vindice bello
Cæsar in arma tibi facta molesta rue.
Neve impune ferat, si quis te læserit hostis,
Provocet, haud justas iniiciatque manus.
Compesce hanc Venetum rabiem, stolidumque furorem,
Ut quisquam exemplo cautior alter eat.

Hi sunt, qui Venetos Troiano Antenore natos,
Atque alia imperio surripuere tuo.
Hi sunt, qui Romam tibi, et Itala regna petenti
Dixerunt: contra, si potes, arma cape.
Arma igitur capias, spe plena, atque auspice Christo.
Omnia sunt coeptis læta futura tuis.
Nescio quid vatum statuunt præsagia de te,
Sunt quoque, qui dicant astra favere tibi.
Astra favere tibi, et Veneto metuenda Leoni.
Dura volubilibus signa notata polis.
Omnia tuta vides, sume arma, et tela capesse,
Debentur laudes hac quoque parte tibi.
Post confecta olim Romanus bella Senatus
Decrevit ducibus nomen ab hoste suis.
Atque aliis titulum Libyci peperere triumphi,
Nonnullis decori Gallia victa fuit.
Creta potens aliis, et bello pressa Corinthus,
Ille suis Numidis, Thracibus alter ovat.
Quosque ægre vicit Romana injuria Cimbros,
Et de Pellæa lata trophæa domo.
At tibi, qui jam se mundi caput esse putabant,
Cum vinces, quantæ nomina laudis erunt?
O eat illa dies, quæ si bene colligo, juxta est,
Qua tibi de Veneto cive triumphus erit.
Qua niveis duceris equis, curruque superbo
Post ostentatas lauriger ibis opes.
Non ego tunc solidas tristabor in hoste catenas,
Appensosque pedes, implicitasque manus.
Ducantur proceres urbis sub imagine tantæ,
Ad tua pomposus plaustra senatus eat.
Insultet spoliis dives Germania lectis,
Plenaque sint Venetis omnia divitiis.
Ite triumphales (ita vertitur) ite catervæ,
Maximus hoc juris Aemilianus habet.

Scribite Germani victura poëmata vates,
Et decori vestro nomina longa date.
Assere Cæsareas quisquis potes, assere laudes,
Materia ad numeros hæc erit apta tuos.
Hic quod nostra probet, quod postera diligat ætas,
Immortale bonus texat Erasmus opus.
Huic se dignum aliquid Musis extorqueat Hessus,
Buschius hic carmen libera lege Crotus.
Me quoque ducit amor, præterque tot ultimus omnes
Augebunt numerum, qualiacunque canam.
Omnia lætentur, persolvant omnia laudem,
Jam Venetos bello Maximilianus adit.

Hutteni Viennam intrantis Carmen *).

Ulricus Huttenus Peregrinus Viennam salutat.

Pene pererratis quot habet Germania terras,
Et visis populis quoque sub orbe novis;
Plurima passus aquis, et terra plurima passus,
Ingredior muros alta Vienna tuos.
Non quia forte loco vellem te adiisse supremo,
Sed quia fatales sic voluere Deæ.
Fata sequor, fatis ita Compellentibus erro,
Ante alias tecum, si licuisset, eram.
Quos mihi dura dies Lacheris disterminat, et quas
Infligit curas, deliciasque sequor.
Non voluit patriæ tranquillam habuisse quietem,
Non voluit placido vitam agitare statu.
Ast, ait, errabis, varioque sub orbe videbis
Multorum mores, quodque sequaris erit.
Nec sinit, ut vellem curas amplectier illas,
Sed contra nutum pugnat, agitque meum.
Si contra impositum licuisset vivere cursum,
Visa mihi primum Pannonis ora foret.
Scilicet immensos visum est perferre labores,
Et tandem molles appetiisse dies.
Da placidam dextram venienti, urbs clara, Poëtæ,
Hoc te per cultos supplicat ille tuos!

*) Ist der Vadianischen Sammlung beigedruckt; mangelt in den meisten Verzeichnissen der Hutten'schen Schriften.

Jam satis est longo tolerasse incommoda cursu,
Jam satis est duræ multa tulisse viæ.
Et varios morbos, spoliatoresque malignos,
Vulneraque, et casus, insidiasque truces.
Scilicet atque hoc fata sinunt data vivere lutum,
Et reliquas tecum composuisse mores.

Ex contubernio Vadiani Marii, et Aperbacchi,
Sinceriter citra pompam.

VI.

Epistola

ad

(Balthasarum) Phachum.

Einleitung.

Hutten gerieth kaum drei Monate nach seiner Ankunft auf der Hochschule zu Pavia in die gröfste Lebensgefahr. Die Stadt wurde nemlich von den Schweizern belagert. Innerhalb ihrer Mauern quälten ihn Mifshandlungen von Seite der Franzosen, und die Schmerzen einer neuen heftigen Krankheit. Als die Stadt übergieng, mifshandelten ihn die Schweizer. Er zog defshalb aus der öden Stadt nach dem ruhigen Bologna. Von da aus schrieb er in der trübsten Lage von der Welt an seinen alten Freund Balthasar zum Fach nach Teutschland, in dessen Hause er einst seine „*Ars versificatoria*" vollendet hatte. Der Brief, der hier folgt, befindet sich in den *Monumentis pietat. etc. Francofurt.* II. 9. Burkhard und Wagenseil haben sich in der Jahrszahl geirrt; statt 1511 mufs daher 1512 angenommen werden, da Pavia erst in leztern Jahre belagert worden.

Huttenus ad Phachum.

Non scribo nunc breves ad te literas *Phache*, ob eam causam quod itidem breves abs te expectem, sed quia illi, qui afferunt, gravari se putant, si maiusculæ extiterint. Verum, tu mihi copiose de rebus omnibus scribito, quas ad me pertinere arbitraberis. Etiam quod ad *Trebellium* communem amicum spectabit. Adhuc Vulcanum æmulor, verum aliquando miserabilius, quam nuper, nescio an fortunæ hoc potius, quam temeritati meæ adscribam, quod mihi in tenera ætate nullis malis subeundis peperci. Gratulor tamen mihi, quod bonas literas sequendo, ea, quæ minime quærebam, invenerim. Sed tu quid agis? ducis an duceris? Id est ex tot puellis Saxonibus unam tibi matrimonio, (quod nuper aliqui susurrabant) conscribis, an caput radis, ut dignus fias cœlestis boni ruminando? An hoc quod tu respondere solebas, *Phachus* manes. Libet paulum de me scribere, in umbilico Mensis Aprilis Papiam Insubrorum urbem intravi, ibi ut ex instituto legibus operam darem. Quarto mense postquam intraveram, a Gallorum militibus, qui armati urbem adversus Helvetios tenebant, tres dies integros, quanquam etiam febre laborans, in angustissimo recessu domus obsessus sum, certusque mori hoc mihi Epitaphium feci et scriptum apposui.

Qui misere natus, miserabile transiit ævum,
    Sæpe malum terra, sæpeque passus aqua.
Hic iacet Huttenus, Galli nil tale merenti,
    Insontem gladiis eripuere animam,

Si fuit ex fato, ut totos male viveret annos,
  Optatum est, quod tam corruit ille cito.
Ipse suas coluit per mille pericula Musas,
  Et quanti potuit carminis autor erat.

Paulo post hæc, capta ab Helvetiis urbe, tanquam qui castra Gallorum sequi solitus essem, ipse quoque captus sum, spoliatus et miserabiliter hinc inde pertractus, donec tandem, amissis quibusdam bonis et pecuniis, liberatus. Igitur hinc solvens, deserta urbe omne genus turbis occupata, sanguine, fame et pestilentia infecta, Bononiam mense Iulio petii. Bononiam inquam illud pulcherrimum doctissimorum virorum conventiculum: ubi tuas literas exspecto. Sed non quales scribis ad Gregarios amicos tribus aut quatuor verbis absolvens. Vale et te cura, me nunc Medicus. Vale iterum. XII. Cal. Septemb. *Bononiæ* breviter ex more et Familiariter. (1512).

VII.

Ulrichi Hutteni

Nemo.

Editio prima.

Einleitung.

Der erste *Nemo* ist im Jahre 1512 oder 1513 geschrieben worden. Ob er in der Vadianischen Herausgabe sich befand, ist zweifelhaft. In der Deventer'schen hingegen soll er sich, nach Burkhards Zeugnifs, welcher ihn als eine grofse Seltenheit im 3ten Theil seines Commentars abdrucken liefs, befinden. Wir werden über diesen ersten *Nemo*, die Veranlassung, Zweck und Inhalt davon, zu sprechen Gelegenheit haben, wenn wir zum zweiten, durchaus verbesserten, und vermehrten, der im Jahre 1516 herauskam, und seinen verschiedenen Ausgaben, gelangt seyn werden. Wir verweisen also den Leser dahin.

Nemo.

Quisquis ades, speculare novos in imagine vultus,
Ne rigidâ pictos accipe fronte jocos!
Sed quâ læta probis trahimus convivia mensis,
Quoque decet vultu res variare graves.
Hoc homini natura dedit: gravitate fruamur,
Sed tamen et fines res habet ista suos.
Et quandoque leves veniunt post seria risus,
Ne semper duros nos juvet esse minus.
Quæris (ut ista loquor) quis sim, quæ vita, quis usus?
Hæc volui, lector, plana fuisse tibi.
Sum Nemo, vivam, nec ne; cui dicere promptum est,
Non etiam certum est hoc mihi; vivo tamen.
Nemo agitat vitam, sed enim quis credere possit?
Si vivo, non est vita, quod alter agit.
Ille ego sum Nemo, de quo sacra littera dicit:
Ipse sibi vitæ munera Nemo dedit.
Nemo fuit semper; nemo isto tempore vixit,
Quo male dispositum dii secuere Chaos.
Omnia Nemo potest; Nemo sapit omnia per se,
Nemo manet semper; crimine Nemo caret.
Nemo animum novit domini, sensusque latentes,
Nemo quod est, quod erat; Nemo futura tenet.
Nemo in amore sapit; Nemo est in amore fidelis,
Nemo aliis, sibi quam, fidior esse potest.
Nemo vagas numerat stellas, ipso ordine novit
Nemo, quid in terrà, quidque feratur aquà.
Nemo potest dominis simul inservire duobus,
Nemo potest vultus semper habere pares.
Nemo maris guttas, numerumque recenset arenæ,
Nemo dat æstivis nomina pulveribus.
Nemo potest etiam infectum reddere factum,
Nemo potest lapsos huc revocare dies.

Hæc egenum teneam, cum sim super omnia solus,
Multa tandem de me non bene vulgus agit.
Urget continuo me turba domestica bello,
Ut cava summotis terra feritur aquis.
Ecce infracta jacent hesterno vasa tumultu,
Olla, lebes, patinæ, vitriolusque calix,
Et variæ signis phialæ, samiique cululli,
Et carum absentis cupula munus heri.
Oenophorumque capax, et aduncæ cantharus ansæ,
Simpimiumque ingens, herculeusque scyphus.
Fracta jacet lampas, jacet unguentaria pyxis,
Quæque leves gelidas urna ministrat aquis.
Sustulit hæc etiam fragiles insania testas,
At cocus ad solidum læsit ahena focum.
Læsit et eversos tripodas, tenuesque quadrantes,
Neglectusque suo follis in igne jacet.
Dimissumque alibi pistillum, abacique revulsi,
Et relocanda suis stannea vasa locis;
Et quærenda diu fractis cochlearia thecis,
Fuscinoque, et cæcæ danda lucerna viæ.
Decidit excussâ ferrata sagitta pharetrâ,
Et stant ante suum vina refusa vadum.
Hinc cacabi, tinæque graves, aquatilis obba,
Illinc Etrusco seria amata Numæ.
Rupta canistra jacent; jacet amphora, nec tenet apte
Pulverulenta suos bibliotheca libros.
Ebria securos domini petulantia servos
Multa facit vacuæ damna referre domos.
Quos petulans inter neglecto Ancilla labore
Non mihi in rerum perditione facit.
Ipsa penum struit, et patinas inducit opimas,
Quæque sibi solers vina reservat herus.
Ova dehinc promit tepido frigenda butyro,
Arte tibi varium docta parare genus.
Quærit in abstrusis tucctum nobile cellis,
Crassaque vicino sumina tosta foco.
Hic bibitur totas mensura æquante lagenas,
Lætaturque operis nescia turba sui.

Et varia exercet sub multam gaudia noctem,
Gaudia non uno perniciosa modo.
Multa refringuntur, titubanti cum pede servus
Post epulas, et post pocula strata petit.
Misit in oblatum titubantia membra caminum,
Nec cubitum instantis pressa fenestra tulit.
Semireclusa canis subiit cellaria, et illic
Quod superest, rapido devorat ore cibi.
Hæc quoque neglecto venit fortuna canistro,
Et quæ præterea diruta multa jacens.
Ipse domum tandem rediens herus anxius ambit,
Et cupit in damnis singula nosse suis.
Dum quærit, dum nosse cupit, Nemo omnia fecit,
Efficiorque omnis criminis autor ego.
Criminis autor ego, sed enim nec lumine fungor,
Pendet et occlusis sera reposta labris.
Nil manibus, nil aure gero, manuumque pedumque,
Impediunt vetitas pendula vincla vices.
Quod si Nemo vocor, nec sum, qui vivere possum,
Quique nihil valeam fingere, quique loqui.
Aut si quid vivo, qui nil faciamque, loquarque;
Quid queritur nostras impia turba manus?
At tu, cui tua res, cui turba domestica curæ est?
Si sapis, admonitus pectora verte meos.
Inspice, quos voveas, quid quisquam faxit in illis,
Sæpe potes tantis liber abire malis.

Diis auspicibus.

VIII.

Ulrichi de Hutten,

ex equestri ordine adolescentis

Carmen emunctissimum,

mores hominum admodum jucunde complectens,

cui Titulus:

Vir bonus.

Einleitung.

Dieses ein Gedicht, eines der korrecktesten, und vollendetsten, die aus Huttens Feder geflossen, ward während seines Aufenthalts zu Bologna, mithin im J. 1513 niedergeschrieben, und befindet sich als das vorletzte in den *Operibus Poëticis*, bei welcher Sammlung überhaupt die Zeitfolge nicht sehr berücksichtigt wird. Der diplomatische Titel ist:

VLRICHI DE HUT
TEN, EX EQUESTRI ORDINE
adolescentis, Carmen emunctissimum, mores hominum admodum jucunde complectens, cui titulus: Vir
bonus.

Derselbe ist zugleich mit einer höchst seltsamen Figur geziert, auf welcher alle die im Gedicht beschriebenen Prädikate des Biedermanns bildlich dargestellt sind. Melchior Adam, in seinen Lebensbeschreibungen berühmter Philosophen und Humanisten, und Bayle in seinem krit. histor. Lexikon halten dies für den ersten dichterischen Versuch unsers Ulrichs, indem sie sich auf das im Titel vorkommende Wörtchen „*Adolescentis*“ steifen, und behaupten, er hätte vor seinem 25ten Jahre nicht zu dichten angefangen, welche Behauptung wie so viele noch vorzüglich bei Letzterm sehr falsch, und oberflächlich ist. J. Chr. Fischer hat den „*Vir bonus*“ in seinem Werke: *Selecta et rariora Latii purioris Monumenta*, *c. præf. J. G. Heineccii*, *Jenæ 1735* neu abdrucken lassen, Mohnike hingegen den Jugendgedichten Huttens in seiner mehrerwähnten Ausgabe u. s. w. der „Klagen“ beigeschlossen, und die Figur mit dem Schlangenhals, der Löwenbrust und dem Löwenfuſs, so wie dem offnen und geschloſsnen Beutel &c. dazu stechen lassen. Der *Vir bonus* befindet sich endlich auch noch in den *Deliciis poëtar. German.*

Vir bonus.

Cerne novos vultus, rerum studiose novarum,
Et facili monitus accipe corde meos.
Sæpe movent melius propiori cognita visu,
Inspice, sunt tetricis ista videnda viris.
Multa vident oculi, sed ad interiora remittunt,
Opportuna magis lumina pectus habet.
Rara mihi facies, et solis cognita justis,
Cura quibus veri est, justitiæque calor.
Novit Aristides, novit vir fortis Ulysses,
Et vos Socraticæ candida turba scholæ.
Cumque Catone bonus Nasica, et Cælius ingens,
Et Cicero Latiæ gloria prima togæ.
Prudentes novere viri, rudis omnia damnat,
Dum damnat, vitæ est nescius ipse suæ.
Siqua rudi tamen est discendi cura, cupitque
Excolere ignavum nobilitate animum.
Ponat opus vitiis plenum, et nitatur in illud,
Unde decus longæ posteritatis erit,
Consilioque meo, nihil est præstantius illo,
Incubet, exemplar, quo doceatur, habet.
Non doceo, quæ dura putes, via lævis eunti est,
Ad celebres cultus, perpetuumque decus.
Triste nihil monitis, nihil insuperabile nostris,
Et faciles aditus, et pia jussa gero.
Adde, quod est nobis vita, spes certa perennis,
Quis nolit parvo magna labore sequi?
Vivimus ancipites, morimur fugacibus horis,
Nec certum est unum vivere posse diem.
Quando igitur vitæ nequidquam fidimus illi,
Quod potes, æternos vivere tende dies.
Utere me, vives, et si petis otia, veris
Disce frui, et si vis vivere, vive diu!

Nulla salus, corrupta quies, insana cupido
    Est animo vitiis criminibusque dato.
Quæ si forte leves capiunt dulcedine mentes,
    Sperne, latent pulchris dira venena rosis.
Si quid in his duri est humanæ amabile menti,
    Non potes invitus prendere, dura fuge!
Fascinat insanas Veneris lascivia mentes,
    Dulcia pestifero gaudia in ore gerens.
Hæc ubi sollicito juvenes præstrinxit amore,
    In subitos casus, insidiasque trahit.
Furta, doli, metus, ira, neces, contagia, cædes,
    Et furiæ summum sunt in amore bonum.
Vince igitur flammas, ut ne capiaris in illis,
    Dum tener est, tenero flumina sparge rogo.
Sed capit, et multos funesta pecunia cogit,
    Et placet hanc partam quolibet esse modo.
Cæcus amor rerum est, et non nisi vana libido,
    Plena metus, nullo certificata statu.
Quantum opus est, satis esse puta, cogeris ab una
    Morte supervacuas linquere divitias.
Si qua igitur placeant, nisi sit placuisse decorum,
    Effuge, sunt animo retia densa tuo.
Blanda dabit Veneris, rerum dabit atra cupido
    Perniciosa homini, displicitura Deo.
Cedat amor rerum, cedat mellita voluptas,
    Solius et si quid corporis esse vides.
Nec servire gulæ placeat, nocet esse superbum,
    Pone etiam irato frena, modumque animo.
Ne te corripiat sopitam ignavia mentem,
    Semper age, et factis consule rite tuis!
Invidiamque aliis non unquam intende, ea pestis
    Solum est auctori perniciosa suo.
Ergo nihil vitii est, quod te seducere possit,
    Si modo, quæ videas singula, pectus habes.
Verte acres oculos ad res quascunque gerendas,
    Et quam suscipias, perspice cuncta prius!
Hinc mihi fixa acies, et acuto lumine solers,
    Quale oculos pictæ lyncis habere volunt.

Cuncta animi penetro visu, stata metior acta,
Et nihil incerta conditione gero.
Non faciles causas, non res considero vanas,
Captanturque oculis non nisi digna meis.
Utque malis timear, nec me leve vulgus aberret,
Torva sub immotâ lumina fronte gero.
Viderit insipiens oris gravitate retactus,
Notitiâ sceleris corruet ille sui.
Si bonus inspiciat, quod amet, cui pareat ultro,
Inveniet mentis dexteritate meæ.
Sunt mihi porrectæ foribusque patentibus aures,
His nihil obscurum, quale sit, esse potest.
Utque immanis aper crescentia gramina sentit,
Sic capio auditu verba relata meo.
Me potius juvat aure frui, quam fungier ore,
Auditusque procax est mihi, lingua gravis.
Sæpe moras causor, responsis tempora posco,
Nec refero, nisi quæ sit tacuisse, malum.
Ore meo cresci frondentia lilia cernis,
Molior eloquio grandia sæpe meo.
Permoveo mentes hominum, verbisque pacisco,
Horrida causatrix prælia lingua sedat.
Erudio teneram dulci sermone juventam,
Sic aliquis virides flumine nutrit agros.
Plura ego perficio verbis, gravioraque multo,
Quam qui terribili concutit arma manu.
Parte alia capitis radiantem molior ensem,
Justitiæ speciem, materiamque meæ.
Siqua minus verbis potero, vi fungor aperta,
Quique nihil jussis paruit, ense luit.
Dum gravis illata est raptis injuria rebus,
Non nisi consulto pectore bella gero,
Non opibus parco, pœna perfungor eadem,
Sive habeat dives crimina, sive miser.
Quale vel est cygni collum, vel quale colubri
Est mihi, quod spatiis profero cuncta suis.
Tarda loquor, meditata prius, nihil audeo verbis,
Tunc, ubi consultum est edere verba, loquor.

Siquid apud Superos oro, licet omnibus illud
    Audire, et cuivis exposuisse viro.
Nec reticenda Deis homini loquor undique verus,
    Et sine posthabiti suspicione doli.
Pectus habet libyci caput, et torva ora leonis,
    In quosvis casus fortia corda gero.
Non me versutæ præceps audacia linguæ,
    Non terrent quovis bella minata modo.
Fortis in adversis animoso robore fungor,
    Ut paleæ stolidi sunt mihi bella viri.
Pectus idem adversis, eadem sententia rebus,
    Quæ fortunati temporis esse solet.
Pes mihi, qualis erat quandoque Erymanthidos ursæ,
    Quam dedit Arctoo Jupiter ipse polo.
Pes latu , quoniam firmæ constantia mentis
    Debebit justi rebus adesse viri.
Nunquam animi vultum muto, nisi tempora poscant,
    Tempore, non rebus, sanctio nostra cadit.
Sæpe minis tentor, maneoque immotus ab illis,
    Sic Boreas validis incubat arboribus.
Adde, quod oblatis eadem gero pectora donis,
    Quæ tamen in vulgo sæpe valere solent.
Dextra tenet clausos loculos, coriumque revinctum,
    Non tribuo, nisi quod fasque, decusque jubent.
Parcus in immeritos ego sum, dextrâque tenaci
    Non sino inutiliter parta labore rapi.
At largus, si quando decet, si invitor honore,
    Hinc jacit invisam larga sinistra stipem.
Pauperibus dono, per egentes largio amicos,
    Et teneo, superet quod mihi, quodque meis.
Vestibus incedo cultis, velorque decenter,
    Et placet ornatus, munditiæque mihi
Non tamen ut molli videar male tectus amictu,
    Veste tegor, fortis quam decet esse viri.
Consuevi in gestu pulchrum servare decorem,
    Hoc solet intentos conciliare animos.
At, si quid turpe est, medioque inamabile vulgo,
    Dedecet, et magnis officit ingeniis.

IX.

Ulrici de Hutten,

Equit. Germ.

ad

Cæsarem Maximilianum

Epigrammatum liber.

Einleitung.

Als Ulrich Hutten im J. 1514 aus Italien zurückgekehrt war, fand er, wie schon oben angedeutet worden, eine von Vadian mit allzugroſser Voreile veranstaltete Sammlung seiner Epigramme, und seines Mahn-Gedichtes an Kaiser Max gegen die Venetianer unter einer groſsen Zahl von Personen durch ganz Teutschland herumgehend, mit vielen Verunstaltungen, und Sinnentstellenden Druckfehlern, wie leicht zu begreifen war, angefüllt. Ungeachtet er nun noch nicht gewillt gewesen, eine Sammlung dieser Gedichte, von welchen er die meisten, wie ihn der Eindruck der Stunden dahinriſs, ohne groſse Aufmerksamkeit niedergeschrieben hatte, so glaubte er doch seine schriftstellerische Ehre zum Theil noch retten zu müſsen, und machte sich, da ihn seine Freunde an des Kaisers Hof häufig bestürmten, den Kaiser durch eine Zueignung zu ehren, und auf diese Weise sich bekannter zu machen, endlich an eine Verbesserung derselben, und gab sie auch wirklich mit vielen neuen seither verfertigten dichterischen Aufsätzen heraus. Diese Ausgabe von 1514 ist nicht mehr aufzufinden; hingegen eine von 1518 ohne Druckort und Datum vorhanden, welche mit folgenden Poesien eine und dieselbe Sammlung bildet.

a) *Ad Cæsar. Max. ut bell. in Venetos proseq. Exhortatorium.*
b) *Ad Maximil. Epigram. lib. I.*
c) *De Piscatura Venetorum Heroicum.*
d) *De non degeneri German. statu Heroic.*
e) *Ad Maximil. Cæs. Epist. Italiæ.*
f) *Autore Helio Eob. Hesso Maximiliani ad Italiam responsoria.*
g) *Varia Hutt. Epigram. et*
h) *ejus apud Hadrianum Cardin. pro Capnione intercessio.* —

Mit dem Motto: *Jucunda omnibus inest novitas, lege et cognosces. Cum Privilegio Imperiali.*

Eine neue Ausgabe der Epigr. erschien 1519 zu Augsburg; endlich wurden dieselben sowohl, als die übrigen hier aufgeführten Gedichte mit noch einigen andern in die „*Opera Poëtica ex diversis Monumentis collecta*“ aufgenommen (Frankf. und Leiden 1538). Das „*Prognosticon ad Leonem X. in ann. 1516*“ hab' ich für gut befunden an einem andern Orte einzuschalten, da es sich unmöglich in der Original-Ausg. von 1514 kann befunden haben, und daher willkührlich dieser Sammlung beigerückt worden.

Sämmtliche Gedichte in jener Sammlung von 1518 findet man auch in den *Deliciis poëtar. Germanor. III. 635—727*; fünf der Epigramme vor Justin Goblers Chronika der Kriegshändel Maxim. I. Frankf. 1566. fol.; mehrere in „*Sylvula Carm. aliquot. a divers. piis, et eruditis viris conscript. 1553. p. 74 — 86.* Diese *Sylvula* ist „*Thomæ Naogeorgii Regno Papist. 1553. 8.* angehängt.

Ulrici de Hutten,
Equitis Germani,
ad Cæsarem Maximilianum
Epigrammatum liber.

Præfatio.

Erumpit tandem Cæsar, et lenitatis tuæ præsidio in lucem egredi audet, magnarum nugarum, haud ita magna diligentia elaboratus a me libellus, ut qui ne senserit quidem adhuc, qua comminui debebat, limam. Erumpit tamen, immaturus quidem ille, sed autoris sui periculo, quem istæ manent severæ Criticorum sententiæ. Quanquam non mea id omnino culpa fit. Quippe, vecte clausissem hunc, certus non edere, contigit, ut qui magnam ejus olim partem descripserant, paulo post in Italia jam agente me, et ne suspicante hoc quidem, divulgarent. Quod ego in Germaniam rediens, ubi comperissem, et jam Epigrammata ipsa in manibus haberi viderem, corrupta illa, et ut raptim quodque; ac ipsa adhuc incude fervens collectum erat, quid aliud facerem, quam ut revisas nugas, et paucis admodum emendatis erroribus, atque ut obiter fieri potuit, detersa, si qua horridior esset, scabritie liberius evolare paterer? Accedit ad hoc, quod in tua aula, qui mei studio tenentur, aliquid efflagitabant, quod tua cum laude, ut ipsi putabant, ederetur, ac statim ederetur, sic fore dictitantes, ut tibi innotescerem. Ita non jam me apte ductus ambitione, sed aliorum importunitate coactus, in errorem consensi, sive hoc tibi gratum facio, sive non bene noverunt te, qui hoc aliquid referre existimabant. Quod utcunque æstimes non magnifacio. Jam alio enim opere, et magis accurato illo forte, tuis occurrere virtutibus decrevi. Interea hoc habe, quæ si non admodum probes, legas tamen, aut non legas etiam, saltem habeas. Sunt Epigrammata varie, diversis locis ac temporibus in tuas scilicet victorias, aut ut quodque objectum est, quod vel ipse vidi, quibusdam enim interfui, vel aliorum relatione gestum cognovi. Quam rem, si accuratius paullo retulissem in litteras, contemnere nemo potuit, nunc istam in dubios eventus, et ambigua sorte, aleam jacio, pro te interim vovens, ut diutissime nobis imperes, et incolumis persistas, hoc crebro afferens ἐικος ἐστὶ, κορώνης ἐνι αὐτοὺς ἄρξαι παρ' ἡμῖν τὸν δικαιότατον ἄρχοντα. Nec tu secus de Germania videris esse meritus. Quæ enim bella non gessisti, sine magno nostro dispendio! Inimicorum opera ultus inimicos, cum qui hinc inde hostes essent, eos invicem committeres, videlicet, ut te absumere qui contenderent, hi se ipsi, te spectante, ad incendium illud tuo flatu alente, consumerent. Quo consilio, Gallorum incommodo adflixisti Venetos, rursumque Gallos Helveticorum ac Britannorum opera perculisti, nostris ad omnia pericula rarissime usus. Prudenter per deos, ut isti scilicet, de quorum potentia aliquid suspicionis ad te pertineret, comminuerentur, nos hic in omni securitate pacem haberemus, et quod omnium vincit admirationem, tantum bellum, tam grave, tam periculosum, ne sentiremus quidem. Quid illud? militibus, qui Veronæ in præsidio erant, et qui Brixam tuebantur, his quinque plus mensibus, Venetorum pecunia, qua inducias illi abs te redemerant, stipendium adnumerari quod vidimus? Hoc primum te imperante passi sunt Veneti, ut suis opibus contra se militantes compararent. Age vero, a quo unquam rege, aut principe, eo mor pacem petiverunt, quo a te primo hujus belli anno apud Cremam profligati cum essent, ut qui pacem dares idem conditiones pacis scriberes? Nec obtinuerunt, te infensius jam irato, quam placari qui posses, aut pacem qui prece ac pretio intercedente admitteres. Quod faxit Deus Opt. Max. ut salutare huic imperio, tibi summa cum laude et gloria exeat. Sed jam sine ipsis me tibi nugis obstrepere.

Epigrammata.

Ad Librum.

Ne prodi titulo ampliore rebus,
Picta fronte, nitore liminari,
Ut fallas populum liber sub auras,
Multos vidi ego sic superbientes,
Scombris, et piperi togas dedisse,
Exi simpliciter, citraque pompam.

De Se.

Francia, cui patria est, gelidam porrecta sub Arcton,
Hercyniumque nemus, qua vitifer exit in amnem
Mogus Rhene tuum, qua Fagina sylva feroces
Francorum populos vicino dirimit Hesso.
Cui pater Huttenus, atque ordine mater eodem
Contigit ex equitum, tractu tentavit in illo
Cæsareas pugnas peregrino inscribere versu.
Itale da veniam, si se haud feliciter infert
Cultibus ille tuis, certe acceptum ipse tulisset
Vatibus Ausoniis, si quem meruisset honorem.

De Aquila.

Hæc volucris quæ nunc passis nihil utitur alis,
Omniaque æria despicit e specula.
Si quasquam in terras rostrorumque armarit et ungues,
Quas turbas illam posse ciere putem?

De Cæsare.

Christus habet cœlos, infra regit omnia Cæsar,
Nec nisi cœlestem respicit hic dominum.

Ad Cæsarem.

Quæ causa, aut quæ res mortalibus olim
Quos colerent votis, indidit esse deos?
Nempe eadem, quæ te feret hinc super ætherea virtus,
Provehit hæc homines, et facit esse deos.

De Aquila.

Non mirum est si jam cunctatrix spernitur Ales,
Tam lenta multos usa quiete dies.
Nam neque compertum est, quid dum tacet illa volutet,
Quæ sibi constituat tempora, quidve paret.

De Eadem.

Hanc volucrem, quæ nunc sine bello et sanguinis usu
Pacem habuit multos semisopita dies,
Si quis odoratus erit, nec siverit esse quietam,
Dispeream male, ni consulet ille sibi.
Non est iste sopor, ex quo non surgere possit,
Sæpe lacessitæ est alta soluta quies.
Atque ubi surgit humo, per apertasque evolat auras,
Heu quantos circum concitat illa metus.

Ad Aquilam de motu Cæsaris.

Armiger alte Jovis, mundi timor, inclyta virtus,
Quos ruis in populos?
Quo se mitis amor, quo se clementia vertit,
Quæque fuit pietas?
Arma gerit mundus, pax est turbata per omnes,
Priscaque rupta quies.
Movit causa viros, furibunda in prœlia gentes,
Te duce bella gerunt.
Ira duces, et cædis amor, fastidia pacis
Una iniere tuos,
Inclyte terrarum ductor, spes summa tuorum,
Alte amor, alte timor.
Quos trahis eventus animo? quas concipis iras?
Cui ne nocere paras?
Quas affligis opes, aut quod fortissime regum
Destruis imperium?
An mortale tuis peius requiescit in alis,
Te fruiturque genus?
Hæc quisquam irata nimiumque nocere parante
Quæsiit ex Aquila.
Retulit illa viro, causam illinc Gallia pugnax
Præbuit, huic Veneti.
Sæpe quidem Venetis, quanquam exagitata, peperci,
Cum peterent veniam.
At Gallos etiam meritis, et viribus auxi,
Non retulere vicem.
Vix ea commemorans, totas consurgit in alas,
Nunquam ita terribilis.
Cui se tot populi juxta, passimque secuti,
Applicuere duces.
Heu male consultum Venetis Galloque ruenti,
Quos necat iste furor.

Ad Cæsarem.

Velle puto Superos, ut te tua fata repente
Sublimem priscis adnumerent atavis.
Vota ferunt homines et te superesse precantur,
Infera nam quis te digeret hæc melius?
Ast ego fumosas quoties loco munus ad aras,
Hoc peto, et hoc mecum mille petunt alii.
Invideant ne te misero pia numina mundo,
Atque ita dent cœlos, ne hinc rapiare cito.

De magnitudine Maximiliani ad Germaniam.

Quid veteres mirare tuos Germania Reges?
Quid repetis priscos in tua secla Duces?
Ne pete Gambrivios, natosque Tuisconis omneis,
Visaque sub Manno fortia corda deo,
Hermionasve alacreis, natosque Ingevones armis,
Cimbrorum proceres, Teutonicumque genus.
Quique domi tibi, quique foris peperere decorem,
Neve Ariovistos, Arminiumque ferum.
Crede mihi, temere præsens revocatur ad ævum
Carolus, ut fortis, magnus ut ille fuit.
Quid septem Henrichos, quid tres miraris Othones,
Non ulli dignos cedere Scipiadi?
Et Latio horribiles Friderichos, quos ratio egit
Ulcisci infidos sanguine Pontifices?
Ut tunc tempus erat, nemo ornamento superbæ
Teutoniæ potuit provehere ulterius.
Nemo istis melius gessit, vel pace, vel armis
Rem patriæ. Nemo fortius arma tulit.
At si quem probitas, si quem omnis criminis expers
Mens dignum patrio fecerit imperio.

Si cupis innocuos mores, pacemque, fidemque,
Summus et ad votum Maximilianus erit,
Quem neque mollities possedit, quæque voluptas
Terrarum dominis regibus esse solet.
Et cui non placuit luxu indulgere supino,
Si qua fuit, nunquam pax odiosa fuit.
Illecebris nullis, nullaque libidine fractus
Defuit illi sibi, defuit ille tibi,
Quis vidit madidum myrrha crispare capillum?
Quis vidit casia, quis maduisse croco?
Quando armis requiem, bello quando otia honesto,
Aut trabeam rigido prætulit ille sago?
At contra integritas, contra est clementia virtus,
Quæque artes tantum percoluere animum.
Si petis ingenium, si ne qua industria desit,
Septem uno linguas hic solet ore loqui.
Si petis, ut sumptis bellum experiatur in armis,
Jam ruit in Gallos, jam ruit in Venetos.

In obsidione Patavina æger.

Euganeas video turreis, Antenoris urbem,
Speratum fractis effugium Venetis.
Telorum volat omne genus, defendere muros
Illi, nos contra tendimus eruere.
Nos coelum et tellus, illos sua moenia servant,
Spes nobis, illis propositus timor est.
Reddidit inclusos sua desperatio forteis,
Cumque fuga ulterior nulla sit, arma movent.
Si quis in hoc numero est, qui possit plurima, cives,
Hunc ut servemus, me perimant Veneti.
Jam pede pertæsum est, claudoque insistere talo,
Qui valet ut vivat, me perimant Veneti.

Ad Maximilianum Cæsarem.

Si tua corruptum moveat clementia mundum,
Ut constet, rebus non inhictque novis.
Si te propositas Cæsar comitemur ad arteis,
Si coeant votis omnia vota tuis.
Major Roma fuit, nunquam contendere possim,
Si qui ad hanc veteres ducat Olympiadas.
Nunc nostris trahimur vitiis, nobisque perimus.
Quos tu, quam malles heu tua jussa sequi.
Verte animum Cæsar. Non te mitemque bonumque,
Non te clementem tempora nostra volunt.

De Maximiliano Cæsare.

Ille viri Cæsar, pacis studiosus, et ævo
Segnitie nimia visus obesse suo,
Cernere enim factis licet, et novitate stupenda
Majore est, quam tunc corde putatus erat.
Donec facta tulit Veneti opprobriosa Senatus,
Non caruit, sed non perfrutus est animo.
Atque igitur reputans, quæ nunc sub pectore dicit,
Qui non hoc Marii, Scipiadæque latent?
Maxima non laus est, confestim effundere vires,
Sed remorari animum, temporibusque frui.

De Se in obsidione Patavina.

Erraram a castris ad clausam Antenoris urbem,
Continuo flamma missilibusque petor.
Certe equidem fateor, timui nec ut ante movebam
Invidiam lingua, sed bona verba dedi,
Parcite, qui Patavi muros arcemque tenetis,
In me vulnifica mittere tela manu.

Parcite me Veneti ferro disperdere et igni,
Nec de tot pessum millibus unus eam.
Non ea fortuna est ut nunc ego vique manuque
Horrida commoti Cæsaris arma sequar.
Huc me sola trahit vestri admiratio regni,
Noscere vos cupio, perdere non cupio.
Ut videam veni, non veni evertere bello
Altini sedes, Euganeasque domos.
Alter ab arctoa vobis furor imminet Alpe,
Germanum peditem ducit Iberus eques.
Has ruite in vires, nam quæ tum gloria parta est,
Si de tot pessum millibus unus eam?
Nullæ hostem movere preces, mihi terga relapso
Heu quam difficili consuluere fuga.
Ut cæso me nullus honor fuit, haud ita vobis
Pulchrum est me claudos eripuisse pedes,
Dicebam, et fessus media inter millia cursu,
Tutus in effosso delitui tumulo.

De leviuscula quadam a Venetis accepta clade.

Cernis, ut Adriacas moveant nova gaudia Ranas?
In numerum Venetus, ut saliatque Leo?
Cernis, ut Euganea respiret Marcus in unda?
Utque tumens patria vix capiatur aqua.
Causa rei, sumptis non fauste Teutones armis,
Mille quod a Venetis procubuere duo.
At postquam ferus arma geret Jove vindice Cæsar,
Quod tutum Venetis tum satis æquor erit?

De Venetis et Germanis.

Tollere pax Venetos, Germanos arma solebant.
Ingeniumque suum pondus utrisque dabat.
Mutantur mores, neque enim Germania pugnat,
Armaque tu temere conseris urbs Venetum.
Si licet ire retro, vicibus date mutua versis,
Res tunc Germanis, res erit et Venetis.

In Gallos, Cæsarem fugere commentos.

Solaris te Galle miser, tibi gaudia fingis,
Hæc petis in media commoda tristitia.
Fingis enim, rebusque tuis lætum instruis omen,
Quo quis te in populo non putet ista pati.
Finge quidem, casusque tuos solare premendo.
Interea Cæsar dum gerat ista tamen,
Et quem tu jactas abrupto excedere bello,
Hæreat in tergo, cæde manuque tuo.

Pro Pasquillo Romæ.

Anxia lustrato postquam gens Itala mundo
Consuluit vates, consuluitque deos.
Quod male respondent vates, Pasquille, deique,
Te rogat, amisso Cæsare, Cæsar ubi est?
Certa nec accessi referunt oracula Delphi,
Nec Dodonei silva canora Jovis.
Omnia templa silent, nullus canit abdita vates,
Ipse tacet Lybico corniger orbe deus.
Ut tandem inveniat, mira Florentia motu,
Visa est iam claro sole tulisse faces.

Atque aliquis metuens, nec sit sine Cæsare mundus,
Elegit Gallum Cæsaris esse loco.
Maxima res, neque te Pasquille peritior alter,
Dic tandem, vates optime: Cæsar ubi est?

Pasquillus.

Pone metum Romane tuo de Cæsare, vivit,
Ulla fides ex me sit tibi, vivit adhuc.
Vis ultra sperare aliquid? venit hoc ego vates,
Quo ratius loquitur Delphica fama nihil.
Pugnaces revolant aquilæ, vidi ipse volantes,
Et tota horribilis spargere ab alpe minas.
Quid gemitis Veneti tandem? quid Galle tremiscis?
Hæc ego non dixi sæpe futura prius?

De quodam in Italia conventu.

Omnia miscentur, confudimus infima summis,
Partitur, quisquis non sua regna tenet.
Abstrahitur Latium se cluso a Cæsare, donat
Hoc aliquis Venetis, hoc tibi Galle aliquis.
Oppositam molem, iniectasque ut transeat alpeis,
Has Aquilæ pennas quis satis esse putet?

In Venetos jam exultantes.

Desinite ob casum Veneti exultare repente,
Quæ fortuna bona est, itque reditque cito.
Armiger iste Jovis, qui lumine dormit aperto,
Sublimi vobis imminet e specula:

Qualis ea est, non est Aquilam contemnere tutam,
Sæpe quid assuetam ferre, morasque pati.
Jamque soporatæ similis, si moverit alas,
Quos non continuo conciet illa metus?
Non tutum est Aquilæ Veneti contemnere pennas,
Et valde his potis est, et nocuisse cito.

De Cæsare et Venetis.

Rapa procax nuper Venetas egressa paludes,
Ausa est, quam tetigit, dicere: terra mea est.
Quam procul ut vidit specula Jovis ales ab alta,
Convulsam ad luteas ungue retrusit aquas.

De Venetorum petulantia.

Bella movent Veneti, poscunt te in prœlia Cæsar,
Quæ mora? da bellum, prœlia Cæsar ini.
Excipiant Rhœti Venetos, alacresque Suevi,
Germanos gladios Itala parma voret.
Hæc vixdum ediderat quisquam, cum jam impete facto,
In Venetos rueret, consereretque manum.
Cromnia progenies, et magnæ filia Troiæ,
Quo fugis? hostili cum pede siste pedem.

De Bello Veneto.

Quid faciunt Veneti? pugnant. Quo milite? ranis.
Quo duce? mentitus præcipit arma Leo.
Tum quibus auxiliis? Gallorum. In quo hoste morantur?
Cæsare. Quid prædæ quæritur? Italia.
Quid gessere igitur? quosdam excivere tumultus.
Quod fortasse duces terruit Italicos.

Quid factum interea? movit Jovis armiger alas.
Quid Veneti? rebus consuluere fuga.
Quem finem sperare licet? Regina volucrum,
Et rostro, et sævis unguibus arma geret.
Desinet esse Leo, spolio dux victus adempto,
Fractaque in Adriaca Rana latebit aqua.

De odioso Venetorum imperio.

Quæ vicinia non tulit moleste
Regnantes Venetos? quis anxio non
Commutare volebat hos periclo?
Crudeleis, dominos, graveis, tyrannos,
Sævos, δημοβόρους, feros, rapaces,
Gaudentes nece, sanguinariosque,
Cyclopum simileis, acerbiores
Irato Phalari, Syracusana
Plus aula nocuos, cadaveroso
Regno Lestrigonum cruentiores.
Sed me nescio, quid magis molestat,
Ut nolim Venetos diu imperare,
Negant a Venetis fidem teneri.

Votum in morbo pedis.

Has tibi dona fero mundi regnator ad aras,
Quæ dabo jam salvo prosperiora pede.
Da morbum cessare pedis, da robur ademptum,
Sic tua nunquam Arabo templa sapore vacent.
Marte rapit Venetos dux Maximilianus in hostes,
Germanos pedites, et Calabros equites.
Non precor, ut morbo vivam tranquillus abacto,
In bellum ut tanto sed duce miles eam.

Mortem esse extremum omnium malorum.

Verbum Cæsaris haud redarguendum,
Dignum hoc pectore, talibusque gestis,
Et vel Pharsalico amplius triumpho,
Quo mortem statuit malis supremum,
Finemque omnibus et modum, dolori
Optatam requiem. Fluunt ter octo
Germani juvenes, recente pugna
In thermis Aponi (nefas) perempti
Nec jam crura dolent pedesque, ut ante,
Cur quærant Aponi calens lavacrum.
Quod non unda dedit, nec ars, nec herba,
Ut fiat lacero modus dolori,
His tot mensibus, alteris tot annis,
Mors una tribuit viris in hora.
Quod quisque videt, æstimatque secum,
An quod Julius haud putabit idem,
Mors est terminus omnium malorum?

In Venetos.

Haud dum omnes contemptæ aquilæ, ne rana superbi,
Neu tibi sub Marco semileone place.
Videris insubres Gallo licet auspice turmas
Confringi, Helvetias interimique manus,
Sæpe suus victis rediit Deus, aut ego fallor,
Aut tibi Teutonica restat ab alpe malum.

In Bartholomæum de Viano, ducem Veneti exercitus.

Prospera si pugna est, juras, si improspera, juras.
Ocia nactus idem Bartholomæe facis.

Si vincis, juras: iterum si labere, juras.
    In castris juras, in curia, inque foro.
Militiæ juras, inter convivia juras,
    Juras in medio naufragus Oceano.
Juras arma ferens, juras in pace togaque,
    Juras, seu tractes seria, sive jocos.
Si lux est, juras, nox te jurante tenebras
    Invehit, et fuscis Cynthia fertur equis.
Undique cum jures, jurando dic mihi tandem,
    Quid non jurando Bartholomæe facis?

In Eundem.

Nulla est religio, servasti fœdera nunquam,
    Contemerasti omnem Bartholomæe fidem.
Moribus his si te durare impune videbo,
    Quos colui, nullos esse putabo deos.

Roberti Severinati's Epitaphium.

Robertus sub hac mole belliger cubo,
Viator, ille Martius dux Italum,
Gerente quo rem, fortis Adria stetit.
Peremptus idem patriæ spem sustuli.
Germanus insolenter ausum me dedit
Exempla princeps posteris. Cave nepos.

De perfidia Venetorum.

Miraris Venetæ Cæsar perjuria gentis,
    Miraris toties fœdera rupta tibi.
Simpliciter nimium. Quid enim jurare sinebas?
    Quos jurat Venetus, non putat esse deos.

De Grassatura Venetorum.

Jam per Osopiacas Venetus leo pascua rupes
Ibat, et in Carnis Illyricoque legens.
Ibat, Amyclei quærens in fonte Timavi,
Quis domet immanem raptibus ingluviem,
Præda Tridentino captata est ultima rure.
In primo fortis limine Teutoniæ,
Cum populi Italiæ partum satis esse monerent,
Grassandi faceret nec tamen ille modum,
Continuo Boreæ surgens Jovis ales ab axe,
Horrenda in Tenetas morte repellit aquas.

De Venetis.

Passa sub Argivo quæcunque Agamemnone Troia est,
Quæ mala Pellæo sub duce Theba tulit.
Quæ Carthago potens, quæ bello pressa Corinthus,
Sævitum in Solymas quo fugit igne domus,
Et qua Mimedæam prostävit clade Damascum,
Qui terris Scythico fulmen ab ore ruit,
Qua rabie Turcus Bizanti perdidit urbem
Non metuunt Veneti, sed graviora ferent.

De odio Venetorum.

Oderunt populi Venetos, odere tyranni.
Quique procul, quique his proximiora tenent.
Excidium cuncti supremaque fata precantur,
Regnantes nemo ferre potest Venetos.
Dispeream, tantæ quæ pondera sustinet urbis,
Si sua cum Venetis Doris amica manet.

De pugna Mediolanensi in Venetos.

Insubriæ cecidere duces, ruit Helveta pubes,
Gaudet, et in patria rana triumphat aqua.
Fer modice, nec te nimium successibus effer,
Perpetuum non est hoc tibi rana bonum.
Optima quæque suum cito perficit hora tenorem.
Nutat in ambiguo sors malefida statu.
Cum videas nihil esse diu, mutanda repente
Omnia, per varias ire, redire vices.
Hoc potes eventu celebrem ductare triumphum,
Nescia quæ sequitur, quid ferat hora tibi?
Fer modice, nec te nimium successibus effer,
Multa simul veniunt læta, abeuntque cito.

De proditione per milites germanos Brixiæ.

Non capta est ferrò, verum auro Brixia capta est,
Perdidimus famam, perdidimusque fidem.
Hoc de Germanis? aut cui metus ante subisset,
Ne quisquam hos populos proditione notet?
Perdidimus famam, cives, et turpiter ausi,
Omnibus externis fabula foeda sumus.
Dii perdant, facinus quibus hoc autoribus actum est:
Per quos hæc famæ nascitur improbitas.
Tu dominus Venetis, et avaro Brixia Marco
Germanorum hominum proditione subi.
Proh facinus, quid enim non dant hæc tempora peius?
Perdidimus famam, perdidimusque fidem.

De clade a Venetis accepta.

Odisse Adriacas, sed non contemnere ranas,
O socii recte, qui monet, ille monet.
Dixi equidem: sunt et Venetis sua numina, sors est,
Quæ varias dubio circinat orbe vices.
Quod dixi, risere viri, quidamque bibendo,
Clamabant Venetos se iugulare decem.
Hoc Venetos iugulare fuit? vel ab hoste tueri
Hoc fuit? o vitam, somnia, vina, dapes.
Millia cæsa virum, sumptis sine turpiter armis
Quatuor, o vitam, somnia, vina, dapes.

In pugnam Cremonensem.

Qui volet attonitæ pugnam inscripsisse Cremonæ,
Ut breviter cladi det titulum Venetæ,
Hoc potuit salvo decerpere carmen Homero:
Ἔκτανε τοὺς βατράχους ἄιετος ὑψιπέτης.

Jacobi de Ems, Eq. Germ., qui proelio Ravennensi occubuit, Epitaphium.

Hospitis ad tumulum quisquis spatiare Suevi,
Desine propitios esse negare deos,
Postquam omnes Italorum urbes, patriæque potentis
Implerat fama nominis, occubuit.
Pugnavit toties, nunquam non vicit in armis,
Hoc quoque, quo cecidit, tempore victor erat.
Ne mortem accusa, neque enim vitam abstulit, auxit,
Quin hæc si moveas, vivere busta putes.

In pugnam Cremonensem.

Bella, trophæa, viros, pugnas, spolia, arma, necesque,
Non vacat Ausonidum commemorare patrum.
Cæsa Cremonenses patefecit ut Adria campos,
Persuasum est, vinci nil potuisse magis.

In pugnam Ravennensem.

Victori victoque dolor, rabida arma quiescunt,
Qui vicit, non sic vincere sæpe volet.
Concurri sumptis quis vidit atrocius armis?
Telaque misceri sanguinolenta magis?
Unius haud populi pugna profudit in illa,
Roma suas vires, Illyricumque suas.
Tum proceres perire Itali. Germana juventus
Amisit primæ robora militiæ.
Profligata acies Hispana, ignobile vulgus,
Retulit amissis Gallia nobilibus.
Julius una mali causa est, respublica Christi
In sua crudeli viscera cæde ruit.

Ad Ravennates.

Perdis opes, perdisque viros, dura omnia perfers,
I nunc, Pontifici plaude Ravenna tuo.

In mortem Jacobi de Ems.

Quam prius ediderat stragem fortissimus heros,
Hanc super exhaustus sanguine procubuit.
Aspicis exangues jam nunc quoque frendere vultus?
Pallentique truces, fervere in ore minas?
Sic stratam ut tulerat, jam nunc etiam arma ferentem,
Qui videt, avertens hostis, ut ante timet.

Ad Cæsarem, de profligatis Venetis.

Debebat tibi nobiles tyrannos,
Debebat tibi sors viros ducesque,
Invictos animo feroce reges,
Gesta re celebri, potentiaque
Sublimes, tibi debuit triumphos
De virtute pari, sed ut ferebat
Fortunæ favor, atque iniquus error,
Quanquam est hoc aliquid, tibi relictum est,
Dum punis Venetos superbientes,
A laudum modico decore tolli.

In pugnam Cremonensem.

Ὧν ὕβριστε βίητε σιδήρεον οὐρανὸν ἧκει,
Et qui non homines, non timuere deos.
Hac Veneti servare fidem de clade monentur,
Ruptaque profuso sanguine pacta luunt.

Bombardæ a Germanis pugna Ravennensi receptae.

Gallorum tormenta sumus, Germanus ademit,
Quondam hosti victor, nunc reddidit victor amico.

Obsessus a Gallis cum salutem desperasset.

Qui misere natus miserabile transiit ævum,
Sæpe malum terra sæpeque passus aquis.
Hic jacet Huttenus. Galli nil tale merenti
Insontem gladiis eripuere animam.
Si fuit hoc fatum vita torquerior omni,
Censendum est recte procubuisse cito.

Vixi equidem Musis, animum coluique per artes,
Sed reor irato me studuisse deo.
Mens erat, arma sequi, et Venetum sub Cæsare bellum
Verum alio bello concidi et hoste alio.
Pauperiem, morbos, spolium, frigusque, famemque.
Vita omni, et quæ sunt asperiora, tuli.
Recte actum, cecidi iuvenis miser, et miser exul,
Ne maiora feram, ne videarque meis.

Trophæum Jacobi de Ems.

Mars genitor votos Jacobus ductor honores,
Hæc tibi de fusis arma locat Venetis.

De Venetis ad Cæsarem.

Ferebant Veneti nimis superbe
Fortunas patrias, suique census
Non evertibiles maris putabant,
Tanquam illis dea coeca semper aurum,
Semper divitias rota favente
Præsens accumularet, et quotannis
Devictis nova regibus tributa
Ultro apponeret. Hinc furor minæque,
Hinc insania, pertinaxque fastus,
Augebant animos ferocientes.
Hinc ille immodicus tumor suasit,
Reges spernere, despicatuique
Germanum decus et viros habere,
Divos atque homines nihil vereri.
Ah nudum quoties et indigentem,
Exhaustumque pecunia vocabant:
Ludo te Veneti salaciori,
Te dicteria, te leves cachinni,

Et saltatio et insolens theatrum,
Notabant, tibi mordicus prehenso,
Infames tituli et notæ tributæ,
Versa est tota retro beans virago,
Et quæ iam Venetum ioca impudentum,
Hancque in te pentulantiam ferebat,
Rursum (o tempora) deiicit premito,
Nudos æris, et omnium carentes,
Solos, auxilioque destitutos.
It lugens mala civitas, facitque
Quos sprevit, superis suprema vota.

De muneribus Venetorum.

Ut pacem obtineant, ut te in sua fœdera ducant,
Omne genus Cæsar munera dant Veneti.
Hæc dare, surripere est. Si sumpseris, o decus, o laus.
Quæ tibi devictis integra erant Venetis.
Dant tibi, quæ tua sunt, rapiunt tibi maxima ab hoste
Missa, vocare igitur quid licet? insidias.

In pugnam Ravennensem.

Fas, socii, male velle malis, odisse superbos,
Armaque conari contra inimica manu.
At miserum est, sociale nefas, civileque bellum
Miscere, et sociæ cladis amore trahi.
Vicimus, at nobis perit, et de sanguine nostro
Effusum est, quicquid perdidit ista dies.
Atque hoc servitum est iterum tibi Turca triumpho,
Quod nisi lætaris, non sapis, at sapis hoc.
Te felicem igitur, cui quos tu perdere velles,
Ipsi intestino perdimur exitio.

Victor ova, compos voti, suspende trophæum;
Nam sine cæde tua vicimus ista tibi.
Mutuum in interitum pastoris ovilia Christi,
Nedum hæc ille lupus perderet, ipsa cadunt.
Erratum est, socii. Tum si quis gaudet ab ista
Cæde, suo lætum se sciat esse malo.

Ad Cæsarem.

Senserunt Veneti, quæ sint ea somnia, Cæsar,
Quæ modo dicebant perpetua esse tibi.
Tantorum sopor his igitur fuit illc malorum
Causa, quod hanc requiem non voluere pati.
Fallaces oculi, et simulantia lumina somnum,
Quo (miserum) Venetos perditis exitio.

De pugna Ravennensi.

Sparsa Ravennates semi obruta membra per agros,
Quæque fit esca avibus, quæque fit esca feris.
Diversorum hominum manante cadavera tabo,
Corporis Hispani hoc, corporis hoc Veneti.
Germanorum alibi iuvenum caritura sepulchro
Ossa, videt quisquam et temperat a lacrymis?

Ad Cæsarem, de victoria Cremonensi.

Ulte nefas Venetum, scelera ulte insignia Cæsar,
Confer in accensos thurea dona focos.
Gratas redde preces, æquo cadat hostia Christo,
Qui te qui patriam servat, et imperium
Qui Venetas tibi fregit opes, spem gentis avaræ
Sustulit, in miseros deposuitque metus,

Sacra Deo primum fac sospes, deinde triumpha,
Lætaque victrici fige trophæa manu.
Tum vos Cæsareæ quibus est cura ulla salutis,
Hic pia ferte Deo munera, ferte preces.

De proelio Cremonensi.

Prœlia Mantoo dare carmen idonea vati,
Materia insigni, iustaque Mæonidi,
Res Venetum quibus aucta tenus fuit, omnipotente
Fortuna gratas usque movente vices,
Heu quantum fregistis opum! Quæ copia per vos
Ex illo rerum flore senescit inops.
Nubila felici duxistis quanta sereno,
Scilicet hac Venetum res fuit aucta tenus.

De Eodem.

Parte videt Venetos conflictu Crema sinistro
Hac cadere, atque illa parte Cremona videt.
Dat speciem fortuna sui, dant numina signum,
Heu nullam humanis rebus inesse fidem.

Ad Venetos de pugna Cremonensi.

Cæsareos soliti petulanter carpere somnos,
Cunctantisque moras vertere in opprobrium,
Desidiam nobis Veneti obiecistis, et illam,
Nobis hava, vobis quæ nocuit, requiem,
Ociaque et lusus, quando inter vina supinos
Dixistis populos degere Teutonicos.
Verba animos movere virum, risusque superbi
Solvimus infamis ocia desidiæ,

Solvimus, o Veneti, somnos, vigilamus abactis
Lusibus, in vestras sed vigilamus opes.
Jamque etiam eventus docuit pugnare supinos.
Scire, et cunctantes rumpere posse moras.

De fortuna Venetorum.

Qui nuper terris Veneti quique omnibus undis
Imperium, et leges imposuere novas,
Qui vicere duces, traxere in vincula reges,
Et freno populos continuere feros,
Quorum opibus nil maius erat, quorum urbe superbum
Ilion inferius, sordidiusque fuit,
Et qui iam secum tumidi caput orbis agebant,
(Quid non immutant tempora?) sunt miseri.

De ærumnis Maximiliani.

Quos facit excelsos, cogit prius omnia virtus,
Quædam etiam, quæ vix sint adeunda, pati.
Quæ si lance suis quicquid dat, ponderat æqua,
Et quantus labor est, præmia tanta refert.
Nemo maior erit, nemo te æquabit honore,
Nam qui pertulerit tot mala, nemo fuit.

De immodestia Venetorum.

Concessit Venetis maxima Jupiter
Terras, et peregre divitias maris,
Europæ in populos, perque Asiæ sinus,
Ingens imperium, regnaque forita.
Atque hæc si libeat ferre modestius,
Dixisses etiam plus nimio satis,

Sed magnas quia res magna superbia
Tranquilli impatiens desuper abiicit,
Rursum aufert Venetis omnia Jupiter.

De fortuna, ad Cæsarem.

Nuper virtuti fortuna inimica furebat,
Quantis ut posset viribus officeret.
Ergo ut te totum pessundaret, ocvus illam
Fronti aptasse ferunt cornua binæ suæ.
Tu virtute tua nixus, de fronte revellis
Cornu aliud Gallos, cornu aliud Venetos.

De imprudentia Venetorum.

Quisquis exemplo Veneti senatus
Non feret lætam placide quietem,
Ducat exemplo Veneti senatus
Tristia fata.

De fatis Venetorum.

Fabula mota recens Italas conterruit urbes,
Atque illam Veneti composuere patres,
Scilicet, ut si quid foret infeliciter actum
Hæc mœstum attonita pellet ob urbe metum,
Esse quid in fatis, quod Cæsaris arma moretur,
Atque illos iubeat orbis habere caput.
Germanas aquilas Veneto succumbere Marco,
Summaque in Adriaco regna futura freto.
Terribiles etiam clades, cædemque minantur,
Quæ cum aliis credat, non eget Helleboro?

De fortuna Venetorum.

Regina fluctantis hæc maris potens,
Modo superbia tumens, et ebrio
Sufflata cultu, bella, declinataque,
Amabilis, spectanda, florido statu.
Huberta cui fuere cuncta, quæ suas
Jactabat immodestius opes, nigro
Sedet paratu lacrimans, nec ut prius
Superbit, ora squallido situ oblita,
Genæ nec ut solent tenellulæ, nec est
Venusta frons, cessit potentiæ suæ
Throno, sedetque languidum nullo caput
Nitore continens manu, solo cubans.
Putavit hanc sibi haud ineptam sors, iocos
In qua æderet suos, et orbi illuderet,
Quid non tibi licere credis Antias?
Quæ non soles miscere suprema infimis?

Ad Bononienses.

Tu nunc Sequanicos mirata Bononia Francos
Omnibus acclamans pompa obeunte viis.
Plaude quidem, pompamque nova victoribus istis,
Et dominos Gallos fer, dominosque voca,
Verum alios Francos alio Germania plausu,
Heu vereor, ne te non cupiente dabit.

De conventu Bononiensi, ad Italos.

Quid te adeo genus acre virum, quid te Itale pugnax
Hi passim plausus, istaque pompa iuvant?
Non quorum adspirat primo fortuna labori,
Continuo invicti roboris esse puta.

Fregerit Helvetias Germano milite vires
Gallus, ab imperio Sfortia deciderit.
Ast ego venturi vates ero, credite vati,
Cum veniet Cæsar, omnia Cæsar erunt.

De fortuna.

Huc, non huc oculos patentiores
Et mentis grave dirigant acumen,
Reges et populi ducesque rerum.
Cum Gallis Venetos superbientes,
Contra nonnihil insolenter ausos,
Oblitosque sui, suæque sortis,
Vicit Cæsar, et ad nihil redegit.
Quis nunc fortuitos opinione
Amplexabitur exitus sequaci?
Aut quod sors dederit, ratum putabit?
Quis nunc divitias potentiamque,
Ut certum feret, ut suumque ducet?
Fortunæ vagus est, levisque nutus.
Incertus favor, et rotæ minacis
Incomprehensibile et citum volumen.
Huic magnam Veneti fidem dederunt,
Hanc semper solito venire Gallus
Cursu credidit, et tenore coepto.
Verum hæc versa retro fefellit ambos,
Et quos sustulerat favens in altum,
Rursum deprimit invidens ad imum.
Fortunæ instabile est vagumque numen,
Virtus quos habet efficit beatos,
Et si quid dederit, vetat revelli.
Cui fidens animo nihil timente,
Votis omnibus, exitus in omnes,
Terrarum caput, ad nihil redigit
Cum Gallis Venetos superbientes.

De Fortuna, ad Cæsarem.

Tarda quidem, sed optima tibi fortuna resultat,
Quæ veniunt cupidis sera, tamen veniunt.
Jupiter ille tuus tibi dum bona temperat astra,
Quiddam a Saturno, ne cito det, patitur.
Impediat licet ille, tamen melioribus astris
Sunt tibi vel media fausta parata mora.
Sidera promittuut meliora, quid ambigis? an non
Tardior ad votum est optima quæque dies?

De Gallo et Cæsare.

Omnia sunt Galli, contra petit omnia Cæsar.
Ille quod est, fruitur hic quod abest, inhiat.
Fac ludo fortuna aliquos mutata repente,
Cæsar ut hæc habeat, Gallus ut hæc cupiat.

De Italia.

Victores paulo ante penes sors prospera Gallos
Cum foret, in Latio fabula Cæsar erat.
Vertit se fortuna retro, Germania vicit,
Confestim Gallus displicet Italiæ.
Nescio quid sperem, certe quid dicere possem,
Mobilis Italia est, nobilis ante fuit.

De fortunæ mobilitate.

Sorte sub ambigua devinctus vertitur orbis,
Inque vicem redeunt candida et atra dies,
Imus ad arbitrium fortunæ luminis orbæ,
Ad ventum exposita vertimur inque rota.

Omnia dant casus, adimuntque, ita vertitur ordo,
Si tamen est ordo, cuncta regit temere.
Vidi ego regnantes Venetos, servireque vidi,
Sublimesque iterum vidi, iterumque humiles,
Parvum intra spatium, nec multos temporis annos,
Usque adeo variat sors, variatque cito.

Quod fortuita facile mutentur.

Aeris eget Cæsar, numeratum possidet aurum
Gallus, et est auro florida res Venetum,
Hostibus addit opes motu fortuna secundo.
Virtutem nobis cedit et arma Deus.
Stat quisquam, et casu mentem defigit in illo,
Eventum dubiæ nosse cupitque rei.
Et dum Sidonio Gallos miratur in ostro,
Et Tyria Venetos murice obire videt,
Paupere continuo spem totam a Cæsare ducens,
Sub dominis Gallo fert Venetisque iugum,
Quos ubi contundi nostris rursum aspicit armis,
Teutonicas iterum pronus adorat opes,
Nimirum sapiens, nam quod fortuna dat, aufert,
Non hisdem vicibus datque adimitque Deus.

De Eadem.

Quem dederat fortuna apicem, si quando revellit,
Non sibi præstandam commonet esse fidem.
Sunt hanc usque tamen, qui demirentur, et omnem
In coeca ponant spem variaque dea.

De Fortunæ ludibrio.

Erexit fortuna rotam (sic perdita mundo
Illudit, quoties hanc iuvat esse levem,)
Erexit circum attoniti regesque ducesque,
Ante vagam moesti stant hilaresque deam.
Illa viros durare iubens, spe mulcet inani,
Ambiguum axe movens orbem, iterumque movens.
Aeternum facit hoc, nec adhuc tamen implet hiantes,
Dum sæpe a summo mutat ad ima loco
Dum nunc afflat opes, dum nunc subvertit honores,
Dum fovet immeritos, attenuatque bonos.
Dumque onerat curis et sollicitudine vexat,
Ultra omnem fallax expatiata modum.
Sic aptam, tamen esse aliquid, numenque putamus,
Hunc fucum nostris oblinit hæc oculis.

De immodestia Venetorum.

Concessa est Venetis efferto copia cornu,
Plausibus extemplo lætitiaque fremunt.
Cæsaris arma agili si quid fortuna rotatu,
Evexit, planctu tristitiaque iacent.
Usque adeo fortuna nihil moderabile suadet,
Oblitosque sui quos regit esse facit.

Ad fortunam.

Quem finem fortuna facis ludique iocique?
Aut variam in nobis, qua iuvet esse tenus?
Cum premeres, immo Venetos et in axe locares,
Vidimus imperii luxuriantis opes.
Res illis rursum facis, ut contingat abunde,
Præcipitique leves Cæsare ad alta vocas.

Conversis iterum radiis, mutata repente,
Rem nostram, et lætum provehis imperium.
Quod licet advolvas vehementi nixa rotatu,
Ipse tamen didici non tibi habere fidem.
Et video nostras inter res quid sit, et illas,
Quod nos ut cupias non variare potes.
Nempe usus rerum nobis patientior, illi
Assueti cum sint tristia ferre minus.
Si cui res igitur nimis affluxere secundæ,
Ordine mutatas ægrius ille feret.

De mundi gubernatione.

Est coelum, atque illic superi qui humana tuentur?
Aut aliquos usquam credimus esse Deos?
Vel si quis divum est usquam, mortalia curat?
Aut adeo superis convenit esse leves?
Certe quicquid id est, quod numen habere putamus,
A quo persuasum est inferiora regi.
Instabile, infidum est, varium, mutabile, fallax,
Quodque nocet temere, quod temereque iuvat.

Inscriptio gallici clypei ad aquilam.

Quos tandem in populos, aut quo se hæc lilia pandent?
Aut quas hic serpens involvetur opes?
Inspice res, aquila, tibi luditur, erige pennas,
Nunquam cura tibi maior habenda fuit,
Effice cristati marcescant lilia Galli,
Et sit, qui serpens debuit esse tuus.

De Gallo ad aquilam.

Ambitionis agrum circumvolitabat apertum
Gallus, ut hinc avido carperet ore cibum.
Visa est imperii species quasi rege vacantis.
Invasit totis viribus impar onus.
Nunc etiam attendit mentem, et defixus inhæret,
Et studiis summas omnibus ambit opes.
Recte, habet ingenium. Tu quid regina volucrum?
Non hoc esse tuum, quod rapit ille, doces?

Ad Gallum.

Quo tibi Galle amor hic regnandi, atque ista cupido?
Quin moderare animi vota, tenesque modum?
Non potes, ut cupias, aquilam superare volando,
Quatumcunque alas contrahat ille suas.
Sæpe moras patitur, quæ cum properare necesse est,
Tarde abeat quanquam, vertitur ante tamen.
Scilicet ut possis alios ita vincere Gallos,
Et generis volucres istius ante voles.
Contra aquilam nihil est, quo tu merearis honore,
Ut folio cingas, vel breviore caput.
Par aquilæ fieri despera, haud vincere tantum,
Usque adeo pennas anteit ille tuas.

Ad Gallum de Cæsare.

Quo sit nostra loco res, Galle audire laboras?
Recte habet et placido est tota quiete statu,
Quid faciat Cæsar? tibi tantum irascitur aio,
Atque unum it patitur, cætera lætus agit.

Lilia plus æquo tua nempe excrescere videt,
Teque ala nimium luxuriante vehi.
Proinde quid e folio decerpere cogitat illo,
Quem te intra teneas, constituetque modum.

Ad aquilam de Gallo.

Cernis ut Insubres migrarit Gallus in urbes?
Ut Mediolanum possideatque tuum?
Cernis opes Italas hostilem invadere Francum,
Quo tibi dotales eripiantur opes?
In te suspensas oculisque animisque tot urbes?
Auxilium populos totque vocare tuum?
Tolle leves aquila pennas, Gallumque coërce,
Jam tua nulla quies suspicione caret.
Tolle aquila has pennas, opus est torpentis in illo
Cunctari facto, desidiamque pati.
Pande alas, regina avium, Gallosque coërcens
Desidiæ somno concita quære fugam.

Ad Gallum.

Pone modum, rebusque tuis, animique furori,
Et quæ te supra est, ambitione vaca.
Ut Latium, quod aves habeas, urbesque Latinas,
Et tibi Germanum pareat imperium,
Tu tamen inferior, quam ut possis ista tenere,
Quæ tentas, tergum hoc pondera ferre nequit.

Ad Eundem.

Galle, cupis Latii, et Romæ dominator haberi,
Regiaque imperii munera Galle cupis.

Accipe et ad tempus nostris te insignibus orna,
    Adde aquilæ pennas, hac patiente tuis.
Quæ si quando suas repetitum venerit alas,
    Quos tu tunc risus nuda movebis avis?
Desine cornicis furta ostentare periclo,
    Emergit, sua quem, non quem aliena probant.

Ad Cæsarem.

Jam tua turbatum navis conscendit in æquor,
    Icta procelloso discutiturque freto.
Circum Euri Boreæquæ fremunt, circum omnia Cæsar,
    Si qua solent medio terricula esse mari.
Heu portus invade cito, ne dum occupet alter,
    Excludare vago naufragus Oceano.
Ecce subit Gallus, et vento vela secundo
    Expedit, ipse moram dum trahis, ille subit.
Heus, age rumpe moras, invade, occasio Cæsar
    Impatiens omnis optima quæque moræ est.

Galli jactatio.

Pingue mihi lucete foci, mea lilia florent,
    Victima fortunæ concidat icta triplex.
Gallus ait, sacroque ardete altaria fumo,
    Nunc mihi sus, nunc bos, nunc cadat agna mihi.
Ille modo captus, capto patre ducitur anguis,
    Insubres parent, Cœnomanique mihi.
Janua paret, opus Ligurum, Alpinasque subegi,
    Tam late populos, Italiamque premo.
Fortunæ, sed optima mea cadat hostia dextra,
    Ultima spes, orbis imperium superest.

Dum jactat, cristamque levat porrectius æquo,
Ista audire potes? ferre aquila ista potes?
Quin acuis rostrum, passosque exurgis in ungues?
Et Gallum attacto pellis sub imperio?

Ad Gallum, de fortunæ mutabilitate.

Multa cupis, fortuna tibi cum plurima donet
Galle, nec hinc modis huic, nec inde modus tibi,
Debes ipse tamen fortunam nosse, ferendo
Plurima, sæpe nocet, dum ratio omnis abest.
Ipsa quidem cœca est, ut cui det, nesciat, et quid,
Nescit in eventum quem tibi donet item.
Ecce autem, quæ sunt mutantia tempora casus,
Lilia quam possunt ista virere diu?
Frivola fortuna est, tempus mutabile. Certe
Gloria sit quamvis magna, caduca tua est.

Ad Cæsarem de Gallo.

Aspicis Italiam tumidos concerpere Gallos?
Liliaque ad longum sparsa virere Padum,
Aspicis insessas diris populatibus alpes,
Germanasque urbes imperiumque peti.
Ut te, ut nos serves, non expergiscere Cæsar?
Rapta tibi et dextra vindice, ab hoste rapis?
In medios dormite dies, ferte ocia segnes,
Tu facta, atque opus est maxima Cæsar adi,
Maxima adi, quo se longum diffundat in ævum,
Fama tua, extremos rerum adeatque dies.
Aut si fama nihil, nihil hæc te gloria tangit,
Ne tu, ne totum hoc, quod superest pereat.

Ad Cæsarem, ut contemptum sui vindicet.

Factus es altivoli opprobrium miserabile Galli,
    Itala sunt risus plena theatra tui.
Cæsareæ spernuntur opes, spernuntur honores,
    Somnus teutonicas fertur habere aquilas.
Germanos vina inter opes consumere, et ævum,
    Venando patrium te peragrare nemus,
Germanam peregre virtutem habitare, tuisque
    Arma, virosque jam nunc urbibus esse negant.
Quod tu non aliquas auscultans induis iras?
    Ulcisci ut famam hanc, opprobriumque velis?

Gallos superare nos gloria, ad Cæsarem.

Verum equidem fatear Cæsar, quanquam haud ita gratum est,
    Gloria Gallorum est major honore tuo.
Nulla tamen tua culpa inibi fortuna jocatur,
    Dumque premit Gallos, te facit esse levem.
Aut operatur Ate factum istud Homerica totum,
    In quemcunque cadat culpa ea, nulla tua est.
Quicunque iste Deus tamen est, nisi fers male sponte,
    Tam facile hæc abiges, quam facile ille dedit.
Magnum adeo incepti momentum est, incipe Cæsar,
    Ut famam hanc abigas, ut pariasque decus.

Quam periculosa res imperium, ad Gallum.

Imperium nescis quam sit mala bestia, Galle,
    Quod si forte scias tantopere istud agas?
Nusquam adeo fortuna levis, lascivaque nusquam est,
    In nulloque fuga est mobiliore loco.

Jam me Galle audi, qua surgere contigit istuc,
Omnia ni fallant, hac ratione cades.
Nulla diu potis est durare superbia Galle,
Hoc moneo, quoties te nimis alta petis.
Jam tua mens nimium sublatam concita cristam
Erigit, interque has læta triumphat opes.
Certe oblita sui. Quid enim si lilia, quæ tam
Nunc florent, sicco stipite flacca cadant?
Omnino ambigui casus, mutabile tempus.
Multa æquilæ virtus Galle, minorque tibi.
Parcius hæc cupiens, te contrahe, quinetiam (audis?)
Cæsare sub domino Galle fer imperium.

De Gallo superbiente.

Hæc cervice tumens, et versicoloribus alis
Quæ crista imperium despicit omne rubra,
Quæ mediocre nihil, nihil et moderabile secum
Volvit, et inmensas concipit ales opes,
Aemula reginæ volucrum, nimis alta volutans,
Quæ cœlum pennis nititur ire supra.
Si quicquam feret his olim successibus impar,
Quos risus nobis lapsa movebit avis?

De Gallo et aquila.

Nuper sidereas Gallus transcenderat alpes,
Terruit Italicos bellua torva duces,
At Mediolano postquam consedit in angue,
Conflavit magnos crista superba metus.
Nunc etiam Veneti depastus membra leonis,
Omniaque Adriacum nactus adusque fretum,
Successu nimium fortunæ elatus opimæ,
Aggressusque suis viribus impar onus,

Ausus ubi est Aquilæ nec opinas nectere fraudes;
Et pactum sociæ rumpere fœdus avi,
Rursus ad Insubres lacero redit agmine montes,
I nunc, atque ultra, quam decet esse, para.

Ad Maximilianum Sfortiam restitutum.

Sfortia progenies, istis dignissime rebus,
Quæ tibi se lapso restituere patre.
Sfortia progenies, quem post tria lustra recepit,
A quo dispulerat sors recidiva loco.
Gratulor eiecto tibi se committere Gallo,
Insubriæ populos, Cœnomanosque tuos.
Tendere in occursum reduci, matresque virosque,
Qui grave Celtarum deposuere jugum.
Ereptas gaudere urbes, animosque tuorum
In te defixa spe, posuisse metum.
Et nunc ille vagas disperso milite turmas
Bellicaque infenso numine castra trahit.
Cæsareasque aquilas per non remeabile cœlum,
Cæde vaga trepidum conficiente fugit.
Da veniam fortuna viris, qui te omnia nuper
Miscere, absque ullo diximus arbitrio.

De Gallo ex Italia fugiente.

Cur nunc ille fugit, demissisque ambulat alis
Gallus, tot populis qui modo terror erat?
Cur lacero tergo fugienti, atque agmine parvo,
Languida funesto sanguine crista madet?
Nempe quod antetulit tranquillis turbida rebus,
Supra Aquilam pennis ausus abire suis.

Senserat illa dolos et cum jam multa tulisset,
Rapta lacessitis unguibus arma tulit.
Quisquis habere hostem mavult, quem posset amicum,
Si ruat hic, dicas omnia digna pati.

De tempestate aëris turbulentissima, in Gallorum fuga per totam Insubriam orta.

Nunc ego te solum Gallis intendere vellem,
Consortemque iræ non habuisse tuæ.
Nunc ego te vellem fugientia in agmina Cæsar
Non nisi mortales exeruisse manus.
Namque ubi lenta tuæ visa est clementia pacis,
Iratum Gallis sensimus esse Jovem.
Igne micat cœlum, quatiuntur fulmine montes,
In sata tempestas hæc furit inque domus.
Horridus it terris lapidosa grandine nimbus.
Quaque illi fugiunt, omnia ventus agit.
Vellem quos decuit, vel qui meruere perissent,
Aut saltem dignos plecteret ista lues.
Nunc passim Italicas immiscuit illa ruinas,
Et socias pœnæ Galli habuere suæ.
Per Ticine tuos, per quos secat Abdua campos,
Jugera per Trebiæ consita, perque Pado.
Imbre jacet contusa seges, nec grandinis huius
Impetus innocuus frugibus ille fuit.
Consistit hoc tanti, sceleratam expellere gentem,
Nec sine communi est pœna reperta malo.
Quod tamen hi fugiunt, quodque his regionibus absunt
Quæ data sunt faciet damna dolenda minus.
Nam neque nunc sacras quisquam se armabit in ædes,
Et spoliis ipsos sæviet ante deos.

Fœda nec innuptis metuentur stupra puellis,
Securumque prement fœmina virque thorum.
Tum quia tu pugnas, justamque exurgis in iram,
Non ultra in Gallos sæviat ira Jovis.

De Eadem.

Postquam pacta leves ruperunt foedera Galli,
Cæcaque fraudato Cæsare bella gerunt.
Signa dedit tellus, signum dedit arduus æther,
Ultores rupti foederis esse deos.

Ad Maximilianum Sfortiam Mediol. Ducem.

Effera crudelis refugata potentia Galli,
Hactenus amissum fleveris orbe patrem.
Casus ulte tuos, captivumque ulte parentem,
Aggredere ereptas Sfortia victor opes.

De pugna Novariensi, laus Joachimi de Moltzhan, Eq. Germ. cujus ea præcipua virtute confecta est.

Nunc lauris hederas, hederis connectite lauros,
Et gemino meritum cingite honore caput.
Spargite humum foliis, manibus date lilia plenis.
Cum violis molles accumulate rosas.
Plaudite servati cives, clamate triumphum,
Et stata propitiis solvite vota deis.
Germano iuveni quos non debetis honores,
Auspice quo tantas Gallia perdit opes?

Solus hic Insubres tibi Sfortia reddidit urbes.
Solus ab indigno retulit exilio,
Jam desertus eras, iam nil superesse videbas.
Consuleres rapida ni tibi forte fuga.
Ille subit, motaque trahit tot millia ab alpe,
Teque iubet refugum cum pede ferre pedem.
Quid faceres? Hinc spes urget, timor inde coërcet,
Donec ab ancipiti liberat ille metu,
Vix primæ Gallorum acies videre ruentem,
Nudantur turpi terga suprema fugæ.
Vidisti hostiles medium turbare cohortes,
Atque ea visa graveis restituere animos.
Quos nisi sic faciat, nisi consilioque manuque
Te juvet, hic potuit ultimus esse dies.
Ingredere o, factisque tuis dignum accipe munus,
Teque triumphali fer Joachime rota.
Hoc tibi servati decernunt cum duce cives,
Laudet, amet prolem Saxonis ora suam.

De viribus Gallorum.

Cum ductore ageret bellum sub Cæsare Gallus,
Fortis, et horribili Marte timendus erat.
At postquam ex causa discessit uterque seorsum,
Naufraga sublato cortice fertur avis.
Nec volat absque alis, nec init sine cortice flumen,
Nec vim sejuncto Cæsare Gallus habet.

Ad Maximilianum Sfortiam.

Ne iuvenis demitte animum, ne cede periclo,
Ne sine te primo turbine destitui.

Transeat hostiles ardente Trivultius alpes
Agmine, in adversum Gallia tota ruat.
At tibi Cæsar, tibi se Germania fido
Ne modo desperet obtulit auxilio.

De Cæsare et Gallo.

Arma gerens multas Gallus perterruit urbes,
Commoti Gallum Cæsaris ira fugat.
Tantum aliquid Gallus igitur valet, et breve tempus,
Omnia subjecto Cæsar in orbe potest.

Ad Gallum expulsum Italia.

Ne tibi turpe puta, nec sit tibi Galle pudendum,
Quod nunc Cæsareo cesseris imperio,
Quos poteras, armis vicisti, ea gloria magna est,
Contra summa potest Cæsaris arma nihil.
Tum si debueras vinci, solatia præstat,
Quod te qui vicit, maximus ille fuit.

De Cæsaris magnitudine.

Bella gerunt reges, quoties sua causa lacessit,
Non nisi quod magnum est, vincere Cæsar amat.
Tunc cum parva fuit, nec tanta potentia Galli,
Quanquam hunc cur posset tangere causa foret,
Tangam ait, at postquam est nacta ista superbia summum,
Nunc quota venturæ portio laudis erat?
Degeneres animi contra imbecille feruntur,
Non nisi quod magnum est, vincere Cæsar amat.

Ad Maximilianum Sfortiam.

Sfortia pone metum, contempto exurge periclo,
Helvetium peditem fert Joachimus Eques.
Pugnandum est, pavidos tu pande Novaria muros,
Ex te etenim Gallis illa procella ruet.
Perdideras patrem, servabis strenua natum,
Vertit enim facilem sors recidiva rotam.

Ad Joachimum de Moltzhan.

Cui datus es miles bello, dux factus eodem es,
Vidit et armari, et vincere tempus idem.
Dux Tyro, confestim virtus maturuit in te,
Quid mirum? summis hæc venit ante diem.

De Gallo Italia pulso.

Testis erit Gallus, paulo ante insigniter ausus,
Non esse in dominos arma gerenda Deos.
Nam cum ultra vires quiddam tentaret, ab illo,
Quem se sperarat vincere, victus abit.
Tanquam aliquid sese indignum fortuna tulisset,
Primum illi victo repsit in ora pudor.
At postquam cura ratio mentem egit ab illa,
Altius est casus intuitusque suos.
Arma tulit temere, quoties irascitur, inquit,
Numen habet Cæsar, numine vincor ego.

Ad Maximilianum Sfortiam.

Sanguine nunc Ticine rube, nunc sanguine Lari
Infice teutonicas cæde fluente rates.

Qua fugiunt Galli, si non tenet omnia miles,
Claude viam coepti Jupiter effugii.
Hæc aliquis, iusti superos movere precatus,
Grassati in Gallos Diique hominesque simul.
Nunquam ita terribili luxerunt fulgura motu,
Turbavit sumptum turbidus imber iter.
Sfortia progenies, pro quo movit omnia mundus,
Aerumnosa patris desine fata queri.

Ad eundem, de Francisco patre.

Tam poterat vixisse diu, superesse tot annos
Sfortia, præscisset si tua facta parens.
Nunc dolor, et rapti mala desperatio regni,
Heu misero vegetos comminuere dies.
Discite mortales rebus proferre caducis
Spem longam, et nullis cedere sponte malis.

Ad reges terrarum.

Qui Gallum reges vinci Venetosque videtis,
Invito moniti Cæsare habete nihil.
Si quis enim vestrum tantum irritaverit hostem,
Non poterit summis viribus esse satis.
Maxima res Venetum, res maxima credita Galli est,
Atque hos coniunctos sustulit ille simul.
Jam si quis sumptis bellum experietur in armis,
Frustra spem sera collocat in venia.

De Maximiliano Sfortia.

Coenomanæ gaudete urbes, Insubria gaude,
Et gratare tuo libera facta duci.

Respexit fortuna graves miserata querelas,
Quod quondam abstulerat, restituitque bonum.
Da veniam periisse patrem, complectere natum,
Spem patriæ, et tanti reliquias generis.
At tu, inferne parens, isto gavise triumpho,
Elue Sequanici carceris opprobrium.

De ingressu Cæsaris in Italiam.

Castra quod Insubres penetrarunt Cæsaris urbes,
Quod Trebeiam, quod iam transiit ille Padum.
Mota quod iratos fundit Germania Rhoetos.
Sæva quod in Latium promovet arma Lycus,
Franca quod Ausoniis, se miscent agmina turmis,
Itala teutonicas quod videt ora manus.
Non tu Roma time, verum arripe lætius omen,
Non nisi qui nocuit Cæsaris arma timet.

In picturam de Cæsare.

Nuper retrogrado quidam te in sidere cancro
Pinxerat, hoc titulo: tendimus in Latium,
Hoc quid erat, nisi quod cupias, nec vincere possis,
Et quoties aliquid coeperis, ire retro?
Sed pictura fuit, contra res vera secuta est,
Pro cancro tellus Itala vidit equos.
Vidit equos, viditque viros, nos te auspice Cæsar
Non iam retrogradi tendimus in Latium.

De Gallo fugiente.

Ille ardens animi, feraxque Gallus,
Gallinarum aliquot salax maritus,

Nuper purpurea nimis superbus
Crista, multicoloribusque plumis,
Torta quam caput altiore cauda,
Collo splendidus aureo monili,
Flagrans undique lilio virenti,
Qui gentes Italas novum stupentes,
Ad raptum, impete terruit citato,
Nunc languens animi, albicante crista,
Plumis deficientibus, trahensque
Caudam pone, suas fugit relinquens
Gallinas, sua lilia et sua arma.
Dic fortuna, vel ipse rectius dic,
Quid te Galle tibi abstulit repente? aut
Quo tandem ille animi vigor resedit?
An qui somnia dormiebat alta,
Per te est excitus, irruitque Cæsar?

De victoria Cæsaris adversum Gallum.

Vicimus, et Latio Gallos deiecimus armis,
Ut iuvenis nostra Sfortia regnet ope.
Vicimus, ille fugit, qui nos paulo ante premebat,
Cum premeret, pactam non tenuitque fidem.
Disce fidem, et quod inis regum ditissime foedus
Servare, haud superum ius violaque Deum
Ut possis homines deluso fallere pacto,
Crede mihi, superis non ita verba dabis.

De foedere Gallorum cum Venetis.

Foedera coniungunt Veneto cum milite Gallos,
Hinc atque hinc Latios ut subigant populos.
Itala terra tremit, populos metus ille Latinos
Concutit, et mentes abiicit ambiguas.

Horret et ipsa prius tantos experta furores,
Advocat ultores anxia Roma Deos.
Pacem Cæsar habet, Germania tota quiescit,
Nec quam quis petiit ferre videtur opem.
Quorsum hæc? ut summas postquam res traxerit iras,
Moesta luant Galli, moesta luant Veneti.

Venetorum minæ.

Desperant Veneti secum, extremumque minantur,
Auxilium Turcas, auxiliumque Syros.
Dum tu magna facis, sine ut illi magna minentur,
Heu mihi, quam distant omnia facta minis.

De Coniuratione Venetorum et Gallorum.

Magna Jovis volucris gelida spectabat ab Arcto,
Pacem, quam populis fecerat ipsa prius.
Protinus hinc Veneti furia importuna Leonis,
Hinc Galli armatas explicuere acies.
Illa quidem, ut steterat, primos requievit ad ausus;
Et passa est aliquid se vigilante rapi.
Quæ postquam hostiles auxit patientia vires,
In medio Latii moesta tulere duces.
Tentor (ait) nimium, subitasque ut moverat alas,
Continuo Gallus hinc fugit, inde Leo.
Ille quidem Insubres madefecit sanguine montes,
Nescio quæ Venetos ulteriora manent.

Qui et Quales imperium Italiæ ambiant.

Regna petunt Latii, Venetus, Germania, Gallus,
Fraude nocens, vinoque madens, nimiumque superbus,

Dignæ odio gentes. Vinci (Italus orat) Apollo
Italiam leviore iugo. Gens perfida semper
Phoebus ait Venetum, gens semper Galla superbit,
Non semper Germana bibit, lege de tribus unam.

De imbecillitate Galli.

Parturiunt montes, ille exit ridiculus mus,
 Cinnama promittit Gallia, præstat olus.
Crediderant Itali venturam e montibus illis
 Quam posset bello vincere nemo manum.
Turba ruit, levis Atrebates, et foemina Picton,
 Huicque superstitio Parrhisiana comes.
Insuetusque mali Leucus, quique impete primo
 Non potis in longum, Celticus urget eques.
Commentorque fugæ Biturix, timidique Cadurci,
 Et quos jam toties vicimus, Allogobres.
Insubres rapiuntur opes, sese obvia produnt,
 Sfortia se vendit, dat sua regna Ligur.
Quos tunc non plausus, quos non decepta triumphos
 Cedebat tellus Itala Galle tibi?
Cæsar adest, pugnamque petit, tu vix bene viso,
 Non ruis, ut pugnes, sed ruis ut fugias.
Desinite ulterius Itali confidere Gallo,
 Non potis est, si quid cepit, habere diu.
Adde, quod hæc armis non vicerat, emerat auro,
 Hoc tandem est illi vincere, regis opus.

De eadem.

Ver erat, extulerat pugnax sua lilia Gallus,
 Florida bissenis mensibus illa tulit.

Ver iterum, gelida movit se ventus ab Arcto,
Nescio quis, subito lilia flacca jacent.
Et miramur adhuc, quæ jam breve lilia florent?
Quin sinimus dubiis rebus habere fidem.

De Gallorum et Venetorum amicitia.

Aurea secla iterum redeunt, Saturnia regna.
Nunc Cumæa tibi est facta Sybilla fides.
Cum canibus timidi venient ad pocula damæ,
Intra se hostiles claudet ovile lupos.
Nimirum coëunt inimica, per omnia pax est,
Cum placido Gallus pacta Leone ferit.

De eadem.

Vivi venimus huc, superstitisque,
Jungi sic inimica cerneremus,
Gallos atque odii inscium Leonem?
Atque quis credere hoc potest nepotum,
Cum Gallo æquoreas coisse Ranas?
Vel junctos ita cum Leone Gallos,
Adversus Aquilam petisse signis?
Hæc audacia magna, at illa major,
Si pacto patientia est fideli·,
Inter se coëuntium duorum.

Ad Cæsarem, de coniuratione hostili.

Respexere Dei te Cæsar, hoc unde putemus?
Haud exempla rei, res facit ita fidem.
Cum Gallis Venetus discordibus irruit armis,
Se novat, inque tuas bellum iteratur opes.

Projicit ampullas Veneti maris unda, tumescit,
Jamque suo major robore Marcus adest.
Credo equidem solium Jovis illum et sidera fastu
Poscere, nec mundi regna putare satis.
Luxuriantem animum compesce, libidine vincta,
Atque animi votum contrahe Marce tui,
Quantumcunque bono veniant tua carbasa vento,
Siste tamen, properam cursu inhibeque ratem.
Successus urgere tuos, nimis alta petendo,
Eniti, quam sit res metuenda vide.
Sic illum, qui rem melius novere, monebant,
Et meliore fide, perfurit ille tamen.
Respexere Dei te Cæsar, ad ultima ventum est,
Oderunt hominum cuncta superba Dei.
Nec dubita pactum hoc discordia quanta sequatur,
Cuius plena fides omnia perfidiæ.
Unus in hoste labor juncto, victoria duplex,
Et bene credemus non tibi velle Deos.

De belli qualitate, ad Germanos.

Quam sapit ille, gravi qui temperat utile honesto,
Nec temere ullius fertur amore boni.
Regna petunt Veneti, sed non sua, quam sit honestum hoc,
Haud operæ pretium perspicere esse putant.
Ut rapiant, sociis armant se in prœlia Gallis,
Jamque adeo tentant Cæsaris arma palam.
Jungantur Gallis Veneti, nos causa tuetur,
Quæ quoniam justa est, spem jubet esse ratam.
Ultores sperate Deos, injuria belli
Quos premit, interea corripite arma tamen.
Ignavos odere Dei, vigilantibus adsunt,
In conjuratos corripite arma viri.

De bello Veneto ad Cæsarem.

Bellum ingens oritur, proh numina, materia apta est,
Quam sibi desumat quodlibet ingenium.
Magnas cogit opes magno molimine Gallus,
Nec Venetis sumpta est acrior ira prius.
Tranquillus petitur Cæsar, tantique paratus
Unica Germanum causa fit imperium.
Spe magna gerere arma datur, jam te objice Cæsar,
Hac tu cunctari res tulit ista tenus.
Ultra omnis damnosa mora est, magna hostis aditur,
Sed quæ se vinci sustinet ira tamen.
Quorum utrumque armis superavimus ante seorsum,
Quis prohibet junctos exsuperare duos?

Quale sit hostium foedus, ad Cæsarem.

Ille adeo semper Venetorum cognitus hostis,
Cum Venetis tandem fœdera Gallus init.
Da specimen Germane tui, rumpe ocia Cæsar,
Totque lacessitus prorue in arma modis.
Omnis in eventus rerum Italus arriget aures,
Mentem illis novitas adjicit, his adimit.
Expavere aliqui, tum plebs ignara futuri,
Ut possis satis his viribus esse, timet.
Ne timidis Cæsar concede, hoc fœdere Gallum
Crevisse, atque igitur robur habere duplex.
Non ut amet Venetos, ut te oderit, istud inivit
Fœdus, et hoc dubitas, quatenus esse queat.

De foedere cum Gallis Venetorum.

Pace inimica diu Venetis et fœdere juncta est
Gallia, degeneres terreat hoc animos.

Juratum est in te Cæsar, jamque arma parantur,
Te contra, et cives expedienda tuos.
Incursus terrore tui, jam dum acrius instans
Qualibet hos jungi conditione facis.
Res bene habet, nisi quos committere fœdera cogis,
Cogere ad hæc eodem dissoluenda nequis.

De eodem.

Thure piate Deos, onerate altaria donis,
Cum Veneto Gallus semileone facit.
Juncta semel disjuncta diu discordia concors
Hæc tandem eximii causa laboris erit.
Grata viri solvenda Deis, cadat hostia, recte
Sic cum Germanis an dubitamus agi?
Materia ingenti sese obtulit ista triumpho,
Nunc quæri decus hoc, nunc honor iste potest.
Tantum (ut cum Venetis metuam se jungere Gallos,
Atque hostile in nos surgere fœdus) abest.

Hortatur ad pugnam.

Pugnandum, Euganeas concivit ab æquore Ranas
Gallus, et optivo nomine Marcus adest.
Expuit hostiles vento incitus Adria spumas,
Contra Aquilam, patrii murmuris usus ope.
Res bene habet, sive hanc pugnemus in aëre pugnam,
Sive in aquis, terra seu capere arma juvet.
Penna Aquilæ rostrumque ingens, unguesque redunci,
Lumen, et inverso sole probata acies.
Pectus et ingenium et præstanti robore corpus,
Tum regnum hoc avium, tum favor ille Jovis.
Pugnet eques, pugnetque pedes, rate naviget æquor,
Quisquis in Austriadem comparat arma aquilam.

Ad Cæsarem.

Auctæ hostis Cæsar vires, atque aucta potestas,
Armaque ab adverso congeminasse vides.
Non jubeo timeas, sed ne contemne periclum,
Tum vero ut solvas ocia, tempus adest.
Tempus adest, age rumpe moras, et somnia differ,
Jam vigilant Galli, jam vigilant Veneti.
Surge age, cunctatum satis est, tum rite quiesces,
Cum tibi quem cures, non super hostis erit.

De Julio II. Pont. Max. orbem christianum in arma concitante.

Concitat iratum bellator Julius orbem?
Effera pacificos induit arma duces.
Tela dat Italiæ, tibi dat Germania bellum,
Hoc turbante domo prodit Ibera quies.
Impulit audaces eadem vesania Gallos,
His facibus Venetas ardor adussit opes.
Ultima ab hoc flavos dedit insula mota Britannos,
In commune Scotus contulit arma nefas.
O! ubi nunc Turcæ, sed inexcusabile bellum,
Orbis in exitium commovet unus homo.
Omnibus arma dat unus homo, bellum omnibus unus,
Idem publica res efficit ut pereat.
Ut Christi perimantur oves, turbetur ovile,
Pascat et admissos caula adaperta lupos.
Hæc rabies placido dimovit vincula Jano,
Hæc furia implevit omnia cæde nova.
Atque huic qualis erat (neque enim bonus) illud ovile
Credidimus, miserum credidimusque pecus.

Toti quin etiam regem præfecimus orbi,
Nomine pastoris, nomine pontificis.
Dira venenato soboles latro prodite partu,
Hic Christum, hac sequeris conditione Petrum?

De gladio Julii.

Ille sui longo successor in ordine Petri,
More novo tantas res agit, et studio.
Nam neque pro populis orat, paci relictus,
Quod faceret Petrus, sacra fidemque docet.
Verum bella movet, gerit arma, et sanguine gaudet,
Nimirum Paulum prætulit ille Petro.
Paulus habet gladium, sed non ferit, occidit illo,
At malus hic multis intulit exitium.

De eodem.

Huc barbam Pauli, gladium Pauli, omnia Pauli,
Claviger ille nihil ad mea vota Petrus.
Hoc simul edixit, pro Christo accersere mortem
Ultro credidimus, duraque velle pati.
Tum vero occinuit funesto classica cornu,
Continuo præceps mundus in arma ruit.
Hoc Pauli tibi barba pater, tibi suaserat ensis?
Hoc isthæc licuit arma tenere modo?
Quem gladio decet occidere, haud occidere Pauli,
Aut satis armatum clavibus esse Petri.

De Julii perfidia.

Julius a Phrygio qui leget nomen Julo,
Et cui nunc rerum contigit esse caput,
Discite quos tanto dederit cum nomine mores,
Quo iure assaricis adnumeretur avis.
In dubios casus avidum cum Cæsare Gallum,
Abstulit, ablatos deseruitque cito.
Non servasse fidem destructæ infamia Troiæ est,
A Troia in nostros hoc trahit ille dies.
Neptuno Phoeboque Phryges promissa negarunt,
Exemplo geminos fallit et ille duces.
Perfida bis veteris ceciderunt Pergama Troiæ,
At quando, aut quoties perfidus ille cadet?
Una luit, decimum dum bellum ducit in annum,
Laomedonteam Græcia classe fidem.
At feret hunc Gallus, feret hunc Germania pugnax,
Callida dispositio pacta ferire dolo?

Ad Principes christianos.

Sic periit pudor, et periit prudentia reges?
Sic juvat in cladem vos sine mente trahi?
Atque ipsos suasore juvat vos perdere Julo?
Vecordes monitis in scelera hujus agi?
Et cum nondum Asiæ bellum, Aegyptusque negarint,
Intestina domi conserere arma juvat?
Aut quasi pauca fero veniant hæc commoda Turcæ,
Sic propriæ visum est cladis amore trahi?
Inque vicem vos civili consumere bello,
Ut super exhaustos viribus ille ruat.
Ah pudeat Liguremque sequi, dum suadet, Julum,
Et tandem placeat consulere in medium.

De Julii instituto.

Julius assumptis Petræum clavibus ante
Cœperat ire gregem.
Continuo lupus acer oves invasit, et atrox
Miscuit exitium.
Ille datis Petri diffisus clavibus, actas
Liquit inermis oves.
Nec mora Paule, tuum quo se tueatur ad ensem,
Non propria arma ruit.
Ecce autem insueto contra sua castra paratu,
Dum videt ire lupus.
Indoctum gladii, quæ non bene cœperat egit,
Deserere arma ducem.
Contemptas recipit Petrus sua munera claves,
Qui ferat, alter erit.
Nescius at Paulus ne quis sua conserat arma,
Privat et ense virum.
Quas nunc ducet oves, quæ nunc in pascua, mancus
Clavibus et gladio?

In Julium, de statu urbis Bononiensis.

Olim clara viris, et splendida vatibus olim,
Fortuna nullis inferiorque locis.
Moeret apud patrium deserta Bononia Rhenum,
Cum res perdiderit perdideritque viros.
Moeret, at interea vastator Julius audet
Dicere, provectum vindice se in melius.
Siccine res hominum, tu siccine provehis urbes,
Pernicies vatum, nobilitatis, opum?

De Julio.

Pertæsum est Petri, nunc Julius esse laborat,
Martia contemptis clavibus arma gerit.
Πολλὰς δ' ἰφθίμους ψυχὰς ἄϊδι προΐαψεν,
Hanc summam laudis prædicat ille suæ.

De Julio, allusio.

Julius est Romæ, quis abest? date numina Brutum,
Nam quoties Romæ est Julius, illa perit.

De Gallo et Cæsare, jam jam pugnaturis.

Arma per Insubres Gallorum hinc, Cæsaris inde,
Mutuum in exitium rapta tenentur agros.
Utrimque atra viris rabies, et sanguinis ardor,
Stat ferro, et dubia cæde petita sequi.
Non licuit superi tantum servare cruoris?
An nisi cruda parant vulnera cuique suum?
Et causam his dederit tuus ille vicarius armis
Christe, tuumque omni perdat ovile modo?
Tu casus Fortuna regis, te judice certant
Gallorum inde acies, Cæsaris hinc acies.

Descriptio Julii.

Qui chalybe et duris amicitur Julius armis,
Terribilis barba, terribilisque coma.
Cui torvos horrore oculos frons occulit atrox,
Tartareæ ignescunt cujus in ore minæ.

Ille inquam gladiis, atque occidente sagitta
Et terra populis, et metuendus aquis,
Qui trucibus reges terrarum invexuit armis,
Qui tetrum excito sævit in orbe malum.
Ille tot exitiorum et tanti criminis autor,
Quo se cum populis imminuere duces,
Quique manu, quique ingenio dira omnia patrat,
Natus in humanum pestis acerba genus.
Cuius opus mors est, turpissimus ocia luxus,
Qui pacem cunctis abstulit, arma dedit,
Ille inquam talis cum vita et moribus extet,
Dissimilis Christo, dissimilisque Petro.
Quid facit, aut quid habet, quod tandem dicere possis
Dignum Romani nomine pontificis?

De indulgentiis Julii.

Fraude capit totum mercator Julius orbem,
Vendit enim coelos, non habet ipse tamen.
Vende mihi quod habes, nam quo pudor, ut mihi vendas,
Ipsum te Juli cuius egere vides.
Quin fera centimanos emittat terra Gigantes,
Julius expulso vendat ut astra Jove.
Donec enim coelos alius regit, et donat inde,
Non ego tam magni muneris emtor ero.

De eisdem.

Nunc ego terque quater venturæ gaudia vitæ,
Et quædam, quæ sum vix habiturus, emi.
Accepi toties tabulas, impressaque ceræ
Nomina, sed tantum nomina cum tabulis.

Illud et hoc temere, neque enim sperare quis ausit,
Emturum se, quæ vendere nemo velit,
Aut si forte velit, quæ nemo vendere possit,
Cum coelum solus, qui bene vivit emat.
Jam vero ut risu hoc dignum (tanquam esse beatum
Testibus hic egeat) signa peti et tabulas.

In Julium.

Omnia turbantur, retro omnia versa videntur,
Qui bene non vivat, posse beare alios?
Cum multos ferroque neces, atroque veneno,
Cum scelere occiderint millia multa tuo.
Cum tibi funesti sint sola negotia belli,
Ocia monstrosæ conscia luxuriæ,
Cum dicas faciasque nihil, nisi turpe malumque,
Interea cœlum expendis Jule tamen?
Idque aliquis credat, cui mens in corpore sano
Sana sit, et Christum, qui putet esse Deum?

De Julio.

Hunc scelerum autorem tantorum, hunc fraudis amicum,
Cui requies bellum, pax odiosa fuit,
Omne libidinis genus usque ad monstra notatum,
Quo dare quid peius Dii tibi terra queant?
Non tantum esse malum permisimus, esse beatum
Credidimus, mundi pertulimusque caput,
Exhaustas igitur divino lumine mentes,
O et in errorum rusticitate vagas.

Ad Julium.

Dic mihi, sancte pater, cœlestis janitor aulæ,
Cui geritur summæ religionis apex.
Qui Reges regis, atque locas relocasque Tyrannos,
Qui nutu solvis cuncta, ligasque tuo.
Qui sanctos facis, et cui contigit esse beato
Ante obitum, qui nos ante obitumque beas,
Quid tibi bombardis opus est? quid equisque virisque?
Quæque arma præit, quæ sequiturque manus?
Hastarumque ista segete, atque horrentibus armis?
Quid cinctura opus est hac, gladiisque tibi?
Omnia quid trahis hæc, aut cur sanctissime tanto
Belli opere expugnas oppida, castra, domus?
Nonne manu poteras, tremulo simul ore, levata
Hos dare Diis subito manibus, hosque Deo?
Certe omnes Petri similes, aliterve probatis
Moribus, hæc possunt omnia Pontifices.
Quid dicam, an quoniam malus es, diffisus et armis
Pontificum, et præceps Martis in arma ruis?
O in te erratum mundum, qui, cum ista facessis,
Non videt a Petri te procul esse via.

Ad Cæsarem, de Germaniæ statu.

Quando erit ut lumen Germania capta resumat,
Hinc Romam ut videat seque suumque trahi?
Quando erit, ut bullas, auroque parabile plumbum
Orbe aliquis vendi cernat, emique alio?
Aut tua perpetuo, quod nunc Germania Cæsar,
Ludibrium Romæ diripientis erit?
Quin mundi imperium, et caput hoc mundi imperiique
(Nam possum haud aliud dicere,) Roma tua est.

Ad Cæsarem, de bello Veneto.

Sanguinis effusum civilis Cæsar abunde est,
Jam credo hoc ducet Julius ipse satis.
Accipiant Veneti dominum te, Gallus adoret,
Publica Christicolæ foedera inite duces.
Te revehat celebri Germania læta triumpho,
Dehinc Asiam Christo cogat habere fidem.
Summa sit hæc rerum, vota hæc communia sunto,
Quod velit ille Deum rector habere ratum.

Ad Cæsarem Imperatorem Maximilianum Epigrammatum finis.

X.

Ulrichi ab Hutten,

Equitis Germani,

de

Piscatura Venetorum,

Heroicum.

Ulrichi ab Hutten.

Equitis Germani,

De Piscatura Venetorum,

Heroicum.

Exierant Veneti piscatum, ita fata ferebant,
Non uni Veneti, toto genus orbe coactum,
Et feces populorum, et magni opprobria mundi,
Inter se junxere manus, et pacta vicissim
Constituere, humiles primum tulit Adria euntes.
Retia panduntur, curvis contenditur hamis.
Fervet opus, cadit omne genus, quod vivit in undis.
Ipsi agili cymba, et curva rate fluctibus errant,
Et non lata vagis audent petere æquora lembis.
Dumque ita dissimulant, vicinis montibus ortas
Dicuntur secuisse trabes, magnasque repente
Extruxisse fretis puppes, et fluctibus aptas,
Armaque convexisse viri, murisque sub alto
Fundamenta mari, sub iniquo aptasse profundo,
Aequoris in medio, cincti nutricibus undis.
Fœnore jam dites, et adactis mercibus aucti,
Quas Arabum populi, dives quas miserat Indus.
Finibus Eois, et de Gangetide cœlo.
Cœpta est interea Veneti captura Senatus
Suspitiosa, animos regum passimque petitos
Irritare duces, coeunt ex urbibus omnes
Italiæ proceres, tentant divellere, servat
Casibus in mediis tutos fortuna, marisque
Esse jubet dominos, ita qui paulo ante parabant
E tenui victum quæstu, tunc retibus actis
Humanas piscantur opes, cumque urbibus ipsos
Subiiciunt homines, ibi si quis forte comesto

Excitus est hamo, ceciditque in retia princeps,
Imperium cessit victori, Antenoris urbem,
Altinasque domus, et terras, quæ inter amœnum
Contingunt Athesim, celerisque fluenta Timavi,
Juxta Opiterginos scopulos, Aquileiaqua arva,
Euganeas sedes, et quatenus urget Jader
Adriacos fluctus, patriumque Limenis ad amnem
Et qua se Eridanus perdit prope littora, primum
Imperii statuere modum, nondum aurea tecta,
Auratasque trabes Phrygiæ crexere columnæ,
Itur in Oenotrios fines, et Gallica rura.
Italiæ per utrumque latus, tunc Roma supremum
Post Gothicas clades, et magni bella Suevi,
Excidium timuit, compressæ fraude dolisque
Quædam urbes, aliæ tolerant juga, viribus actæ.
Tunc Itali servire duces, et ferre tributum
Victori Veneto jussi, tunc Istria paret,
Dalmataque et juncto Slavorum regna Liburno,
Per mare grassatum est, das magnam Græcia pœnam,
Victa moræ, vexata Rhodus, Thracesque petiti,
Capta Jovis Crete, facta est provincia Cyprus,
Divitiæ ingentes cumulatæ, omnesque subactæ
Insulæ Jonio in magno, quas dicere longum est,
Et numerare pudor, fortis sese impete primo
Janua in occursum Venetis grassantibus offert,
Et recte audaces Ligures, si casibus æquis
Dispenset fortuna vices, ultroque citroque
Vincendo victi Ligures, aliquotque per annos
Successu vario pugnatum, et viribus æquis,
Donec ad eventum, quo jam inclinaverat, exit
Alea bellorum. Quid cum sors addere posses,
Cronia quid velles, quo nata superbiat ultra?
Addis adhuc aliquid, sed quo nil majus habebis,
Prædones regnare jubes, tunc quisquis ad undas
Venerat Euganeas, curva vix integer alno,
Pisce onerans scabra limosam erugine cymbam
Hunc regem facis, et populos, quibus imperet, addis,
Das etiam cultum, et speciem concedis honori,

Continuo argentum mensis, solidoque ex auro
Pocula, et artifici lances nidore supinas,
Exponunt Veneti, et cocco sublimibus ornant
Aurea fulcra toris atque hoc torpore quietis
Bethica lana viris, Canusinaque fit toga vestis.
Callai cum solis aurum, solisque revectæ
Littore Erythreo, et rubeo de gurgite gemmæ.
Assyriæ jactantur opes, et purpura solis,
Prædita sunt solis omnem excedentia luxum.
Quicquid Imetus habet, quicquid lapidosa Caristos,
Et Venosa Thasus, vel quo se marmore jactat
Thaigetum, Altinæ poscit structura paludis.
Fertur pinguis Onyx, et fertur pinguis Ophites.
Ipsos grata tenet suffarcis culcitra plumis.
Fragrantes unguenta, et quos Phœnicis odores
Lectus habet, signant sua tempora Mausolæis
Sidereis. Venetique vocant monimenta trophæi,
Insula, fundus, aquæ, pecudes, portoria, villæ,
Cui desunt Veneto? cuique rosaria pesti?
Alcinoique horti? et vigili mandata Draconi
Hesperidum prata? stant ductæ ad sidera turres,
Atria longa patent, ab aprico porticus æstu
Quæ defendat, adest, intus conclave superbum
Ornant Phidiaci pretiosa torevmata cœli,
Mentoreæque artes, et adhuc in honore vetusti
Praxitelis statuæ, sunt creatoris Apellæ
Viventes tabulæ, sola ipsis balnea curæ,
Et ductæ choreæ numeris, et molle theatrum,
Scœnaque, nocturnæque epulæ, sibi balsama inungunt,
Inque luto gemmas, et coccina syrmata verrunt.
Sunt nardo, sunt strata croco subsellia, nec jam
Transtra forique animos terrent, malique, vagæque
Cornibus antemnæ, et nautis metuenda charybdis,
Scylleique canes, atque elatrantia saxis
Monstra, Notique leves cursu, Boreæque volucres.
Jam desueta opera, atque usu damnata recenti,
Moribus his cum jam centum durasset in annos,
Atque alios centum, Venetæ piscatio gentis,

Iratæ fremure Alpes, ruit excita celsis
E speculis regina avium, cursuque librato
In Venetas armatur opes, non ipsa nefandam
Affectans prædam, sed captum ut liberet orbem,
Ut spoliatorum misere patrimonia regum,
Restituatque loco, donetque hæredibus æquis.
Teutona quid faciat, fertur quæsisse juventus,
Tempus id ex Aquila, quid agat conamine tanto,
Et quo tela ferat, quem se sic armet in hostem,
Regali a cultu, respondit, et urbe relego
Piscatum Venetos, miserorum vincula regum,
Et diras solvo manicas, per me omnia priscæ
Libertatis erunt, faciam discrimine justo,
Ut populi sint, utque duces, civilia jura
Urbibus imponam, reges amissa tenebunt,
Qui per me cupient, studium est aperire revinctam
A Venetis pacem, et tota tellure receptam
Afflictæ Italiæ, pressæque ostendere Romæ.
Arcebo excursus, et sumpta latronibus arma
Infringam, legesque dabo, ereptamque tuebor
Justitiam: post, qui fictis piscatibus orbis
Regna affectarunt, et se penes omne subacti
Sperarunt mundi caput, imperiumque futurum
Quique mihi bello, et contractis viribus ausi
Et terra et certare mari, quod origine constant,
In piscatores redigam, priscasque per artes
Scrutari vada, et ærumnoso vivere quæstu,
Exutos rapto cogam, laceraque carina
Nautica sulcato cantare celeusmate ponto.

Hæc dicentem Aquilam, molitamque omnia factis,
Plausu exceperunt reges, læteque refecti
Optarunt cœptum votis succedere bellum.
Quod si tu casu Venetos servabis in isto,
Cæsare ab irato, Diis ulteriora potentem,
Te dicam fortuna Deam, templisque sacrabo.

XI.

Ulrichi ab Hutten,

Equitis Germani,

M a r c u s,

Heroicum.

Ulrichi ab Hutten,

Equitis Germani,

Marcus,

Heroicum.

Ruperat Adriaci stagnantia claustra profundi
Βάτραχος ὑψώσας ὠχρὸν δέμας ὕδατι λευκῷ
Improvisum orbi monstrum illud δεινὸν ὅραμα
Nec soliti generis, vel qualem sæpe videmus.
Σκερτῆσαι κατὰ νῆν καὶ ἐφ' ὕδασι σῶμα καλύψαι
Vastum corpus erat, quædamque in corpore vires.
Et non contemnenda animi vis, infima temnens,
Alta petens, longeque sua se a sorte movebat,
Audebatque loquens ingentia πολλὰ δ' ἐβόα.
Vicinosque ad se populos, regesque vocabat,
Magna locutura, et grave de communibus actis
Consultura viris, Rana os, humerosque, pedesque,
Omnia Rana, sed Euganei regina profundi,
Quæ titulum adseruit, jam non contenta paludes
Et luteas habitare casas cœnumque relictum,
Aptum humeris, aptum cervici immane leonis
Induerat tergus, villosque aptarat et ungues.
Tunc Venetos inter populos, Athesina fluenta,
Altinique arces juxta, atque Antenoris urbem
Sedit, et induta volvit Leo pelle videri.
In medioque virum, quanquam εἰς φύσιν οὐδὲν ὅμοιον
'Ανθρώ οις τε, θεοῖς τε, καὶ οὐρανίοις πετεηνοῖς
Aut illi foret, aut se dissimulare, quid esset,
Ipsa satis posset, tamen hæc aggressa loquendo est.
Καὶ τοῖον φάτο μῦθον ἀπὸ στόματος δ' ἀγόρευεν

Res Itali vestræ, vestra et fortuna coegit.
Cum possem Adriacas moderari tutius undas,
Regnis usa meis, animum ad majora referre.
Namque ut bellorum trasmissa ex Alpe procellas,
Teutona terra diu ferali effuderit ira,
In nos arma movens, nostras accessit ad aures,
Utque erat ingenio, et rebus communibus æquum,
Indolui facto, remque indignata, peregi
Mecum ægras noctes, gemituque urgebar anhelo.
Cum vacuæ curis, placidoque sopore quietæ,
Sors Romana mihi, fugiens a sede Quirini
Tarpeias arces, miserando squallida luctu
Ederet has voces. Tu nunc tranquilla superbos,
Imperio Venetos premis, et tuto æquore regnas,
Romani secura mali, secura cadentis
Italiæ, divesque tuæ gratare quieti,
Non equidem immerito. At si quid nova gloria tangit
Ociaque ob solidam potes interrumpere laudem,
Ut facias, modus est. Ego te caput orbe subacto
Efficiam rerum, per me Europæa subibunt
Regna tibi, faciuntque Asiæ tua jussa Tyranni,
Pœnorum urbes, Afrique a sole perusti.
His ego reliquias Troum, Phrygiosque penates.
Aeneadasque Deos, majestatemque sepultæ
Adjicio Romæ, Vestamque ex urbe potentem,
Imperii excubias, vigilemque huc transfero flammam,
Tantum hortare viros, libertatemque ruenti
Fortiter Italiæ refer, et moto adsere bello.
Regnatum Latio satis est, honor immutati
Te penes imperii est. Ea fata simillima vento,
Et levibus Boreis, in mollem evanuit auram.
Me sopor, et domitrix curarum diva reliquit,
At superum monitus, tantique oracula fati,
Oenotrii cives, non est contemnere tutum.
Ειμί δ' ἐγὼ βασιλεὺς Φυσίγναθος, ὃς κατὰ λίμνην
'Τιμῶμαι, Βατράχων ἡγούμενος ἤματα πάντα.
Καὶ με πατὴρ Πηλεὺς ποτὲ γείνατο Ὑδρομεδούσῃ

Μιχθεὶς ἐν φιλότητι παρ' ὄχθας Ἠριδανοῖο.
Σκηπτοῦχον βασιλῆα, καὶ ἐν πολέμοισι μαχητήν.
Ουδέποτ' ἐκ πολέμοιο κακὴν ἀπέφυγον αὐτήν.
Ἀλλ' εὐθὺς μετὰ μῶλον ἰὼν προμάχοισιν ἐμίχθην.
Ου δέδι' ἄνθρωπον καὶ περ μέγα σῶμα φοροῦντα.
Ἀλλὰ δύω μάλα πάντα τὰ δείδια, πᾶσαν ἐπ' αἰαν.
Erigite infractos animos, lassataque corda,
Inque vicem audentes fessis succurrite rebus.
Quoscunque in populos emittite me duce bellum.
At grandi eloquio, et verbis acuentibus iras,
Nemo fortis eget. Postquam est ea fata, silentes
Obstupuere animi, digna admiratio factis
Jussit inaudita populos novitate pavere.
Confestim accurrunt Veneti, regemque salutant,
Quoque aliquid posset, quæsitæ accedere famæ,
Dant alas, Marcumque vocant. Illa accipit omen,
Acceptoque, animis pro conditione superbit,
Et Venetis Ranis, et adhuc stipata novorum
Accessu procerum, tunc regna invasit, et urbes,
Perdomuitque duces, regesque ejecit, opesque
Condidit immodicas, toto stupor unus in orbe,
Λιμνόχαρις Πολύφημος erat, timuere Tyranni,
Et victas tribuere manus, regna omnia Marco
Territa sunt Veneto, sola huic Germania monstro
Indignum duxit famulum summittere collum,
Illa Tridentinos tamen est invadere montes,
Herciniumque nemus, qua parte obnubilat Istrum.
Ausa, sub hac specie, simulatique ore Leonis,
Per fas, perque nefas, recta et prava omnia miscens,
Extollensque malos, meritosque in tartara mergens,
Quos potuit, quorumque fides sibi credita, sontes
Hæc eadem sibi coniunxit, sociisque sub omnes
Usa est eventus. Tum quos non vincere bello,
Aut virtute sua potuit, miscente veneno
Cunctantes vicit, sacra omnia, et omnia jura
Polluit egrediens, vis atque injuria belli

Omnis causa fuit. Pacem bellumque perinde
Duxit amare fidem, et juratum nescia pactum,
Armata insidiis semper. Qua cum arte parasset,
Πολλὰ μάλ' ἐν λίμνῃ καὶ ἐπὶ χθονὶ θαύματ' ἰδέσθαι.
Conata est levibus, cœlum contingere pennis.
Cum quidam eventu gaudentem, et nomine Marci,
Fertur præmonuisse feram: Ne Rana superbi,
Neu caput hoc, istosve oculos sublimius effer,
Quam tua sors permittit ἔχει θεὸς ἔκδικον ὄμμα.
Ποινὴν σὺ τίσεις. Ne cœlum insurgere contra
More Giganteo, majoraque viribus aude,
'Ουλησειεγε θεοὺς φυσίγγαθε ταῦτα ποιήσας
Sprevit eos monitus, nec adhuc temeraria cœpto
Abstinuit vetito καὶ ἀλεύατο κῆρα μέλαιναν
Tum vero iratus, postquam tot viderat annos
Crimina ranarum, et Venetæ incrementa paludis
Jupiter, hac Aquilam, qua despicit omnia ab arce,
Demittit, ranisque super non mollia jussa
Imperat, ut ficto sacra deroget omnia Marco,
Et doceat non esse Deum, raptoque ferocem
Exuat, et spoliis, palantesque æquore Ranas,
Arceat Adriaco, pelagoque remergat avito.
Huic dicto concessit, ἐπεὶ μέγα οἱ σθένος ἦεν.
Et rostrum, et laceros acuens Jovis armiger ungues.
Σπεῦτο δὲ πο θήσειν βατράχων γένος αἰχμητάων
Utque in vindicta dispersum colligat hostem,
Fertur ab Alpino, ἐνναίρειν βατράχους βλεμεαίνων.
Jam Venetos speculata jugo, quo vix bene viso,
Rana fugax ὄχθαισι βαθείαις ἔμπεσε φεύγων.
Abiiciens sceptrum, et torvi simulacra Leonis,
Regnorumque omnes curas, veniamque precando,
Adflexa est Aquilæ genibus, quam cum illa negaret,
"Αχρηστον μετάνοιαν ἐμέμφετο πολλὰ δακρύων.
Diffidensque sibi, auxilioque exuta suorum.
Δεινὰ δ' ἐπεστονάχιζε, φόβου κρυόεντος ἀνάγκῃ.
Extremum turbata μόρον δ' οὐκ ἦν ὑπαλύξαι.

XII.

Quod ab illa antiquitus Germanorum claritudine nondum degenerârint Nostrates,

Ulrichi ab Hutten,

Equitis Germani

H e r o i c u m.

Quod ab illa antiquitus Germanorum claritudine nondum degenerarint nostrates, Heroicum *).

Rhenigenas populos, et robustissima mundi
Pectora, quisquis avis, atque a virtute priorum
Degenerasse putas, non æquo remque diesque
Arbitrio pendis, liceat cum tempore prisco
Præsentem conferre statum. Non semper in armis
Esse licet, mollem non semper amare quietem.
Alternas juvat ire vices, belloque remissos
Tuta quies animos, paxque interposta resolvunt,
Nec tu crede Deos ita nos intendere contra,
Ut rerum invideant summam, et fastigia nolint.
Germanos, orbisque caput, molemque tenere.
Tunc cum tempus erat, gerere arma, et cogere gentes,
Expugnare urbes, regumque infringere fastus,
Fecimus egregie, motisque indulsimus armis,
Nunc placidas artes, pacemque admittere curis
Est opus, atque animos tranquillum advertere in usum.
Dum Sophiæ fruges, cultumque et quaslibet artes,
Post tot gesta virum noster quoque calleat orbis,
Ergo adit Italiæ quisq . . . . loca, ut adferat inde
Ingenii cultum, et Latiæ commertia linguæ,
Græcorumque artes, nimirum illa ampla parentum
Cum satis eniteat gestarum gloria rerum.

---

*) Dieses Gedicht ist auch als eine Art Vorrede den „*Scriptor. rer. germ. ed. a Marq. Frehero. Tom. I.*“ und zwar vor den paginirten Blättern beigedruckt.

Nec minus hoc ducibus curæ est, dant præmia doctis
Passim, Academias statuunt, et honoribus augent
Altiloquos vates, ac Musica sacra professos.
Ingeniisque favent mansueta fruge colendis.
Sunt tamen interea, si qua intercesserit illis
Causa recens studiis, qui prisca negotia tractent,
Jamque iterum fines Italorum, et Martia regna
Cæsar adit, motoque animo sese obtulit armis,
Ut Venetum luxus, vanamque ubi presserit iram,
Ostendat, pacem qui admiserit, arma præ orsas
Non etiam timuisse minas, potuisse in utramque
Esse animo constante vicem, jam discimus artes,
Scribimus, et serum nos commendamus in ævum,
Famaque compertum est, quantum res adjuvet istas,
Quæ cum cura levis nostris majoribus esse,
Acta ducum tacuit, nec quid Germania rerum
Egerit, invictaque manu quas ceperit urbes,
Quos dederit leto reges, et vicerit hostes,
Scire datur. Neque enim scriptis calamoque vocabant
Utiliora armis corda, et præstantibus actis.
Maluit illa ætas, quam scribere, nitier armis.
Edereque insigneis, quod scriberet altera, pugnas,
Quod si nostra forent, victuris gesta libellis
Scripta velut Latiæ, velut ampla volumina Graiæ
Cernimus historiæ, non tantum hæc ultima scirent
Secula, Teutonicas Alpino in vertice pugnas.
Cimbrorumque manus, et quos tum fœmina strages
Miscuerit, fractumque dolis non viribus hostem,
Ter victasque acies Italas, orbisque retusum
Ingenti terrore caput. Romamque timentem,
Feralemque urbis planctum, quæ castra cohortes
Syllani dederint, quas Cæpio senserit iras.
Utque fuga turpi patrias repetiverit arces
Manlius, attritæ quæ desperatio Romæ.
Quale Dionæo confectum a Cæsare bellum,
Quæ vixdum visi fuerit victoria Rheni,
Mentitaque fugæ, et cœpti solatia pontis.
Vindice ut Arminio celeris prope rura Visurgis,

Romanas acies miro Germania motu
Quintiliumque ducem conciderit, unde birostræ
Contigerint Aquilæ, traducti insignia regni,
Excussumque jugum, non tantum hæc tempora nossent,
Quo tunc Roma metu nostrorum expaverit iras.
Præmia quæ belli, nec non qua laude Cherusci,
Re bene tunc gesta tulerint, et gloria quæ sit
Ereptum imperium, compressa superbia fastus
Italici, pulsumque nefas, ut libera tandem
Teutona gens falsos posset ridere triumphos,
Quos egit Caligæ notus cognomine Cæsar,
Tunc, ubi se rutulis æquabant nigra capillis
Tempora, et Ausoniis stridebant barbara linguis
Murmura, ubi currus simulata trophæa pudendi
Pone sequebantur, fingentemque ista præibat
Plebs sua victorem, Germanum imitata susurrum.
Non hæc clarorum præter tot millia patrum
Cognita facta forent, sciremus ut ordine gesta,
Et quæ bella sient, nec gens tantum ulla loquacis
Scriberet historiæ. Nunc cum facere inclyta nobis,
Scribere sors aliis dederit, Germania tantas
Perdiderit pugnas, et quæ clarissima quondam
Confecit, lateant, obscura in nube feratur,
Quæ patribus virtus fuit, aut quæ gloria. Nemo
Possit ab antiquo Germanam extendere laudem,
Attigerint nullos veterum monimenta nepotes,
Idque errore patrum. Nos quo ne oblivio nostri
Temporis obscuret, si quid memorabile gestum est,
Scribere tentemus, cultumque inhiemus ad istum,
Utque hac esse olim possimus laude superbi,
Bella remittamus, quantumque a Marte licebit,
Ocia Musarum, et placidas vigilemus ad artes,
Ut non sit mirum, si segnius arma feramus.
Nec ferimus segnes, quia jam prudentia major,
Aut furor est levior, nec quis nos provocet hostis,
Contigit his armis, si quis volet, inferat ultro,
His bellum populis, requiem tentetque supinam,
Sentiet ultrices in se concurrere vires,

Comperietque hanc nos pacem formasse, rudesque
Erudiisse animos, studioque acuisse sequestro.
Sentiet horribiles non frustra exire Suevos,
Atque etiam lingua Francos verbisque timendos,
Terribiles equitum turmas, et fulmina belli,
Vindelicasque Aquilas, atque ebrietate feroces
Saxoniæ populos, nec egentem viribus Hessum,
Et nunquam domitum Rhenum, totisque petitum,
Et medias gentes, quarum nunc gloria major,
Quam fuit illa vetus, cui si quem temporis hujus
Pœnituit, sortisque suæ, præconia laudum
Attribuit meliore loco, præsentia sordent,
Dura quibus fortuna venit, cui prospera non sunt
Tempora. Felices primos vocat, ultima damnat.
Si sumus imbelles, priscasque amisimus artes,
Cur non nostra venit Romani irrumpere Gallus
Aemulus imperii? cur non sese Itala tellus
Eripit his titulis, nobisque subesse recusat?
Cur non cuncta petens animo Mahumeticus hostis
Audet in has vires? Certe haud hoc tempore quisquam
Bella gerit, qui non nostris se viribus armet.
Nos Asiæ reges, Tanaisque ferocia regna,
Et fera Turcarum manus, Assyriæque tyranni,
Sarmata nos, Parthique legunt, nos Persia dives
Ante aciem statuit, nos ultima regna sequendis
Affectant castris, nos ultimus appetit orbis,
Nos penes est studium armorum, nos ista docemus,
Nos facimus, per nos alii faciuntque sciuntque,
Indicunt alii, jurantque in bella vicissim.
Nos gerimus, vincit, Germano milite quisquis
Bella gerit, nostra est hæc gloria, solaque nostra est.
Quid dicam mores ita nulla in gente pudicos?
Quanquam aliquas dederint, quod nostras polluit urbes
Molliculi labes Itali, quanquam improba Roma
Venerit in ritus, spurcisque infecerit istud
Acre libidinibus, castum corruperit omne
Roma, sacerdotum luxus, vitamque supinam
Pontificum, non tam ipsa ferens, quam semine sparso

Gentibus immittens, quid dicam, ut in urbibus ipsis
Tot veniant cultus, tot opes, tot splendida cuncta,
Ut nulli nobis ausint certare priores?
Nos etiam argentum, nos nobile mittimus aurum,
Nos legimus gemmas, et succina prisca recenti
Spernimus invento, tanta est industria, tantum
Crevimus ingeniis, et adhuc quis fingit ab horum
Degenerasse patrum virtute, illustribus actis,
Cum videat cultusque novos, possitque vetustam
Barbariem votis odisse, hæc tempora votis
Omnibus amplecti. Nam quæ non aspera quondam
Dicta magis tellus alia est, nunc omnia gignit,
Vina etiam, pulchrumque crocum, vestesque superbas
Velleraque et fruges confertim, atque omne metallum.
Præterea (ut fingis) donec desedimus isto
In corpore pigri, dumque has tractavimus artes,
Hac in segnitie, interea quædam egimus omni
Ingenio veterum majora, ac laude parentum.
Obiice desidiam, torporem et molle quietum,
Obiice livor edax: nos quasdam invenimus artes,
Quarum nulla satis laudem celebraverit ætas.
Nam quæ sidereas vocalis machina turreis
Deiicit, ac solidas impulsu concutit arces,
Mœniaque et spissos, aggesto pondere, muros
Aequat, sternitque domus, et destruit urbes;
Prodiit a nobis. Nos primi excudimus ære,
Et sculptis masura notis, tot secla, tot annos,
Omne genus scripti Vatum, æternosque labores,
Quæque diu nemo perituris scribere chartis
Posset, et in multas ita passim spargere gentes,
Per nos una dies in mille volumina profert.
Quod tantum est, ut si cunctas perpenderis artes,
Itala quas acies, Latiumque exercet acumen,
Invenias omnes hac utilitate majores.
Nunc quisquam innumeros etiam de paupere turba
Exiguo parat ære libros, et munere nostro
Consequitur decus ingenii, parvoque labore
Omnia vel per se (quæ longo addisceret usu,

Et vigili cura, somnoque carentibus horis)
Imbibit, hoc tantum est, ut quod nunc omnia plenis
Sunt congesta libris, ut quod nunc oppida doctos
Cuncta viros referunt, quod nulla ita barbara tellus.
Quin animum colat, et fœcundis artibus ornet.
Solis deberi nobis, nemo neget usquam.
Esse rudes igitur quisquam nos dicat, et istam
Segniter ætatem duci, vel in otia lapsos.
Dum sinant hanc nobis, ubi ademerit omnia, laudem.

XIII.

Ulrici ab Hutten,

Equitis Germani,

pro Area Coritiana, quæ est Romæ,

Epigrammata.

Pro Ara Coritiana, quæ est Romæ, Epigrammata.

Propititius quondam Cretæis Jupiter oris,
Propitius fertur Sol habitasse Rhodi.
Pallas Athénæas præsens respexit ad aras,
Moenalia statuit Pan sua sacra iugo.
Thura dat æquoreo Tenaros gratissima regi.
Fert Juno altrici vota precesque Samo.
Dilexere pios Phoebeia numina Delphos,
Syrtica cornigero fumat arena Jovi.
Præcipue Maia genitum Cyllenia placant,
Templa, Venus Paphia sustinet urbe coli.
Amphitrioniaden proprie colit ultima Gades,
Vulcanoque magis Lemnia sacra litant.
Falsis ista Deis, cultu meliore dicata est,
Ara salutifero Coritiana Deo,
Hic natum, matremque roges, aviamque licebit,
Non falsos vera religione Deos.

Pro eadem.

Coritiana pios venerari sacra poëtas,
Atque ea carminibus semper adire novis,
Urbe aliquis tota defectas vatibus aras
Dum videt, afficitur, in dubiumque vocat.
Qui statuit, vatum pater est, sibi propria vates,
Desine mirari, templa statuta colunt.

Votum pro se in morbo pedis.

Orbe perarato terra omnia passus et undis,
    Nunc etiam raptum peste agitante pedem,
Coritii pietate nova devolvor ad aram.
    Hac avia, hac mater, hac tibi nata prece,
Da morbum cessare pedis, da robur ademptum,
    Sic nunquam his desint, ceraque thusque focis.

Pro ara Coritiana.

Certum est Coritii patris sacellum,
Quod fecere alii prius poëtæ,
Non libo colere, aut mola recenti,
Nec cæso bove victima cruenta,
Sed versu, ingenioque. qualecunque id,
Da mi musa aliquid novum, dedisti
Quod non his aliis prius poëtis.
Consumta est ait, ut nihil supersit,
Omnis copia tot prius poëtis,
Juvat me tamen, et iuvabit usque,
Quæ sors cunque mihi sit, experiri,
Quiddam ad Coritii patris sacellum.

Pro eadem.

Quot se vere novo diffundunt gramina campis,
    Et quot tunc passim floribus albet humus.
Monte Hybla quot aluntur apes, quot acerba pruinas
    Fundit hiems, quot habet sidera uterque polus,
Quot gravis autumnus dulces vindemiat uvas,
    Sicca quot e Libicis grana teruntur agris,
Quot foliis vaga silva viret, quod sidus inundat
    Pleiadum guttis, quot fovet Ida feras,

Quotque in Atho lepores, quot in alto gurgite pisces
Quot patula volucres aura animantur aves,
Non bene quis numerat, sed nec numerare facultas,
Coritii versus quot ferat ara patris.

Ejusdem ad Columnenses Romanos Episcopos.

Dii medio in Latio solidam posuere columnam,
Qua Jovis interdum fessa quiescat avis.
Bellum erat, exierant Galli, exierantque Leones,
Thuscus in Euganea quique palude regit.
Fessus ibi quoties requiem sibi posceret Ales,
Fulcivit gratas illa columna vices.
Si numeres annos, medio si in Marte labores,
Hanc molem belli sustinuisse putes.
Vive columna diu, nulloque intercide lapsu,
Quæ colis imperium sola, tenesque fidem.

XIV.

Ulrici ab Hutten

ad

Crotum Rubianum

De Statu Romano Epigrammata

ex urbe missa.

Ad

Crotum Rubianum

De statu Romano,

Epigrammata ex urbe missa.

Vidimus Ausoniæ semieruta mœnia Romæ.
Hic ubi cum sacris venditur ipse Deus.
Ingentem, Crote, Pontificem, sacrumque senatum,
Et longo proceres ordine Cardineos.
Tot scribas, vulgusque hominum nihil utile rebus,
Quos vaga contecto purpura vestit equo.
Tot, Crote, qui faciunt, tot qui patiuntur et illos,
Orgia qui vivunt, cum simulent Curios.
Rursum illos, qui nec simulant bona, nec bene vivunt,
Qui rident mores, exibilantque bonos.
Quos juvat esse malos, quibus et licet in juga quorum
Consensit miseriis Teutona terra modis.
Qui dant, quique vetant, qui quos clausere recludunt,
Arbitrio coelos distribuntque suo.
Romanas, neque enim Romanos, omnia luxu,
Omniaque obscoenis plena libidinibus.
Atque hæc post Curios, Pompeios atque Metellos,
O mores atque tempora, Roma tulit.
Desine velle sacram inprimis Crote visere Romam,
Romanum invenies hic, ubi Roma, nihil.

De eodem.

Vendit Roma Deum, vendit sacra, vendit honores,
Ipsaque, quod mirum est dicere, Roma venit.
Usque adeo nihil est, quod non ibi comparet aurum,
Scilicet, ut fiat aurea Roma iterum.

De Romanis ut nunc.

Dicunt sancta patres, operantur pessima Romæ.
Quidam etiam dicunt nec bene, nec faciunt.
Religio tamen et Christus jactantur ab illis,
Tollitur, et passim prostat imago crucis.
Et piscatoris gliscunt patrimonia Petri.
Vibrantur magni fulmina Pontificis.
Vestit summa pedes a vertice purpura longum
Pone sequens, dicas vivere simpliciter.
At nisi me fallat, sed nunquam adeo omnia fallunt,
Ista ovium miros vestit imago lupos.

Omnia Romæ pecunia redimi.

Ite viri, conferte manus, et vivite rapto,
Cædite, de sacro vellite, obite nefas.
Ite, profana sacris miscete, assuescite luxu,
Omne voluptatum per genus ite viri.
Dicite, et ex ipso facite omnia pessima dicto,
Scilicet, et nullos esse putate Deos.
Vidimus hæc Romæ fieri, (quid sanctius illa?)
Et tamen ad coelos non minus esse viam.
Aurum quisque ferat Romam, virtutis abunde est,
Summa furit Romæ qui bona nescit emi.
Quinetiam ut facias emis auro turpia Romæ,
Quæ cum ita sint, dico quod prius, este mali.

De statu Romano.

Liquit Aventinas arces, Tarpeiaque saxa,
Et debellata cætera in urbe Petrus,
Proque Petro subit ille Simon, regnatque per aras,
Et debellata regnat in urbe Simon,
Nescio quo captiva ratis, ecclesia quo se
Proripuit, Romæ est tale videre nihil.
Vendit sacra Simon, venditque prophana perinde,
Atque, ita me Christus, omnia vendit, amet.
Non tutum est emere ista tamen, licet emeris auro,
Redditur a plumbi stemmate bulla gravis.
O bullas, atque o Romam, regemque Simonem,
Sacra emere et Romæ vendere sacra licet?

De eodem, ad Germanos.

Quis modus, o cives? Quo se hæc patientia tandem
Profert? hæc Romæ quærimus, atque emimus?
Sic nos bulla capit? sic se Germania nescit,
Ut petat hæc? sic nos ista sigilla juvant?
Χρύσεα χαλκείων et adhuc mutatio peior,
Tantum auri, ut redeant plumbea signa, dari.

De eodem, ad eosdem.

Coeca magis cuiquam mens est, magis indiga lucis,
Quam coelum Romæ, qui sibi credit emi?
Aut qui quantum auri est, quenquam putat esse beatum
Quando illic auro vita beata venit.
Qui stygias contemnit aquas, neque triste veretur
Supplicium, Romæ coelica fretus emi?

Aut non ipse Petrus summa excandescat ab ira,
Esse aliquem, coelum qui locet, ipse malus?
Proinde nefas cives fugite, atque inquirite rectum,
Hac vobis coelum merce licebit emi.

De quodam mortuo Episcopo, ad Germanos.

Occidit antistes, petite altera pallia cives,
Quæ dabit accepto Romulus ære Simon.
At tu, donec habet cerebrum Germania nullum,
Et nullos oculos, pallia vende Simon.

Quinque Gallis se invadentibus.

Desinite irasci sine causa et crimine Galli,
Quæ meruit Cæsar, non ea culpa mea est.
Ille apud Insubrem bellorum ambagibus urbem,
Districtus casu volvitur ancipiti.
Quam licet expugnet, licet his pervincat in armis,
Aut quidvis faciat, non ea culpa mea est.

Ad eosdem.

Oravi pacem Galli, oravique salutem.
Ne solum dixi perdite, quinque viri.
Quinetiam offendi quia nil vos, parcite Galli,
Cæde fera innocui sanguinis esse rei.
Nec multæ valuere preces, promissa salutis
Innocui mores nec peperere mihi.
Quin morere unus ait, Cæsar te hoc vulnere Cæsar
Immolat, et morti tradit amore sui.

Ad eosdem.

Invitus Galli vobiscum hanc consero pugnam,
Si libet, expertes cædis habete manus.
Cædis habete manus, nec me facite esse nocentem,
Dum capio vestro forsitan arma malo.
Sin est illa mei sitis importuna cruoris,
Ut tangant nullæ pectora vestra preces.
Jam quiddam ipse manu audebo, contraque resistam,
Indecorem ne quis dicat obisse necem.
Audebo, et quoniam justum ante æquumque poposci,
Non flectam posthac ulteriore prece.
Este autem memores, quid possint fasque nefasque,
Atque hominum curam credite habere Deos.
Tum vero immenso vires gliscere periclo,
Et desperatis sæpe redire Deum.

Ad se ipsum eodem in periculo.

Usque adeo ne mori miserum est? timor omnis abesto,
Forte aliquid secum nostra ruina trahet.
Me patiar Gallos terrere his vocibus ultra?
Convelli ignavis ipse puterque minis?
Aut ubi proposita est mors, et fuga mortis adempta,
Armorum miserum vi cecidisse putem.
Quin hæc una mihi potius solatia mortis,
Et iuvat has igitur præcipitare moras.
Vos testes prius este Dei, ferre arma coactum,
Multa adeo Gallos præmonuisse diu.
Tum iactasse preces, voluisse occidere Gallos,
Insontis flecti non voluisse prece.
Jam certum est tumidis vitam hanc effundere Gallis,
Dii faxint, horum concidat illa malo.

Gallo ab se cæso.

I, morere, et Stygias tecum hoc Gallo affer ad umbras,
Esse aliquem, Gallos qui neget esse Deos.
Qui vici tamen, et quem tu æquo haud Marte petisti,
Ossibus ipse tuis molle cubare precor.
In me quinque virûm tua proxima dextera visa est,
Testis ero, et vulnus, quod tuli, ab ense tuo est.

In quinque Gallos, ab se profligatos.

Non pudor est Galli? non est scelus, ense petistis,
Unius *Hutteni* corpora quinque, caput.
Fert fortuna nefas, non fert Deus, hoc ego dicam?
Aut aliquis dicto possit habere fidem?
Quinque dedisse fugam, atque uni dare terga coactos?
Hos paulo ante minis verberibusque feros?
Ne tamen ulla meo scribatur gloria facto,
Vicit enim Gallos (non ego,) quinque Deus.
Vicit et insontem tulit ægre invadier armis,
Et nihil in mortem qui meruisset agi.
Gloria prima Deo, qui me servavit, ut illos
Perderet, et vicit (non ego) quinque viros.

Ad quendam Romæ Episcopum, insignem medicum.

Urbe frequens tota te prodit Episcope rumor,
Posse pudendagræ pestis obesse malo.
Audivi, exilui, dubiam spes ardua mentem
Erexit, trepidos deposuique metus.

Ne contemne tamen, si quid Germania sperat,
Cum Rheno Tagus est junctus amicitia.
Regnorum est idem dominus, rectorque duorum,
In bellum gentes causa agit una duas.
Miscetur castris socio Germanus Ibero,
Hinc habet atque illinc Carolus imperium.
Foedus habet populos, amor atque unita voluntas,
Imperio Gallos exuere et Venetos.
Per patriæ gentis, sociæ per gentis amorem,
Perque quod utrique est foedus amicitiæ,
Communesque Deos oro, et socialia iura,
Hospitis *Hutteni* commiserare vicem.
Deseruit reliquum morbi contagio corpus,
Mansit in extrema calce relicta lues.
Tu potes effreni medicinam opponere morbo,
Tu potes hærentes pellere reliquias.
Ne sine te frustra juvenis Germanus adoret,
Sed quoniam potes, his artibus affer opem.

Ad Maximilianum Cæsarem, accepta laurea.

Flaccescunt lentæ salices, et perdit honorem
Gloria silvarum fraxinus alta suum.
Nudat hiems patulas fagos, platanosque virentes,
Rarescit tactis ulmus opaca comis.
Nec semper liliæ virides, et populus ingens,
Quam mox occulerat, tonsa renudat humum.
Hoc molles faciunt violæ, sic lilia marcent,
Nutrit adoratas et brevis hora rosas.
Se quoque quam pulchra est, non semper amaracus effert,
Quod fuerat perdit, nardus odora decus.

Quod gratum est, non semper habet narcissus, et aufert
 Quam tibi præbuerat formam hyacinthe dies.
At viret extremum Phoebo sacra laurus in ævum,
 Bacchica perpetua fronde virescit helyx.
Sic, nisi non recte mea mens sibi conscia, Cæsar
 Si tibi quid scribam, non morietur opus.

XV.

In Tempora Julii

Satyra.

In tempora Julii Satyra.

Hoc mens illa hominum, partim sortita Deorum,
Et pars ipsa Dei, patitur se errore teneri?
Has ruit in tenebras? adeo sine lumine fertur?
Ut scelere iste latro pollutus *Julius* omni,
Cui velit occludat coelum, rursusque recludat.
Cui velit, et possit momento quemque beatum
Efficere, aut contra, quantum quiscunque bene egit,
Et vixit bene, si lubeat detrudere possit
Ad Stygias pœnas, et Averni tartara Ditis,
Et quod non habet ipse, aliis divendere coelum,
Usque adeo errori divina obnoxia mens est,
Ut piscatorem posse omnia vertere *Julum*
Credat? et invito coelos expendere Christo?
Et nunc ille vagum spargit promissa per orbem,
Qui cædem et furias, scelerataque castra sequantur,
Se duce, ut his coelum pateat. Qua fraude tot urbes,
Et tot perdidit ille duces, tot millia morti
Tradidit, et pulsa induxit bella acria pace,
Tranquillumque diu discordibus induit armis,
Et scelere implevit mundum, fasque omne nefasque
Miscuit, inque isto caneret cum classica motu,
Naufraga direpti finxit patrimonia Petri,
Vindice se bello asserere, atque ulciscier armis,
Quoque minus sibi verba dari quis sentiat, implet
Majestate nefas, et stipatoribus illis
Grande facit nomen, jamque est ecclesia Christi
Latronum illa manus. O seclum, o pectora coecis
Nubibus, et miserando a se immutata stupore.
Lucem ipsam, et nudum non agnoscentia verum,

Obductum nebulis vanum admirantia fucum.
Non hominem penes est, coeleste expendere donum,
Nedum hoc ille latro sceleratum vendat in usum.
Tum quantum a Christo est alienum, hoc pacis alumno
Sanguine commaculare manus? et cæde nefanda
Perfurere? illa autem divinæ habitatio pacis
Qua sorte hæredes ecclesia venit ad istos?
Præterea, quis recta sequi, justumque tueri
Ulterius sanctum ducet, si præmia vitæ
Ille ferat, morum parte inquinatus ab omni?
Ille ferat non vir, qui quæ patiturque facitque,
Si tribuas aurum, faciasque ipse, et patiaris,
Condonat, labemque adimit, purumque reducit?
Siccine res superum est, humano obnoxia ludo?
Quin animum capimus cives, ad nosque redimus,
Et recte atque pie viventes, summa putamus
Regna Deûm nobis cessura, ipsosque beatos,
Et sanctos fieri, quos non sanctissimus ille,
Verum opera ipsa beant, eademque superna recludunt
Haud claves, nullum quas hic veterator in usum
Ostendit populo, jactatque in simplici turba.

XVI.

In laudem reverendissimi Alberti,

Archiepiscopi Moguntini,

Ulrichi ab Hutten,

Equitis Germani

Panegyricus.

Einleitung.

Eine neue Periode in Huttens Leben und Schriften beginnt mit dem Aufenthalt in Mainz, an Erzbischof Albrechts II. Hof, wohin seines Beschützers Eitelwolf von Steins sorgfältige Freundschaft ihn geführt hatte.

An der Spitze all der Schriften, die unser Ritter unter der Aegide des grofsmüthigen Fürsten schrieb, und welche zu seinen vollendetsten gehören, steht der „*Panegyricus in Laudem Alberti*“ mit der „*Præfatio ad Eitelwolf. a Lapide.*“

Die erste Ausgabe erschien zu Tübingen bey Th. Anselm Badensis 1515.

Eine zweite zugleich mit: „*Georg. Sabini Descript. reditûs Joachimi II. Brandenburg. depulsis Turcis.*“ *4. Wittenb. 1533.* Ferner findet sich das Gedicht in den: „*Operib. Poëticis Frankf. 1538*“; in „*Simon. Schardii Collect. Orat. et Eleg. T. III. 1567, Francof. ad Mœn.*; die Zueignungsepistel an Eitelwolf aber blos in der Tübinger Ausgabe. L. Schubart hat in seinen Beilagen zum Leben Ulrichs von Hutten mehrere Bruchstücke daraus in teutscher Uebersetzung gegeben.

Ad clarissimum equitem
Eitelvolfum de Lapide,

Suevum, Magistrum curiæ, et civitatis Moguntinæ Præfectum,

Ulrichi de Hutten,

Equitis Germani,

in Panegyricum sequentem

Præfatio.

Ne me cunctatorem voces diutius, neve promissorum putes immemorem, *Eitelvolfe* ornatissime, exhibeo Panegyricum in exceptionem Moguntinam illustrissimi Principis ac Archiepiscopi *Alberti*, scriptum a me his diebus, imo effusum. Scis nempe quantillo temporis spatio, qua fortuna, quo rerum mearum statu compositum libellum in lucem edam. Et ut scis, ita non potes ignorare, in quod me discrimen famæ egeris. Δύσζηλοι γὰρ τ' εἰμεν ἐπὶ χθονὶ φῦλ' 'ανθρώπων. Quod si quid unquam negare tibi potuissem, hoc negassem profecto. Et si per te licuisset, quanta me Dii boni infamia liberassem? Neque vero tam stultus sum, ut mihi exemplar Albini cuiusdam, apud lectores præcipitatæ editionis veniam deprecer, quemadmodum ille arroganter tractatæ græcitatis. Abeant, exeant, in incendio suo pereant infaceti joci, inargutæ nugæ, inamœna et inepta poëmata. Malo, dum tibi obsequar, errasse deprehendi, quam non obsecutus ingratitudinis vitio notari. Debetur hoc pulcherrimis tuis in me meritis, debetur absolutissimis *Alberti* virtutibus, tanto omnium per Germaniam Principum optimi maximique, quanto ego sum omnium ibidem poëtarum pessimus. Quod si erratum a me est, hoc primum consolabitur, quod non potest non multos in consimilem errorem adducere *Alberti* bonitas Ὡς ὅδε πᾶσι φίλος καὶ τίμιος ἐστίν. Deinde quod te monitore edidi, cujus amor ac reverentia apud universos politioris literaturæ assertores tanti sunt, ut vel graviori delicto veniam ac gratiam pepererint. Modo in hoc Principe ita sunt omnia summa, ut non opus sit legentium fidem prece aut pretio captare, nec ego unquam dixero hoc, quod ille scriptum reliquit, locutum se de Cyro, non quod talis fuerit, sed quod talis esse debuerit. Adulandi vero studium adeo semper a moribus meis abfuit, ut nihil unquam remotius. Id quod tu scis, et annos jam plus quinque diversa mea fortuna expertus es. Quid igitur hæc edi oportuit? an ut hunc quem laudo, ad virtutem capessendam invitarem? minime vero, sed ut ingenia æqualium ad scribendum excitarem, et excitabo sane, nam quotusquisque erit, quem visis his non juvabit statim scribere meliora? Et sunt fortasse, qui poterunt, multi, me autem sic vinci non pigebit. Porro *Albertus* non est is, cui dici conveniat illud, quod huic Homerico dicitur: Ὀυ χρὴ παννύχιον εὕδειν βουληφόρον ἄνδρα Ὧ λαοί τ' ἐπιτετράφαται καὶ τόσσα μέμηλε. Ipse ex semet talis est, qualis esse debet, et quales esse, paucis adhuc contigit. Adeo omnes sunt in illo naturæ dotes eximiæ, ornamenta fortunæ cumulatissima. Sed ut sit Panegyrico locus, non dicam de illo plura, ad te refertar, *Eitelvolfe*, quem ego reor non sine magna Deorum immortalium benignitate coniunctum huic Principi, ὡς αἰεὶ τὸν ὁμοῖον ἄγει θεὸς ὡς τὸν ὁμοῖον. Possum supplicare Diis hoc de te, quod ille de suo Nestore. Utinam tui similes multos haberet Germania, jam nempe barbari esse desineremus, nec nostri nos puderet, nempe invitus et tamen dicere jubet meus dolor multorum detrimentum. Vides qui in nostrum ordinem pessimi mores invaserint, ut qui hos contemplatus fuerit, rectius Centauros quam equites Germanos dixerit, quisquis enim nunc studia literarum bonæ indolis adolescens sequitur, cum illi statim tanquam exortem omnis dignitatis, ab imaginibus majorum suorum degenerem, ac sui dissimilem, despicatui habent, eum rident, eum subsannant, ei medium digitum ostendunt, quo factum est, ut jam multi, qui procul dubio clarissimi evasuri erant, retro pedem contulerint, ac vulgari opinioni adhæserint. Possem nominare aliquos, et tu vidisti innumerabiles. Illos vero Centauros quotidie audimus nobis obstrepentes, et ut sunt νήπιοι ἀγροιῶται ἐφημέρια φρονέοντες, se solos putant, in quos reponi debeat omnis patriæ spes ac fiducia, per se unos omnia domi forisque gerenda esse autumant, se solos nobiles existimant, coeci medius fidius obtusi, et Cimmeriis tenebris hebetiores. A quorum moribus tu intelligis, quantum abhorreat meus gentilis *Frobinus Huttenus*, nam cum literas ignoret, ea qua multi injuria a studiis olim distractus, ita tamen de literis ac literatis omnibus sentit ac loquitur, ut in studiis literarum coaluisse credas. Ea est erga omnes humanitate, ea in juvando me benignitate ac munificentia perspectus est: et quando non vidisti hunc ingemiscentem, quoties in mearum calamitatum historiam aliquam incidit? Quando non reprehendit illorum stultitiam ac superbiam, qui se ipsos ignorant, et bonos contemnunt? Namque ut nosti, οὐ νοῦς ἐνὶ κενταύροισιν. Tu vero unus e paucis quanta felicitate conjunxisti hæc, negotia rei militaris, et otium studii literarum? Quæ te historiæ latent? quas fabulas ignoras? quæ carmina non legisti? Prudentia vera et rerum gerendarum peritia in te notior est, quam ut a me prodi debeat. Talem te apud invictissimum Cæsarem *Maximilianum* præstitisti, tali te usus est *Joachimus Marchio*, talis apud hunc *Albertum* maxima omnium nostrum utilitate, et reipublicæ Moguntinæ commodo haberis. Indicant item opes tetuæ, manifestat splendor, dignitas ac potentia, quæ tu omnia onus ac impedimentum otii tui appellare soles mira et inaudita modestia. In quo enim rectius hæc cumulata videntur, quam in te? Ἐσθλῷ γὰρ ἀνδρὶ τ' ἐσθλὰ καὶ διδοῖ θεός. Quid dicam, quam te invitus deseruerit alter frater, quam cupidus alter abstraxerit? Deinde quam memorabile verbum, et omni posteritate dignum retorsisti in illum *Marchum* equitem, qui cum te pro concione insolentius objurgasset, dicens: non eam esse ætatem, ut possis jam tanta meminisse, respondisti: At tu, o senex tantum ea in memoria habes, quæ annis quadraginta, aut paulo pluribus acta sunt, ego vero etiam ea scio, quæ duobus aut tribus retro millibus. Ibi te extemplo circumstantium favor ac applausus excepit, illum sua confusio operuit. Laudo igitur te, *Eitelvolfe*, ac nostro ordini gratulor, qui te, tanto viro rusticitatis famam exuit, es enim exemplum multis, et jam ita me animasti, ut nondum poeniteat eorum laborum, quos annis jam decem turbulentissimis fortunæ tempestatibus, per Germaniam simul ac Italiam, amore literarum exhausi, et parebo posthac libenter tuis monitis, meo etiam periculo. Quorsum enim non concedam ei, qui sic de me, sic de bonis omnibus meritus est? Sed ut meum de Panegyrico consilium plane intelligas, nihil unquam cupidius scripsi, nihil ardentiore zelo composui: verum ab edendi proposito absterrebant multa, metus inprimis, ne non satisfactum tanti hominis, immo tanti numinis virtutibus videretur, ingenii mei parvitate, deinde aliorum periculum, quos sæpe vidi, cum famæ ac gloriæ studerent, in contemptum et infamiam deductos. Age vero, lege nunc Panegyricum istum, quem toties nomino, dolendum verecundiæ meæ spolium, et eo animo lege, quo scriptus a me est, non quo editus, ac boni consule.

In exceptionem Moguntinam reverendissimi in Christo patris, illustrissimi principis ac Domini, Domini

ALBERTI,

Moguntinensis et Magdeburgensis ecclesiarum Archiepiscopi, Sacri Romani Imperii Archicancellarii, Principis Electoris, Primatis per Germaniam, Halberstadiensis administratoris, Marchionis Brandenburgensis, Stetinensis, Pomeraniæ, Cassubiorum, Sclavorumque Ducis, Burgravii Noriburgensis, et Rhugiæ principis,

Panegyricus Ulrichi de Hutten, Equitis Germani.

Hanc pompam et plausus festis clamoribus istos
Vimque triumphantis populi, lætosque paratus
Ostensosque tibi princeps *Alberte* favores,
Non ab re ferimus, namque ut te excivit ab illa
Invitum patria plenis Moguntia votis,
Huc pacem, huc requiem secura excire putavit,
Venisti cupidis, et tanquam hinc omnia starent,
Fixa in te trepidæ fuit expectatio plebi.
Tunc quoque cum voto patrum inducente vocantum,
Nostra capessentem et migrantem a sede paterna
Roma moraretur, moesta timor anxius urbe
Destituit mentes, animosque abiecit, et intra
Spemque metumque fuit dubii sententia vulgi,
Seu tibi summa duci rerum commissa fuisset,
Consultum his terris, seu se importuna dedisset,
In medium ratio, trepidandum horrore suprèmo,
In te spes cupidis, in te fiducia solo

Omnibus alta stetit, posita est, ex teque pependit
Civibus una salus, ut si tu hæc munera nolles,
Oblatumque tibi dedignareris honorem,
Essent tristitiæ plena omnia, plena timoris.
Quos quoniam eventus melior fortùna redegit
Jucundam in faciem, tulimusque optata faventes,
Reddita corda sibi, perculsaque pectora tandem
In vultus rediere suos, læta omnia pulso,
Omnia fida metu gaudent, quia mole pericli
Te sine nulla fuit gaudendi occasio, tantumque
Huc tecum invehitur lucis, quantum omnibus aufert
Hic tuus adventus nebulæ, et caliginis atræ.
Longa mora est, quæ te tenuit, fastidia longa
Dum venias, aluere tuos, succumbere postquam
Visus es hic monitis, non es procedere visus.
Et capere oblatum, fortunaque obvius uti,
Præsentique frui. Fessi expectavimus omnes,
Quod te adigat tempus, sæpe intra spemque timoremque,
Ambigui stetimus, ne quam non prospera causam
Sors ferat in medium, teque hinc omnino revellat:
Sic sperat, metuitque simul jam filia coniux
Desponsata viro, nam quem semel hausit amorem,
Cunctari vetat, illa ægre sua gaudia differt,
Incusatque moras, qnæcunque hymenea morantur,
Tempora longa vocat, ardet se jungere pacto.
Optatum cupit ire diem, noctemque jugalem
Anticipat votis, ubi venerit hora fruendi,
Ut placitis satiata suis præsentia captet.
Tum vero ratio omnis abest, ita in omnia præceps
Fertur, et in cumulo dubitat, quæ prima sequatur,
Quæ capiat, quibus insistat, data copia turbat,
Et facit ambiguam, nos haud secus impetus urget,
Destituit ratio, perditque oblata facultas.
Quid primum, quid præcipue fiat, liceatque,
Quod quis in obsequium ruat, aut quæ signa relinquat
Lætitiæ insolitæ, quo gratificetur honore,
Jam certus, liberque metu, optatisque potitus.
Obvia turba tibi, portis se effundit apertis,

Tendit in occursum populus, sunt ordine nullo,
Lætitia dirimente modum, juvenesque, senesque,
Ingeminatur Jo, vacuas conscendit in auras
Clamor, ab impulsis resonat clangoribus æther.
Invia facta via est, qua tu te immitis, ademptum
Est plateis nomen, quid si non ante vetasses,
Hæc fieri candore tuo? pudet auribus hoc, quod
Virtutes meruere dari, verum illa pudoris
Munimenta tui, nos effecere verendo
Audere, et vetitos cupientius edere plausus,
Tanta merebatur, quisquis feliciter olim
Bellum exegisset, domitisque ex hostibus urbi
Invexisset opes peregre, spoliisque superbis
Auxisset dominæ nummosa æraria Romæ,
Sive rebellantes armis superasset Iberos.
Sive leves Celtas, aut sub juga Marte secundo
Cantaber isset eques, pleno excipiente triumpho,
Decrevere patres tantis grata omnia gestis,
Magna damus, nisi tu nolis majora daturi,
Jure pari, merito diverso, non quasi belli
Intuleris motus, Venetumve retuderis hostem,
Gratamur reduci, sed quod te principe belli
Suspicio procul omnis abest, huc otia tecum,
Huc pacemque trahis, tutissima tempora abactis
Te veniente malis subeunt, sperata solutis
Vita redit, tranquilla quies te præsule inivit.
Spes sua cuique redit, tum si quis fleverat ante,
It dolor, itque timor, cessant curæque metusque.
Lætitia certatur, eunt matresque virique,
Uno hilares voto præ te, manibusque supinis
Attollunt vultus, læto et clamore salutant
Te, patremque vocant, saliuntque, et carmina dicunt.
Vocibus aura premit, dulci quatiturque boatu.
Ornatæ nituere domus, portæque, viæque
Congaudent dominis, speciosaque pallia tectis
Dependent, quod Zeusis opus, quod pingat Apelles,
Texat Achæmenio locuples quod Persia fuso,
Quod struxisset Arachne, et quod discriminet unca

Pallas acu, quod eat Phrygiis certare tapetis.
Delicias oculis, veterum argumenta laborum
Parietibus murisque locant, hæsere fenestris
Intextis aulæa notis, celebrata parentum,
Facta reviviscunt, magnæque ex ordine pugnæ.
Præterea festi insuctis fulgoribus ignes
Urbe crepant, lucentque faces, et lumine majus
Excipitur lumen, stellisque abeuntibus instant
Solares radii, et Phœbeæ lampadis ignes,
Obscuraturi, si quos adiere minores,
Igne suo minor est, quemcunque o maxime rerum
Virtutes tetigere tuæ, tu lumine lumen
Excipiendus ades, densoque armata juventus
Stat diffusa globo, et turmæ panduntur equestres,
Ostenditque tibi, dederit quas patria vires.
Quæque sequantur opes, dic quis compelleret istum
Vi populum, qui nunc sumptis tibi se obtulit armis?
Quique ut tu regnes petit, extorquetque precando?
Heu quanta vi regnat amor! discedite fastu,
Qui vultis captare fidem, petitisque timeri.
Undique tutus amor, nunquam irrequieta tyrannis
Suspicione caret, adiisque obnoxia regnat.
Cernis, ut est templis alius nitor? omnia cultu
Festa novo, quid tale rogo prior annus habebat?
Omnia magna quidem, verum ad te parva, tuoque
Aequa minus decori, potes hos pulcherrime plausus,
Tam trepide amplecti? teque his censere minorem?
Digne omni pompa, solenni digne triumpho,
Ingredere o, lætusque tuum conscende tribunal.
Da leges, da jura viris, assuesce vocari
Spes miseris, tutela inopi, dant numina solis
Principibus sapere ante diem, tu Pallade dextra
Oblatis fruere, et regni subeuntis habenas
Arripe, sublimique animo contende priores
Effectis anteire tuos, magis iste, magisque
Publicus ardet amor, conceptaque opinio de te,
Agnoscisne tuos, istum vincisque pudorem,
Omnia qui vincis, fortunatissime rerum?

Nam quæ multorum fortunæ dona videntur
Sparsa locis, in te mixta et collecta tuemur,
Nomen, opes, formam, genus, o te cuncta repente,
Et pariter factum, namque ut te in regna locarent,
Exiguo spatio, et properato occumbere læto,
Ante duos voluere Dei, succedere præ te
Non veritos, hæc signa dabant deposceret isti,
Quem fortuna loco nosque admonuere legendi
Principis, huc quo fata vocent, si tertius esset
Ausus in hoc solium vetito se mittere fato,
Diis equidem iratis reor, eventuque sinistro
Punitum errorem, nos læti amplectimur omen,
Fortunamque tuam studio sectamur ovantes,
Ponite fortunæ reduci sua præmia cives,
Et templis ornate Deam, sacroque dicato,
Multa reis voti grata cadat hostia dextra,
Vestris ille animis multaque cupidine nuper
Expectatus adest, tam longo tempore pro quo
Pallida turba fuit, sub cujus spesque timorque
Constitit adventu, cujus vestra omnia vosque
Commisistis opi, præsto est, qualemque ferebant,
Apparet, capiturque oculis, gestitque videri.
Spesque omneis implere cupit. Nunc Moge superbi
Nunc tu Rhene pater, longo post tempore tandem
Optatis satiare tuis, et pone timorem.
Oblatum est, quod tu multumque diuque petebas.
Gavisis transmittis aquis, atque accipis alveo,
Ut velles dominum, video te angustius undis
Intumuisse tuis, et utraque hilarescere ripa,
Exultare vagum, lætosque involvere fluctus,
Auditum resonare nemus, mugireque nymphis
Antra tuis, sonitumque remissum e montibus imæ
Accipiunt valles, reboat clangoribus aër.
Multa repercussis modulatibus insonat Echo.
Cuncta silent, studio insolitum mirata fragorem,
Et plausu stupefacta tuo, scopulisque resultant
Gratantes numeri, et voces te autore coactæ.
Mirantur Satyri, choreasque in littore ducunt,

Numina ruris ovant, tu festo ornate paratu
Inveheris, fluviosque vocas, qui collibus errant
Teutonicis, largasque epulas regaliter antro
Extruis in vitreo, sed quæ convivia raris
Motibus exequeris, non hoc citus abnuit Ister,
Aequalis fraterque tuus, primosque petivit
Accubitus, quem deinde sedent popularia circum
Flumina, in Euxinum quæcunque hinc abstrahit æquor,
Parvus Iler, curvusque Lycus, quique acribus instat
Rhœticus Inus aquis, Bavarisque in montibus errans
Largus Eser, Bemusque Nabus, quique impete fertur
Trava cito, cui se comitem vicinior Enus
Adjicit, Igla celer, piscosus Thesia, flexus
In diversa Moras, sed nec gratissimus hospes
Albis abest, sociosque vehit, te Multana primum,
Aegera te, Misnumque Salam, neque linquit Havelum,
Hos præter convivia venit Quadus Odera linquens
Sarmaticos colles, cui vix de nomine cedens
Fraternas dat Nissus aquas, e fontibus iisdem
Qui fluit, et tractu tot millia fertur eodem.
Fœcundi venit unda Spreæ, venit Istula nudans
Terga Borissorum, lato quique amne Visurgis
Vestiphalos humectat agros, Frisiique rebellis
Qui per jugera fertur Emas, Eburonicus astat
Mosa tibi, plauditque simul, gaudetque vocari
Ad commune epulum, quibus ipse domestica misces
Flumina, magnanimi qui scindit rura Suevi
Neccaron, et toties vario qui errore moratur,
Ipse suos cursus, replicato flumine Mogum,
Arma virum, indomitique rigantem jugera Franci.
His tua Vesterichum conjungit mensa Mosellam,
Quo non majores alter tibi miscuit undas,
Hæc quoque finitimi veniunt ad gaudia fluctus.
Et Germanus adhuc Athesis, quanquam alpibus erret,
Et ruat in Venetos, deserto Teutone, campos.
Tot fluvii, fontesque omnes, et stagna, lacusque
Conveniunt, tu te medium componis, et urges
Convivas, miscesque jocos, longoque moraris

Affusos sermone Deos: tum tristia si quis
Pertulit, invitas animum ad meliora jacentem,
In Venetos Athesis, in Turcas palluit Ister.
Tu promittis opem, et laceras deponere curas
Corde jubes, monstrasque ducem, spem rebus ademptis.
Cui festum celebrare diem, cui gaudia prosit.
Tum blandum moliris Jo, clamantis ab ore
Exceptum referunt omnes, resonantia plausu
Atria contendunt, tibi gratificatur amico,
Inque vicem se turba ciet, quos inter honoret,
Cui non lætitiæ, cui non te Rhene triumpho
Indulgere juvat, vos nunc concentibus æquis
O proceres laudate ducem, cui talia fiunt.
Plaudite cum vestro, curasque amittite, Rheno.
Et festum exercete diem, votisque fovete
Hunc memores, nitidoque igitur signate lapillo,
Illum equidem nobis albo nevere sorores
Vellere fatales, fortunatumque vocarunt
Egregii natale viri, fervete frequenti
Igne viæ, sparsis lucescant compita flammis,
Lætitiam testata virûm, plebs omnis adoret
Principis adventum, summo excipiatque favore,
Libera facta ducem, nullis non gaudia templis,
Nulla non sint plena domo, plateisque foroque.
Vos Moguntino circumdate vincula Jano.
Pax erit, in curvas gladios contundite falces,
In vomerem, in duros galeas conflate ligones.
Quis canet hos plausus? æqualique efferet ore
Lætitiam populi, et tales te intrante paratus?
Aut quæ posteritas credet, fictumque negabit?
Hæc erat illa fides, superûm hæc promissa fuerunt.
Teutoniæ matri stygium jurata per amnem
Venturum, Alberti redivivam a stemmate prolem
Præsidium patriæ, et magnæ nova pignora laudis.
Idque ita velle Deos, namque ut senis ordine fati
Flebilis emeritos abruperat Atropos annos,
Incidit in laceros mater Germania luctus,
Multa super conquesta viro, corpusque tenebat

Exanimum, complexa sinu, blandoque fovebat
Brachia circumdans nexu, et miserabilis omnes
Turbabat fletu populos, lacrimasque ciebat.
Pallida labra manu tangens, dumque oscula figit,
Ore cicatrices, obductaque vulnera mento
Cernit adhuc, dirisque patentia pectora rimis,
Brachiaque et multo sulcatam verbere frontem,
Et nusquam non signa sui, monimenta laborum.
Tunc sic orsa loqui. Tu nunc fortissime tantas
Perdideris pugnas? nec te tua splendida virtus
Abstulerit leto, decus immortale parentum,
Immortale meum? fatoque obnoxius ibis
Contemptum in cinerem? manesque æterna silentes
Nocte sua? vilesque inter misceberis umbras?
At si dignus honor claris virtutibus esset
Desuper, et starent meritis sua præmia factis,
Debebas superesse mihi, damnare nocentes,
Erigere insontes, et bella capessere pro me.
Infelix, tu nunc vacuum sine fomite corpus,
Mente jaces, poteritque tuos contemnere vultus,
Qui prius extimuit, vos o decorate supremis
Germani proceres hoc funus honoribus. Ite,
Ite graves animis Franci, pullataque Suevi
Agmina, ferte faces, miscete incendia, mœstis
Illacrimate rogis, fletuque lacessite flammam,
Irrorate thoros, humerisque subite feretrum,
Et cumulate pyram, mediis inspargite bustis,
Vina, dapes, mellisque cados, et pinguis olivi.
Abluite amne sacro frigentis, et ungite corpus,
Flete duces, gemituque struem componite acerbo,
Et tædas, ipsumque super venerabile pondus
Dignam anima carmen, dignam vitalibus auris,
Reliquias mihi ferte viri, legite ossa, sepulchro
Marmoreo, fundam ipsa simul lugensque recondam
Cinnama, thura, rosas, casiam, croca, balsama, myrrham,
Desuper arma viri ponam inconsumpta, petitum
Mille locis clypeum, frameamque a cæde rubentem,
Et gladios thoraca simul, galeamque jubasque,

Virtutemque ducis versu sua saxa loquentur.
Hoc vivo stetit, hoc cecidit Germania lapso.
Me tanto spoliata viro, viduata parente
Quo referam superi? tuque o, cui prima meorum
Cura fuit, cui prima dedi libamina semper
Mars pater, unde mihi, quantum hæc rapit hora redibit.
Infelix, quæ culpa mea est? quo crimine læsi,
Qua non demerui superos pietate fideque?
Quod genui, genuisse volens, avellitur, in quo
Spem posui, rapitur, stygiisque immergitur undis,
Nec scelus hoc, fatum est, at non Briareia quondam
Cum poterent tormenta Jovem, centumque lacertos
Tenderet Aegeon, Pindum jaculatus et Ossan.
Mitteret Enceladus scopulos, fureretque Typhœus,
Iret in adversos pubes Titania cœlos,
Oppugnata meos concessi in sidera montes.
Me miseram, quod non volui tentare repente
Cuncta prius per te, fatumque anteire, tuisque
Viribus ad majora frui, quæ multa fuissent.
Hoc ego debebam Venetas intrare paludes,
Hoc duce debebam Celtarum excindere fraudes,
Turcarum calcare nefas, Asiamque pudendo
Exuere imperio, et congestam abducere prædam
Bistonia Thrace locupletique Hellesponto.
Verum aliter visum superis, teque inclyte victor,
Invidit fortuna mihi, rapuitque laborum
In medio cursu tu furvi pallida Ditis
Regna petes? stygiasque domus? et pallida noctis
Antra? tenebrososque specus? penitusque latebis
Orbe alio claris heros erepte trophæis?
Quis volet hos vultus fabrefacto effingere in auro?
Marmore seu Pario, fusove animare metallo?
Vos unum præbete mihi, si debita posco,
Si non falsa meo est promissa potentia Rheno
Orbis, et imperium mundi, si non mea tellus
Phlegra fuit superi, saltem hoc concedite, restet
Hac de stirpe mihi soboles, qua fidere possim,
Solarique inopes casu, date sanguine ab isto

Respirem, ferat illa domus, quo ablata renasci
Spes queat, hoc redivivus honor de nomine surgat,
Hæc Gradive pater, si non præsentius ullis
Numen habes terris, si prima ab origine gentis
Prona fui, semperque tuis obnoxia sacris,
Per Manni sobolem, natosque Thuisconis omnes,
Pignora plena tui, surdo vota assere coelo.
Dixerat hæc, fusique Deos movere precatus,
Continuoque patri data summa negotia Marti,
Solari attonitam, et celeres responsa per auras
Ferre, sinut lacrimas, et luctu cesset inani,
Adjiciat fatis animum, consideret in quo
Sint humana statu, vitæ, mortisque propinquum
Retro legat spatium, tum quam crudele necessum
Vim gerat, in quos declinent mortalia fines,
Quove in se redeant nexu, tu ne inscia rerum,
Mars ait, insuetos tanquam mirabere casus,
Quæ nunc eveniunt? tantis exercita fatis
Fata reformidas? et adhuc exempla requiris,
Unde novas, oblita tui, solere ruinas?
Nec vetera occurrunt? et quæ majora dolendi
Instrumenta forent? esto dolor altior intra
Viscera radicem jacturæ vixerit hujus,
Tuque magis casum doleas ex omnibus istum.
Fatorum ne pares irrefragabile numen
Cogere? et æternas retro diducere leges?
Firmatamque colum? quodque irrevocabile pensum est?
Germanæ virtutis erat, contemnere mortes,
Despicere, atque omnes infra se ponere casus.
Aut Cimbras imitare tuas (tibi foemina magnum
Condidit exemplum) aut Germania velle vocari
Desine, quod superest, ut qua mercede rependas
Funera, moeroremque tuum, præsaga futuri
Ne pete, jam natum est, quo se tua gloria passim
Prorogat, ipsa vides geminis e fratribus ortos
Hinc atque hinc pueros, felicia pignora matrum,
Jam parvos, et signa sui præ se ampla ferentes,
Haud una his tellus, una haud se regia debet.

Non capies etiam ipsa simul, sparsosque videbis
Orbe vago dominos, summis virtutibus omnes
Divitiis omnes claros, regesque vocabis.
Et nolis non esse tuos, oblivio magni
Hæc erit Alberti, priscos revocabis honores,
Et priscos hac prole duces jactabis alumnos,
Gaudebisque tuas iterum juvenescere vires.
Quid moror? his vegetis, nihil est, quod deesse queraris.
Addere nil cupies, neque quemquam ita tempora magnum
Ista ferent, aliquid a quo tu rere petendum,
Et cui non possis ex his conferre priorem.
Rectores populis sparges, diademata terræ,
His ultro imponent, tu regnum æquabis Olympo,
Imperiumque tuum, majoremque ipsa putabis,
Quam fueris, vilisque tibi tua clara vetustas
Apparebit, erunt etiam nova bella, sub istis
Quæ facias ducibus melius, fideique sinistros
Contundes Venetos, Gallosque immensa petentes,
Inconcussa premes, vos sic adolescite nati
In patriæ laudem, certe vestigia tantæ
Indolis agnoscenda datis, tam mollibus annis
Pubescentis adhuc ævi splendescere visi.
Hæc soboles erit, hæc pueri tibi tempora portant.
Virtutes aliis aliæ, qui lumina tollit,
Et recta cervice sedet, coelumque tuetur,
Ingentes animos tenero sub pectore versat,
Optimus imperio, populisque imponere leges,
Inque fide retinere suos, huic magna gerendi
Maxima vis inerit, tum nemo peritius artes
Militiæ norit, si quando hostilia cernet.
Soli consilium, soli prudentia rerum
Nusquam aberit, nusqum ingenium, mediaque sedebit
Tutus in invidia, fortuna tuebitur omnes
Sospitis eventus, ipsum sua regia conjux
Felicem natis faciet, prolemque superbo
Spem generi foecunda dabit, jam regna tenenti
Piscosi prope rura Spreæ fit Marchia sedes,
Altrix illa virum, qua te Germania priscis

Moribus agnoscas, quæ nondum aliunde petitis
Decoxit vitiis, peregrini nescia luxus,
Dedita mollitiis, nullis venatibus apta
Aptaque militiæ, recte Germana vocari
Quæ possit tellus, his adjicietur Haveli
Fluminis omne solum, et vicinum quicquid ad Albim
Porrigitur, magnumque nemus, magnæque paludes,
Oppidaque et villæ, reditus, portoria magni
Ponderis argentum. Quæque invia reddita diro
Tota latrocinio est, et ab hoc purgabitur udæ
Portio Lusatiæ, tum quas citus alluit urbes
Odera, submittetque genu Pomerania dives.
Cassubii, Slavique vagi, se Rhugia subdet,
Balthica quam totam circumsonat Amphitrite.
Fortunate puer, tibi tanta potentia, tantæ
Divitiæ, viresque et opes Joachime tuorum
Augebunt animum, quanquam cessura minori
Sors tua sit fratri, viden' ut caput ille serenam
Porrigit in frontem, totoque venustior ore est
Aureus egregiæ partus genitricis, et omni
Dignus amore puer? hic illum nomine reddit
Quem tu quæris avum. Primæ pietatis abundans,
Poenæ parcus erit, nulla ostentatio morum.
Maxima temperies, moderatio summa, nec ulla
Ambitione sequi vanos certabit honores.
Quos reget hic, pacem populis dabit, omnia tuto
Reddet, et e mediis bellorum faucibus urbes
Eriget, haud poscet metui, sed poscet amari.
In melius vertet sua tempora, gratia simplex
Proferet hunc, probitas per se lucescere coget.
Sacrorum dabis huic curam, divinaque primo
Prospicienda loco, genua hoc sub principe flectent
Mille sacerdotes, astabunt vertice nudo
Pontifices alii, magno hic sub Cæsare primus
Consulet imperio, gratabitur ille secundo.
Vulgus adorabit, primum dat Saxum honorem
Præsule delecto, majora in commoda Rhenus.
Abstrahet, occurrent domini, mediumque locabunt,

Læti animis omnes, summisque favoribus omnes.
Dixeris hunc igitur felicem, igiturque beatum,
Quod tanta invidiæ stimulis fortuna carebit.
Gratus enim multis, sed amabilis omnibus ibit
Istud in imperium, si quis se objecerit armis,
Sedabit non arma gerens, clementia bellum
Destruet omne viri, quis enim non lædere certus,
Et jam grande nefas sumptis molitus in armis,
Hoc viso lenitus erit, ponetque furorem?
Macte puer virtute togæ, pacisque reductæ.
Ille autem media qui se intranquillus arena
Jam puer exercet, ferturque in harundine præceps,
Obvia quæque petens animo, æqualesque lacessit,
Fronte minax, oculis ardens, cui multus in ore
Vivit avus, juveni quamprimum frena remittet
Arcta pater, dederitque suo jam vivere ductu.
Felix prole tua, felix Germania tantos
Rerum nacta duces, nemo hoc instructius ibit
Hostis in occursum, quod si tibi proelia curæ,
Aequabit Casimirus avum, nec laude minori
Induet Albertum; solum Germanus amabit.
Solum hostes metuent, quo non feliciter exis
Illius auspiciis? quæ non tibi prospera cedent,
Aspice, ut indomitum jam nunc caput obiicit, omnes
Fortis in eventus, crescet crescentibus annis
Vis animi, nativus honos, atque insita virtus.
Excibit resides animos, desuetaque bello
Pectora in arma trahet, pugnabit, et otia rumpet,
Proferet imperium, et si tu commiseris uni
Rem totam, majora tibi non gesserit alter.
Herculeas transire vias, Bacchique supremam
Hic poterit metam. et Macedum superare labores,
Perferet Aedonias hiemes, boreæque frementeis
Contemnet flatus, gelidam calcabit Hybernen.
Spernet Hyberboream glaciem, Riphæa ruenti
Frigora non oberunt. Haud ulla ita fervida tellus
Syrius æstivos ubi fervor adusserit agros,
Agmina ducenti obstiterit, non Africa syrtis.

Ignea non Lybics plaga, non Aegyptius ardor,
Ducet ad Euphraten, fines superabit Iberos.
Turcarum invadet, si tu mandaveris, urbes,
Diripietque Asiam, Bysantia moenia raptu
Extrahet, Aemonias arces, et Graja reducet
Regna ferox, ausus de fonte inquirere Nilum,
De fine Oceanum, Tanaim calcabit, Orontem
Invadet, transmittet Halyn, contendet ad Indum,
Caspia claustra ruet, complebit stragibus orbem.
Et tu si hac virtute frui, si viribus uti
Ad majora voles, extrema per omnia curret.
Hæc ego signa dedi, tu prima impone ferenti
Quodquod onus decerne uti, quod numina donant,
Quod rapit hora fugax, da magnis præmia factis,
Invita pretio virtutem, ale honoribus arteis,
Commenda studium donis, nec largius ulli
Regna duci dederis, provincia quælibet illi
Contingat, majora datis, sine tempora, reddet.
Vicerit invidiam, juvenis primordia regni
Diis reget æquales Francos. Hoc nunc quoque tantæ
Indicium virtutis erit, jam balthea tractat,
Jam thoraca movet, clypeosque et ferrea nudat
Instrumenta necis, cristaque et casside gaudet,
Gaudet frena manu contingere, jamque laborat
Currere eques, jaculumque manu vibrare, tubæque
Exilit ad sonitum puer, et nunquam satis audit
Tergora tensa boum, me totum absolvit in illo
Omnes ad numeros, rerum natura creatrix.
Quis nunc illorum, de tanti insignibus actis
Degenerarit avi? nec in his fortuna relinquet
Ulla locum, te regna vocat, ubi Dorida pulsat
Istula Sarmaticam, veteri regnata Borusso.
Et fractæ Livonis opes, Litavique palustres.
In te Pannonicæ conjurat portio gentis.
Gaudebunt patrii populi, Venetique timebunt.
Et tristaris adhuc, amissaque pignora luges?
Rejice ab Alberto curas, meliora dabuntur,
Tempora per stygias tibi Jupiter annuit undas.

Quæ postquam audierat, magno Germania motu
Erexit sese, et luctu revocavit inani.
Mœstitiaque animum solvit, posuitque timorem,
Obvia spem votis complexa, metumque remisit.
Et læta incessu patuit, videre recinctam
Continuo gentes, quali solet esse paratu,
Nam patrio velata sago, spoliisque ferarum,
Errabat succincta humeros, manibusque rigentes
Induerat villos, errant a vertice circum
Spirantes Boreæ, et nivibus riget hispida cervix.
Hercynioque intenta jugo, nemora alta petivit,
Ingentem quatiens frameam, circumspicit inde
Omnes in populos, atque omnibus imperat oris.
Tempore jam ex illo summa expectatio nobis
In vestram est erecta domum, dum singula nuper
Eveniunt majora fide, da maxime Princeps,
Da ludis, pompæque locum, sine gaudia lætis
Adventu concepta tuo se extendere passim.
Et pudet, et facies, neque enim non gaudia cogunt
Sæpe aliquid, cerne, ut nequeant avellier abs te,
Nulla ira, nullisque minis, qui te in sua passis
Accipiunt manibus, cerne, ut saliuntque, ruuntque
Motu incomposito, veniamque ab amore merentur.
Non aliter, quam cum peregre genitore profecto
Multa diu cupidos tenet expectatio natos,
Suspensamque domum, metuunt sperantque vicissim,
Solliciti votis, solers timet omnia conjux,
Omniaque exquirit, cum nunc rumore sinistro
Fertur in Jonio puppim fregisse profundo.
Nunc superesse neci, redit hic tot euntibus annis.
Et speratus adest avidis, nec gratia longa est
Attenuata mora, discurritur, obvia certant
Obsequia, applaudunt reduci, exanimata salutat
Lætitia conjux, sic te officiosa tuorum
Post desideria, et longi tormenta timoris,
Ne qua interciperet medio fortuna periclo,
Excipimusque hilares, exultamusque recepto.
Quis non exiluit? quis se exiluisse putavit?

Quidve ageret sensit? non amisitque pudorem?
Si modo amore tui quicquam fecisse pudendum est.
Huc epulæ genialis honos, mollesque choreæ.
Nos fescenninos numeros, Thymelenque sequamur.
Hic nervi cytharæque sonent, hic plectra, lyræque.
Personet omne tubæ genus, omnia cornua clangant.
Hoc iterum dico, hoc iterum Moguntia gaude,
Et sponso gratare tuo, vix rectius unquam
Suscepto gavisa duce, hic contendite cives
Officiis, cantate Deum laudantia verba.
Ferte preces, Divum templis indicite honorem,
Et quæ præterea non ipse petitve jubetve.
Verum ingens meruit virtus, quæque integra pulsat
Fama polos, vos qui cupiistis nuper, habetis
Et pacem, et tutum, requietaque tempora pressis
Motibus, exaltare juvet, partumque tueri.
Ipse hunc nec petiit, nec detrectavit honorem.
Obtulimus, quodque est titulo speciosius omni,
Cum precibus regnum accepit, meruitque rogari,
Cunque suas posset moderari tutius urbes.
Unde illi genuinus honor, quod nostra poposcit
Utilitas dedit, externoque assensus amori est.
Sæpe facit lucrum dominos, rerumque cupido.
Hunc perspecta fides, et commoda nostra parentem.
Sæpe dat ambitio regnum, nihil ille petivit.
Multos vota trahunt, nunquam hic optavit ab illa
Divelli patria, multis occasio præsens
Non fuit, ut ferret lectis suffragia punctis.
Regnat adoptivus, plusquam genuinus amatur.
Huc ades, o, proceresque tuos amplectere princeps,
Et tantas securus opes accersimus omnes,
Omnibus ut regnes, dubitas? hæresque pudore?
Accipe poscentes, ultro juga sub tua cedunt,
Qui cogi voluere prius, te principe rerum
Dulcior usus erit, vitaque suavius uti
Propositum est multis, quod habent, cupiere tot annis,
Spe major meliorque tua, cupientibus adstas,
Hac specie, atque istis oculis, tibi gratia formæ,

Nativusque decor præbent augmenta favoris.
Vix ita succensas sicco jam culmine fruges
Ventus agens flammas exercet, et impete nutrit
Serpentem crepitum, tunc cum procul omnibus esses,
Finximus adspectum quendam, non finximus istum,
Omnia sunt vero majora, incredita præstas.
Vivi oculi, purusque color, frons læta pudoris
Signa verecundi, tantum os e sanguine rubrum,
Quantus inest animo pudor, optimus undique constat
Membrorum modus, ex omni te parte venustum,
Ex omni æqualem fecit Deus, æmula tantæ
Corpora virtutis, vultusque et amabile signum.
Expirate rosæ, summi vanescite cultus.
Hic decor, hic amor est. Quid tum, si inviderit istum,
Dum malit regnare sibi, vicinia nobis?
Jam vetus hæc lis est populis, pro dotibus istis
Certatur, quod quisque cupit, dum possidet alter,
Aestuat intra se, melioremque invidet auram.
Nos fortuna beas, frustra affectantibus illis,
Regia Francorum soboles sibi vendicat ortum,
Marchia nutricem jactat, tum Norica civem
Vult urbs esse suum, dominum gens Saxona primis
Obtinuit votis, majora in commoda Rhenus
Abstulit, in majusque decus, ne credite cives,
Non Diis auspicibus, certe haud manifestius unquam
Hortati superi, vos læti admittite dignum
Hoc desiderio donum, sperate futuros
Accessu meliore dies, jam prima juventus
Dant majora anni, spectatur ab indole virtus,
Certa sui semper, quæ sic cœpere, subinde
Immutata manent, cui laus a gente vetusta
Prodiit atque animos stimulant virtutis amore,
Egregiis monumenta notis, et imago suorum,
Gentilisque decor, titulis, famaque recenti,
Indole qui tanta est, istos spectatus ad annos.
Hic poterit non esse bonus? aut desinet unquam?
Fortunate pater, talem te cernere nuper,
Ardor erat populis, crevit reverentia viso.

O fœcunda viris Germania, sola priores
Quæ vinçis, semper quæ prisca recentibus auges
Cultibus, et nunquam sinis a majoribus illis
Degenerare decus, tu nondum effœta parentes
Aequasti virtute nova, nec desinis unquam
Esse tui similis, dum flumina fontibus errant
Irreditura suis, cœlum dum volvitur astris,
Dum fovet Oceanus pisces, animalia tellus.
Constabis semper tibi tu, semperque fereris
Terra ferax magnorum hominum, dant vellera Seres,
Fert Hebenum, fert Indus Ebur, sua thura Sabæus,
Balsama Judæi, Tagus aurum, rubra smaragdis
Est fœcunda Thetis, laudat sua popula Lesbos,
Thraces equos, Chalybes ferrum, Germania fortes
Nunquam exhausta viros, sobole producit abunda.
Rumpere lætitia gens Martia, et invehe plausus
Nunquam aliis visos, jugi contendite pompa
Arctatas opplere vias, emergite tectis,
Ingenti clamore viri, innuptæque, nurusque.
Nullis fessa ætas, nullis pudor obstet, honorem
Vult fieri sibi magna parens, nec lætior ulla
Pertulit in pompa se luxuriante videri,
Indulsisse sibi strepitu, nimioque triumpho.
Aspice, ut ingreditur magna excipiente caterva,
Ille decor patriæ juvenis, quem dicere possis
Delicias populi plaudentis, et orbis amorem.
Rhenus adest, dominumque suum, regemque salutat.
Nunquam ita læta Deo facies prius, ipse verenda
Majestate sedet, fluvioque invectus ovanti
Progreditur, vultu quæ jam convivia liquit,
Ostendens, hilaresque oculos huc volvit et illuc.
Rorantes pexere comas a vertice nymphæ.
Tum flores ac serta super, frontique madenti
Imposuere rosas, servataque lilia circum
Tempora, connexis viola variante coronis,
Quas non frangat hiems, nulla exsiccaverit æstas.
Cornua fronde virent, glaucum caput omnibus ardet
Floribus, haud vulgaris honos oculisque genisque,

Quam solita est plus barba madet, dat alacrior imbres
Sudantis facies, stillantque a vertice rivi,
Et lætæ per pectus aquæ, tumet altius undis
Ipse suis, collumque levat, vix accipit amnem
Alveus immodicum ripa turgentis utraque
Ebria gratantur tam læta flumina passim
Circumfusa Deo, plauduntque et murmure dulci
Indigenæ fluvii miro modulantur amore,
Præsulis in laudem, jubet ipse, et plurima mandat
Addictis gessisse moram, cui festus amictus
Palla tegit latos humeros longissima tractu,
Et lato distensa sinu, quæ syrmate longo
Immensum telluris obit, tot jugera verrens,
Tot per prata jacens, imos legit infima montes.
Gramineas operit valles, trahiturque supina.
Textilis, Hercyniæ matris spectabile donum
Nympharum labor, huic omnes quæ flumina servant,
Quæ fontes, quæ stagna regunt, sub numine quarum
Florea rura silent, quæcunque horrentia lucis
Observant nemora et montes, centumque per annos
Intentæ sedere operi, pars tingere lanas,
Pars agiles radios extensæ impellere tedæ,
Pars lento graciles auro circumdare filos.
Lanificam tenet illa colum, tractatque per artem
Clostoreos fusos, digitisque volubile pensum.
Pectinis hæc moderatur opus, coquit altera aheno,
In graciles discerpta modos, quo vellera tingat
Herbarum succos, hæc vix imitabile visu
Pingit acu summorum hominum vetus argumentum.
Ars pretium superat, vacuis certamina nymphis
Hæc posuit mater, stimulat contentio, certant
Esse pares, jubet artifices in stamine pugnas
Ipsa suæ gentis cerni, veteresque labores.
Primorum monimenta ducum, patriosque triumphos,
Hic honor, hæc laus est, hic cur tu, Alberte, labores,
Sponte subit ratio, fert hic sua præmia virtus.
Magnanimos inter proceres, Rhenique sodales,
Indice pictura, pars non temnenda tuorum est.

Primus honor Marti, clypeo Mars fulget et ense.
Germanamque manu frameam tenet, illius aris
Victima prima cadit, gentis pater ipse vocari
Gaudet, et Arctoo sedem sibi deligit orbe,
Cernis et Alciden, junctoque Tuiscona Manno,
Teutonico horrentes habitu, pugnataque bella
Et Maja genitum Teutatem, immitibus aris,
Terribili specie, et primos ex ordine reges
Immensa serie, nostroque incognita seclo.
Ardua facta virum, velles Germania, velles
Quam vera est, tam sit scriptis tua cognita virtus.
Quæ fecere Deæ, norunt, et prœlia et ipsos,
Qui gessere duces, nos vix extrema videndo
Assequimur, datur ingentes Isthevones armis
Noscere, et Hermionum præceps genus omnibus ausis
Magna gerunt, spernuntur opes, at bellicus omni
Quæritur ingenio decor, et virtute paratur
Fama viris, viden' ut quisquis feliciter horum
Rem gessit, non auxit opes, verum auxit honorem?
Ecce vagos armis Cimbros, trepidantia contra
Castra Italum, Latiaque metus in gente coactos.
Carbo fugit, capitur Scaurus, Syllanus in hostem
Frustra agit, ostensæ pœnam dicit Cassius iræ.
Præcipit arma bolus primam dat Gallia prædam,
Primaque terrifico mirata est tympana pulsu,
Germani inventum Martis, Cimbrique furoris,
Manlius infausto contra trahit agmina cursu.
Cepio succumbit, vasto tot millia campo
Circumfusa jacent, fines it victor Iberos .
Sollicitare manu, et vastas miscere ruinas.
Celtiber obstat eques, motis petit Itala signis
Regna ferox, contra est Marius, data copia pugnæ.
Quis non ille dolis, qua non se fraude tuetur,
Dum vincat quocunque modo? quam vivere credas
Fœmina picta movet pugnas, et nescia vinci,
Ipsa sibi victrix mortem consciscit, et aufert
Carceris opprobrium, tot bellum pendet in annos,
Hic Ariovistus Gallorum victor in armis

Lucet eques, spernitque hostem, non spernit amicum
Romanum, conspersa vides, collectaque passim
Agmina, Germanos equites. Hos Cæsar in omneis
Secum agit eventus, his se committit, in unis
Spem locat his, ponitque fidem, te Gallia vinci
Non pudet, at puduit, terrent Germana Britannos
Auxilia, Hispanos arcent, pugnantibus illis
Splendida Pharsalico parta est victoria campo.
Hic indignato pontem consurgere Rheno,
Cernis et Ausonias ripa ulteriore cohortes.
Inde hostem (quem ne inveniat, timet) indice quærit
Nocte ferox Italus, vacuosque indagine montes
Lustrat, adit silvas, atque obvia tesqua lacessit.
Parte alia collecta acies Germana sub hostis
Considet adventum, quo nunc ruit ille, Suevus
Exclamat, pugnamque petit, tu Belgica castra
Cæsar adis, Celtasque tibi succumbere suetos.
At tu, non iisdem fatis, non numine eodem,
Vare sapis, viresque tuas satis esse putasti,
Arctoam contra virtutem, et Teutona bella,
Auxiliis circumsepte, et legionibus illis.
Ecce autem erepta pro libertate feroces
Conveniunt populi, Germanoque auspice Bruto
Arma ferunt, vivum Arminium, vivumque putares,
Qui Macedum trahit agmen Avar, cœlestia signum
Venturæ ostendunt cædis, Romanus haruspex
Prævidet iratos superos, cladem que minanteis
Signa canunt, campoque Lyci concurritur armis.
O patria, o magnum mundi decus, omnia bella
Prospera Romanæ fortunæ, omnesque triumphi
Non poterunt hujus jacturam æquare ruinæ.
Profligata acies, tot millia cæsa Latini
Nominis, externos gladii excepere tyrannos
Vindelici, tot nostra neci dedit ultio reges,
Interiisse simul, quot non prior audiit ætas.
Indiscreta aliis pugna est, dux ipse minores
Præterit, et solis audax se fortibus infert
Arminius, gaudetque vagas se vindice cædes,

Sanguine commixtas Italo, sua libera regna.
Ereptamque jugo patriam. Qui vertice crines
Ejicit, et secat ungue genas, frontemque caputque
Pariete collidens, clamatque, o redde peremptas
Vare manus, et signa reduc, vigilesque per urbem
Disponit, majore metu, quam contigit unquam.
Hunc vocat Augustum sua Roma, patremque receptæ
Apellat patriæ, qui sparsi in montibus errant,
Ausonias populati urbes, prædamque ferentes,
Noricæ, Rhetæque manus, durique vocantur
Algiones, qui deinde ruunt terrore supremo,
Et flammis ferroque viam, per regna, per urbes,
Efficiunt, Germanæ acies, exercitus Hunnus
Attila dux ingens bellum. Quo tempore primum
Conjuncta est Scythicæ pugnax Germania genti.
Non procul hinc autem Gothus instat, et optimus armis
Vandalus, his Heruli jungunt socia agmina, mittit
Suevus opem, tu Roma novis populatibus urbi
Clausa times, rapit hostis agros, turresque, domusque.
Ferro aperitur iter, flammis sese omnia miscent.
Hæc Roma est, cujus quis vera incendia dicat?
Et vere Gothicis insessas hostibus arces.
Finxerunt nymphæ viva omnia, fallere visus
Intentamque aciem poterit, qui præcipit ignes,
Urbe vaga Totilas, quæ dehinc nova surgere bella
Nympharum textura docet? proh Jupiter ingens
Gloria, Francus eques, dura agmina, mota repente,
Pipinumque genus. Dic nunc Germania, quis te
Altius extulerit? longam fert Carolus hastam,
Horrentemque notis clypeum, fert cominus ensem,
Terribilemque implet galeam, procerius illo
Corpore non aliud, toto non agmine majus,
Viribus aut bello melius, Gallosque Britannosque,
Italiamque domat, Siculos rapit, hoste fugato
Liberat Hispanos, totum mare puppibus ambit.
Mirantur Grajorum urbes, te Turca paventem
Attonitæ videre Asiæ, dant ampla Tyranni,
Dat spolia Aegyptus, Pharios dare munera reges

Cogit Franca manus, tota Africa, totus adorat
Victores Oriens, Solymam qui presserat urbem,
Deserit, augetur pietas, pro crimine pœnas
Saxones expendunt, tu perdis Gallia nomen,
Francia vis dici, tantum concedis honori,
Virtutique ducis, laudi gratare paternæ,
Et proavis Alberte tuis, tibi fama decorem
Nominis ista feret, pius hinc Ludovicus amica
Pace sedet, sua sacra, viro non proelia curæ.
Pingitur Arnolphus, turbata pace perosus
Otia tranquillosque dies, obliquus in omnes,
Deside qui torpent vita, nec posse videtur
Ferre sacerdotum luxus. Quis terror Othonum,
Quale decus superi? Tu Pannonas excipis acri
Marte rebellantes, te vindice libera Roma,
Liberaque Italia est, qui pendent vertice nexo,
Pannoniæ vixere duces, te Martia sensit
Roma sibi similem, namque in te regia lucet
Majestas, decor imperii, componere lites
Ausus es, et medio Romam censere senatu.
Cedere colla ducum, fasces submittere pœnæ.
Et sonteis punire reos, solioque retractum
Pontificem, Petrique loco, discorde relegas,
A patria. Verum alta domi per te excita virtus
Saxones extollit proceres, jam tempore ab illo
Lætatos genus esse tuum, nec segnior armis
Ingenio melior regnat tua regia proles,
Per varios casus, prima huic victoria cedit
In Saracenam rabiem, Maurumque furorem.
Græcia dehinc victa est, iterum dat Gallia palmam,
Dum versa est fortuna retro, quæ tanta repente
Invasit clades? sparso fugis obvius hosti
Solus, et in lacera tecum vehis omnia cymba
Magnum animum, sed qui prendit, non credit Othonem,
Hoc tibi lingua dedit, neque enim prius ore locutum
Audivere suo Graji perfectius ullum,
Cui patriam Boreale gelu, Rhenusque dedisset.
Nec Beneventani manet impunita timoris

Pernicies, autorque fugæ ferro, igne petitus,
Dat pœnam, Latio post hunc sublimis in ostro
Tertius ardet Otho, et cinctum diademate largo
Ostentat regale caput, cui maxima posset
Regnandi virtus tribui, nisi tanta tulissent
Ante avus, ante pater summæ præconia laudis.
Ille autem placido vultu, cui plurimus ore
Candor inest, Henrichus erat, non sanctior illo
Præfuit his regnis, cui non contemptior uxor
Assidet, has animas cœlo damus, ille feroci
Cui turget facies ira, plus arma minatus
Effecit, quam qui sumptis certaret in armis.
Francia Conradum genitrix vocat, inde sequutus
Fortior Henrichus, per totam incendia ducit
Bemorum patriam, contundit Pannonas, urbi
Pontificem Romæ legit, huic se filius omni
Fert virtute parem, belli majore gerendi
Nomine, collatis toties qui prœlia signis
Miscuerit, non Roma dabit, non Teutona noscet
Turba memor, felix, si genuisset in illo
Ipsi sibi dominum regno, Germania primum
Tunc vidit scelus hoc, nollet meminisse nepotes.
Strenuus ille tamen bello fit natus, et urbes
Ter rapit Italicas, ter fusum deprimit armis
Pontificem, Solymas hoc rege recepimus arces.
Hinc a Saxonico movet arma Lotharius Albi
Auxilium Romæ, movet hinc Conradus ab oris
Suevorum, cui magna animo, si tanta sequatur
Audentem fortuna favens, bellum invehit astris,
Invehit Aegypto, atque Asiæ, medioque labore
Proditus a socio est, hæc Grajæ pessima gentis
In famam monimenta damus. Quos surgere motus
Hac a parte vides? quæ mœnia fervere flammis?
Quos cadere hic populos? quos ire in funera reges?
Quis penetrat pavidas confestim exercitus Alpes?
Quem fugit ille senex? certe haud jactantius ullum
Fert in veste pater Rhenus, primumque videri,
Laudarique volet. Suevorum e gente superba,

Marte putes genitum, causam cognominis affert
Aenea barba viro, majorem animoque, fideque,
Se Rhenus vidisse negat. Quid si Itala ploret
Clades terra suas, omnique hunc oderit ævo?
Oderit, et servare fidem discat. Tu age, velles
Hoc Turcis præbere caput, secludere tantum
Christi a gente decus, Petrique in sede vocari
Maximus antistes? sed enim majore repertus,
Quam tu Turca fide, ruit hic ultricibus armis
In Latium, ardenti similis, similisque minanti
Quoslibet interitus, Veneti dant munera, poscit
Ipse fidem, fugit Adriacos trepidante recessus
Pulsus Alexander Latio, Romana juventus
Contra audere parat, Trebiam Cannasque silere,
Spoletina jubet clades, sociasque per urbes
Ambulat interitus, jurati fœdera pacti
Huic frangunt toties Itali, ferro ipse, rogisque
Ultor adest, æquatque solo fomenta malorum.
Te Mediolanum, tota hinc vicinia flammis,
Inde perit gladiis, sese experiuntur in armis,
Et perdunt Ligures, una constrata ruina
Concidit Italiæ summa a radice potestas.
Ultimus est Asiæ bellum labor, occidit undis,
Non poterat ferro, at voluit fortuna negavit
Tantum hoc invicto, simul hac respublica Christi
Spes summas morte amisit, flevitque jacentem,
Qui quondam exitio stantem devoverat omni.
Cernere post Apulas Henricho Cæsare strages
Roma stante datur, dejectumque ense Philippum.
Et cœptum frustra bellum infelicis Othonis,
Quas rerum turbas, erectaque pectora, si se
Sors ferat in melius, Fridericus gente Sueva
Excipit, ingenti motu regnisque potitus,
Bellorum portas aperit, Janumque reclusum
Gentibus ostendit, desueta capessite clamat
Arma viri, mecumque omni contendite nisu
Accumulare decus, laudesque æquare parentum.
Sentiat Arctoi virtutem nominis ingens

Aegypti domitor, vanam sine viribus iram
Discat Turca rapax, nemo torpere feroces
Suevorum populos, et Francas dixerit urbes.
Illum hæc dicentem, atque addentem pondera verbis,
Circumstant juvenes, si quem præstantibus actis
Pingit avitus honor, stimulantque in bella priores.
Nunquam aliquod gavisa magis Germania verbum
Audiit, extemplo summas exercitus alpes
Rheni ab utraque petit ripa, victoria fractus
Prima rebellis Otho, tunc signa erecta ruenti
Auxilium latura Asiæ, viden' auspice Christo,
Ut paret in bellum, tanto tot millia motu?
Quod nisi conceptum remoretur Honorius ausum,
Quas illi Armenias, quos posse resistere Turcas,
Quemve putas Syriæ dominum? Sultanus ab illa
Commoda lite refert, vincuntque ingentia regna
Immanes Scythæ populi, tu pone furorem,
Pone iras. odiumque istud sanctissime differ.
Officii cessare tui, tu excindier arma
Saracena vetas? recipi tot regna, tot urbes?
Aut quænam invidia est, cursum tardare ferentis
In commune bonum tantarum præmia laudum?
Hac mercede tuæ nolis concedere causæ.
Te fraudata tamen regna, auxilioque retracto
Deserti reges, urgente dolore superbum,
Crudelemque vocant, jam classe perambulat heros
Adriacos fluctus, jam Græcia gaudet et anceps
Ante, metum pellit Thrace, tu retrahis arma
Auspiciis ducenda tuis. Quid quod benefactum
Non scelus esse jubes? redit ille, infectaque linquit
Crimine bella tuo, testaturque omnia jura,
Et fas omne, omnesque Deos, pulcherrima cœpta
Invidia cassata tua, tunc factio tristis
Implicat Italiam, movet hac a parte tuendo,
Cæsareas Gibelinus opes, sed Guelphus ab illa
Pontificem sequitur, socias pugna excipit urbes,
Occursum Venetis, arcete paludibus, inquit,
Euganeas ranas, piscatoremque leonem,

Hinc Umbros, Tuscosque petit, subigitque Ravennam,
Samnitesque domat, precibusque se bellicus armat
Adversum antistes, decretaque murmura templis
Mille sacerdotum, tibi lux Germana precantur
Excidium, verum esse Deos, humana tuentes,
Edocet eventus, tu flisce quid otia turbas,
Immemor ingentis meriti? se Parma tuetur
Obsidione gravi, castris victoria nomen
Urbis in effigiem ductis, hic Itala tellus
Imperii florentis opes agnoscit, imago
Hic veteris renitet Romæ, seu bellica spectes
Ornamenta duci, seu quo trahit otia cultu.
Partem opere in tanto natis fortuna duobus
Distribuit laudis, bello studet ille paterno.
Hic movet arma domi, tumidum subigitque Doringum.
Aspicis, ut nulla est Friderichi obeuntis imago?
Attoniti circum populi, stupor occupat omnes,
Quis trahat e medio, sunt hic tua bella Rudolphe,
Infelix Othocarus obit, dehinc pugna duorum
Spectatur procerum, tu cædis Adolphe relicto
Imperio mundi, interea se insignibus ausis
Excitat Henrichus, triplex exercitus illi,
Hinc equites Franci duros invadere Bemos.
Hinc Suevos Rheni gentes Istrique coacti.
Ipse Italos adit, auxilio venturus agenti
Exilio Gibeline tibi, quas ille ruinas,
Quas infert Italis clades? quæ gloria posset
Hoc duce Germanis venisse superstite terris?
Intempestivum tamen interturbat euntem,
Summorum per clara virum vestigia fatum.
Urbs Hetrusca necis reperit mercede ministrum
Dominici fratrem, magnum scelus, ille veneno
Imbutum sancti munus venerabile panis,
Præbet in exitium, quod debuit esse salutis,
Aeternæque epulum vitæ: dic, Itala tellus,
Et dic Thusca fides, quæ se majora dederunt
Crimina? quodve nefas? Hic qui intestina remiscent
Exitia inter se, sua perdidit Austria victum.

At Bavarus victrice manu, et terrentibus armis
Occupat imperium, favor ingens excipit illum
Germanorum hominum cadit infeliciter, ausus
Ausus pontificem turbare loco, post quem omnia bello
Tentat Joannes, Italas componere lites,
Romanum formare statum, concordiaque arma
Excire in Turcas, verum Itala furta perosus,
Mutatamque fidem toties, fraudesque, dolosque,
Et gentis levitatem, inconstanteisque favores,
Restat ab incepto, te Carole Roma coronat,
Intra urbes vetat esse suas, mandatque superbus
Exire Italia, simulato antistes amico.
Hoc fers? Romanusque petis regnator haberi,
Cum non sis Romæ? Quod se execrabile monstrum
Huc dedit, ignarus rex? et Germana vocari
Quæ possit habes, nulla hic gerit arma, nec ullum
Molitur virtutis opus, torpente supinus,
Mollitie sedet, et luxu se pascit inerti.
Tantum hujus te Rhene pudet, quem deinde videmus,
Acre Sigismundus Turcæ bellum invehit hosti.
Aspicis innumeras illum miscere ruinas.
Tot reges mandare neci, exhaurire superbam
Nobilitate Asiam, terra superare marique.
Ille etiam coluit doctos, largitus honorem
Ingeniis, Latio vix magnificentior alter
Contigit imperio, vix circumspectior alter.
Parte alia tua signa vides, pugnæque furentes
Alberti cernuntur avi, tu sanguine siccos
Agnoscis vultus, et aratum vulnere mentum,
Signatasque manus, conscissaque pectora plagis.
Ducit equos, ducitque viros, et Norica vastat
Rura ferus, torvosque invadit milite Bemos,
Silesiasque urbes juvat auxiliaribus armis,
Illum omnes metuunt, omnes fugiuntque Poloni.
Idem alio bello Bavaris contendit, et urbes
Gallorum petit, auspiciisque immensa tuetur
Prœlia Cæsareis, Germanum inimicus Achillem,
Qua ruit exclamat, sancitque ea nomina rumor.

Te quoque jam parvum amplexu fovet ille nepotem,
Arrecti huic omnes populi, spes maxima in illum
Conjecta est procerum, et si se fortuna dedisset
Imperii, sublime caput Germania cœlo
Hoc duce, laudibus his in summum erecta tulisset.
Cernis et Austriacum, placida virtute, statuque
Tranquillo regnare senem, Venetumque Robertum
Impulsas turbare alpes, et Rhetia saxa.
Adriacam sponsam, et Venetas juraverat undas,
Non nisi vastato patriam remeare Tridento.
Sed nostra virtute minor, quibus institit undis
Pugnando submersus obit, Friderichus ab illa
Strage ingens dici potuit, cui filius armis
Inclytus accedit. Quo Maximiliane fugaces
Egisti Venetos? quique has paulo ante per urbes
Immisere tibi bellum, totoque cruentas
Miscebant Latio strages, mundique vocabant
Se caput, et magni dominos maris esse ferebant.
Nunc victi fusique armis, te supplice voto
Deposcunt veniam, dextrasque et brachia tendunt.
Dant aurum, legesque petunt, et fœdera pacis
Cujuscunque ferent. Tu fixo pectore blandas
Aversare preces, quid enim non ante petebant,
Quam tuus aëria miles descenderet Alpe?
Ille autem indomitus per multa pericula Gallus,
Aspice mutato luat, ut sua crimina vultu.
Perfidiamque suam, coëunt in fœdera Galli,
Hinc inde et Veneti, quis te satis esse duobus
Posse putet? quis non quenquam tibi crederet horum
Aequalem, quos tu conjunctis excipis armis,
Evincisque simul? ea sit Germania semper.
Sic crescat, ferat his ducibus nomenque decusque.
Virtutique patrum contendat laude recenti,
Effectisque novis. Tu, qui præclara tuorum
Facta legis, quæ te maneant Alberte sequentem
Tanta exempla vides, urge, et vestigia prende.
Nec sine te vince, sed non sinis, et tua certe
Jam major te fama viget, propriaque superbum

Vicisti virtute genus, factisque vetustum
Stemma novis, et quam cepisti nomina genti
Donasti meliora tuæ, te Marchia jactat,
Miraturque suam revirescens Francia prolem,
Numine propitio, et desueta ferentibus astris,
Facta sui similis, quo verget euntibus annis,
Aurea progenies splendor tuus? et tua virtus?
Quanta parabis adhuc, jam primo flore juventæ
Egregios prægressus avos? dubitabilis ætas
Ut tua sit? nunquam majora in gaudia Rhenus,
Rem venisse sua meminit, quam te urbe recepto
Imperiisque suis, atque hac in veste superbus.
Si quid eges monitis, rigido hæc pronuntiat ore.
Macte ista specie princeps meus, hocque favore,
Qua fulges, qui te recipit, servire negantes
Ante, tibi populi subeunt, gaudentque videri
Principe te famuli, quique ambitione receptos
Spreverunt semper dominos, suffragia mittunt,
Accersuntque ultro. Quis nunc pulcherrime tardat,
Quisve pudor gressu remoratur? age accipe votis
Non ambita tuis, sed nostro prodita nutu.
Dii tibi felices aditus, felicia donent
Tempora, successuque juvent, quos tuque mereris
Dent annos, serventque animum, quem cum ante dedissent,
Viderunt qua fruge foret, tu fungere honorem
Quem Dii, quem fortuna favet, memorique recondc
Pectore, quo venias, neve ulla oblimet inertis
Segnities luxus, tibi nunc a Cæsare primo
Tradita magnarum curanda negotia rerum.
Nec tibi fœmineos populos, luxuve supinos,
Commisit fortuna regi, sed fortibus armis
Assuetos Rheni populos, Albimque ferocem,
Hinc atque hinc rerum dominos, atrocia regna,
Vesterichosque alacres, et nobilitate vetusta
Elatos Francorum equites, præstantia bello
Pectora, Vettranamque aciem, ditesque Doringos,
Assuetumque malis Hessum, tibi Marchia paret,
Si regnare scies, servitum Saxones ibunt,

Nescia corda iugi, sentis instare periclum,
Si non æqualem dederis te accessibus istis.
Portio terrarum melior tibi cessit, habebis
Arma, viros et opes, regnique ingentis habenas,
Tu civem patremque geras, unumque memento,
Non tam his imperium populis, quam exempla requiri.
Jam tua vita palam, intentoque exponitur orbi,
Nec quicquam secretus ages, cunctisque videndus
Summa tenes, nullusque tuum velare recessus
Errorem poterit, manifesta per omnia pergis.
Inprimisque sedes, iterum hoc meminisse jubebo,
Exemplo statura tuo, quæ regna capessis.
Hæc Rhenus. Te flamma tui suffusa pudoris
Occupat ora genas, et si promittere velles,
Quanta animo concepta geras, quam magna voluntas.
Non posset satis esse dies, facere omnia mavis,
Non vis spes augere tuas, promittere non vis.
Hoc unum in voto est, ut parcius ista gerantur,
Lætitiæ plausus, clamor, concentus, honores.
Tantus es, o princeps, et non vis tantus haberi?
Imo ardete viæ pompa, vos plaudite cives.
Nunquam opportunum tempus magis ista poposcit.
Hoc desiderium est, hic est amor, illa cupido,
Hæc sunt vota viri, vos obvia tendite læti
Brachia in adventum tanti ducis, omnia strata
Una reple vulgi facies, longoque moretur
Ordine turba vias, incendite lumina, flores
Spargite, quos non fregit hiems, quæ gramina succo
Nondum exhausta manent, nihil intermittite, quod vos
Lætari doceat: quales, cum sedula mater
Ales abit pastum, jam primo Oriente, reditque
Sera, ferens pleno miseris solamina rostro
Impasti exiliunt pulli, quassantque frequenteis
Adversum pennis nondum velantibus alas.
Mutuaque inter se læti certamina sumunt,
Qui primos ferat ore cibos, et colla subaptant,
Matris in occursum, vos haud secus ante cupitam
(Venit enim) captate ducem, solatia vestris

Arripite impleti curis, arcessite dignum
Hoc desiderio munus. Tu te obvius apta,
Fortunisque tuis indulge, occasio præsens
Ne sine dilabi, versatur, an optime princeps,
Ne timeare times, et non vis esse molestus?
At nobis, nisi te das, illa molestia surgit.
Quid velles mansisse domi? tenuisse quietem?
Traduxisse annos vitæ musisque tibique?
Non hæc conditio est pro te, tuaque altera sors est.
Hactenus indultum Musis, placidoque labori
Privatim fuerit, tempusque extraxerit illud
Docta quies nobis, nunc te ad majora vocari
Fata jubent, splendorque tuus jam cognitus ante
Quam visus votusque fores, illa aula docebat
Infanti reptata tibi, documenta futuri
Tunc quoque magna dabas, tua plane infantia tantæ
Virtutis præsaga fuit, prima extitit ætas
Indicio, nam cum spatio Lucina peracto,
Depositura foret maturi pondera ventris,
Excepere Deæ puerum, nymphæque frequentes
Collusere tibi, et quas imposuere coronas
Pontificale decus jussere, apicemque futurum
Signare, et quæ fata forent, nota esse jubebant.
Continuo studiis tu te committis, et artes
Tendis ad ingenuas, nec conversantibus usquam
Moribus offendi sinis, et cum primum erat ætas,
Omne inquirebas scripti genus, illius ergo
Accisti doctos, submissa fronte magistros,
Historiasque loqui tecum, veterumque volebas
Acta ducum semper legere, atque audire paratus,
Quod mores ornare tuos, quod comere posset
Ingenium, dociles que animi protendere vires.
Quid, cum Saxonicus jam lectus episcopus esses?
Erexisti animum subito, et rerum humanarum
Corde relegasti curas, cui deditus esses
Officio certus, contempsistique fugacis
Molle voluptatis studium, non optio solum
Hæc probat Alciden, etiam tibi blanda libido

Astitit, omne ferens placidum, exclusoque labore
Obtulit illecebras, et dulcis amabile luxus
Commendavit opus, tibi soli vivere jussit
Extra animi curas. Quid enim, nisi noveris uti,
Divitiæ facient, inquit? tu præmia tantæ
Arripe fortunæ, satia te dotibus illis.
Dura fuge, hæc ultro venient, nec te ange, sed aufer,
Quæ potes, hinc tecum, mors qua te accesserit hora,
Finiet omne bonum, ne prætereuntia perdas.
Utere temporibus, solus qui implevit hiantem
Deliciis animum, vixit, nec ad ardua duco.
Quam tero, lata via est: contra astitit aurea virtus,
Mandans dura pati, ne fide abeuntibus, inquit,
Ut perdas meliora bonis, non longa voluptas,
Quam feret hæc ætas, æterna incommoda ducet.
Ipsa quidem in medio cursu fugit, optima secum
Dum linquit, peiora ferens, breve tempus, et instans
Exitium vita illa dabit, ne sperne labore
Parvo magna sequi, nam si contempseris hujus
Luxuriam vitæ, te amplissima multa sequentur,
Durabuntque diu: Tu, quantum a corpore cedes,
Tantum animi cultus, tantum cœlestia tanges,
Agnoscesque Deos, et ne non præmia ponam,
Gloria, fama, decus, nomen, monumenta dabuntur.
Dixerat extemplo durum virtutis amore
Puber adhuc ingressus iter, melioribus omnem
Aptasti curis animum, quis castius alter
Quam vivis loquitur? quisve impollutius alter
Quam loqueris, vivit? quis cautius otia vitat
Officii memor? aut quis plus prodesse laborat?
Huc vos, o statuæ, (neque enim vivique virique)
Pontifices, oculos advertite, vita petatur
Hujus ab exemplo, vos in præsentia tantum
Proclives animis vitam consumitis omnem,
Ignari, quæ vos deceant, venatibus apti,
Otiaque infami secordia ducere somno.
Vina, dapes, choreas, cantus, bona summa putatis,
Pascitis ingluviem. Quid, quod dixisse pudendum

Huic foret, at vobis etiam fecisse decorum,
In Veneris ludum, et fœdas descendere sordes?
Non possum laudare bonos, rectumque tueri,
Non odisse malos, crimenque incessere lingua,
Horum isti nihil est, in religione diurnas
Nocturnasque vices disponit, et anxius ambit
Officio satis esse suo, non ille ministro
Committit peragenda sibi sua sacra videtis
Admota tractare manu, proprioque canentem
Ore Deum laudes, cui mens fuit ista priorum?
Cuive istud studium? similisque in rebus agendis
Sedulitas? primo ingressu collapsa tot annis
Restaurare parat, quis munera largius unquam
Dispersit, cum tempus erat? quisve inter egenos
Profudit tam lætus opes? quis sæpius artes
Affecit lucro? et meritis bene dona rependit?
Surgite virtutes, experrectæque reverti
Usibus humanis gaudete, immensa merenti
Præmia proposuit, despecta attollite rectas
Cervices studia, et redivivam apprendite palmam,
Invitat pretio virtutem, et moribus altum
Egregiis aperitur iter, clementior illo
Non fuit, insanam cohibere tenacius iram
Qui posset, stimulosque súos arcere premendo
Quis videt iratum? neque tunc cum audita fuisset
Causa Pepercorni, tetrique adaperta veneni
Scrinia in exitium sibi facta, suisque videret,
Pro causa doluit, quod si miseratio haberet
Hac in fraude locum, potuit vel tollere pœnam,
Vel lenire modo, dic nunc, cur ista recuses,
Tam merito præstata tibi? cur plaudere vulgum,
Et clamare vetes? lætosve inferre triumphos?
Aut sæpe ista feras, aut sis non talis oportet.
Sis tamen, et sæpe ista feras, tibi carmina promant,
Te festo clamore notent, populusque patresque.
Qui meruit bonus est, non qui detractat honorem,
Tu quoque nativum blando moderare rigorem
Affatu, moresque tuos ex tempore dulci

Temperie misces, hinc factum, ut amabilis esses,
Utque tuis charus, ne circumstantibus armis
Excubiisve ducem cives defendite vestrum.
Hoc melius præstabit amor, quis tenderet isti
Insidias animo? aut quæ non jam ingressa rediret
Fraus perculsa retro? nemo est, qui te oderit, omnes
Hi quoque, quis gravis illa potest fortuna fuisse,
Natura suadente colunt, et si ipse requiras,
Unde suus sit cuique favor, tam tu ipse fereris,
Quam virtus tua causa rei, tua gratia fines
Expatiata suos, extrema per omnia venit.
Huic aliquem poterat non omninoque pudendum
Suffecisse loco Rhenus, quot obambulat urbes?
Quot populos? et se vicina a gente tueri.
Venit ab extremo, qui cætera vinceret, Albi
Spectatæ virtutis honor, suffragia solvit
Ambiguis tua fama viris, fama illa tuorum
Nuntia parca operum, quam tu majora ferendo
Ostendis non esse parem virtutibus istis.
Cui non fama ingens, multorumque ora tulerunt
Dignum aliquid meritis, huic nos æquale feremus?
Mole gravor, rerumque immensum panditur æquor,
Centum in te linguis, centenoque ore sonandum.
Utendum Phœbo, quæque augent omnia, Musis,
Immensasque foret vires consumere dignum.
Nunc satis est, celebri venientem inducere plausu,
Lætitiaque ornare diem, cantuque, jocisque.
Quod nos non pigeat, quod tu feliciter omen
Accipias, possisque omnes meminisse per annos.

Sinceriter citra pompam,
zelo virtutis.

Beilagen,

enthaltend:

kurze biographisch-literarische

Erläuterungen

über die

in diesem Bande Hutten'scher Schriften

angeführten Personen u. s. w.

Historisch-biographisch-literarische

Anmerkungen und Erläuterungen.

1) u. 2) Wedeg Lötz, (lat. Lossius) im J. 1508 zweiter, und im J. 1522 erster Bürgermeister zu Greifswalde, starb im J. 1528. Er war kein Gelehrter, sondern blos Kaufmann, und soll der Bürgerschaft von Greifswalde mit grofsem Ruhme vorgestanden seyn, wie uns Mohnike als Greifswalder versichert. Sein Sohn Henning Lötz, Docktor der Rechten, Professor und Domherr am St. Nikolaus-Stift, später Probst desselben, und Recktor an der Hochschule, scheint ein etwas eingebildeter literarischer Zwingherr gewesen zu seyn, dem Hutten und Trebelius, in den Elegien, worinn sie ihm Prahlsucht, Unwissenheit und Hochmuth vorwarfen, vielleicht zu viel Ehre angethan. Beide, Vater und Sohn, begiengen eine Unthat, die durch nichts kann gerechtfertigt werden, und alle Zartheit und Menschlichkeit ihnen abspricht. Sie liefsen, wie aus den Elegien zur Genüge ersichtlich, und von ihnen nirgend widerlegt worden, Hutten in der grimmigsten Jahreszeit beinahe nackt ausplündern, und bewiesen sich hiebei durch diese feige Wegelagerung als Spiefsbürger und Kramerseelen der gemeinsten Classe, die ihm gerne jeden Bissen noch herausgefoltert hatten, den ihre verdachtige

Gastfreundschaft ihm früher gereicht. Dafs diese Strassenrauberey, an Hutten begangen, diesen Leuten in der Greifswalder öffentlichen Meinung nicht geschadet, (wie Mohnike, dem man hier die Apologie der Lötze, als ihrem Landsmann, freilich nicht ganz verübeln kann, darthut) beweist blos, dafs dieselben damals Spiefsbürger von gleichem Schlage gewesen, die wenigen Redlichen gegen Hutten ausgenommen, die ihn zwar mit Warnungen, aber keineswegs mit dem Nothwendigsten unterstützten.

3) Gerhard Frilden (Vrilden, Vrelle, Vrylden, und anders genannt) war zu dieser Zeit als erster Professor der Theologie zu Rostock angestellt. Im J. 1495 bekleidete er das Prorektorat daselbst, und scheint zwischen 1517 — 1520 gestorben zu seyn. Wir besitzen von ihm noch zwei Schriften: *„Responsum Theologicum"*, und *„Exercitium artis veteris."*

4) Nikolaus Löwe, von Stettin, hielt, nachdem er zu Rostock seine Studien geendigt, und in Greifswalde den Docktorhut erlangt hatte, Vorlesungen daselbst über die Rechte; 1504 wurde er zu Rostock Recktor und stand diesem Amte bis 1536 vor. Bei Herzog Buslav X. von Pommern soll er viel gegolten haben.

5) Johannes Bergmann, (genannt Montanus) ist als Professor Rostocks vom J. 1489 bis 1514, und als inniger Freund des dänischen Historikers Albert Kranz bekannt.

6) Iberus Grot immatrikulirte unsern Ulrich, als er nach Rostock kam.

7) Peter Bogen, ein Dittmarse, Professor des Rechts, war als Recktor der Rostockischen Schule, damals noch am Leben, als Hutten starb. Ihn zeichnete eben so sehr seine Rechtschaffenheit und Gelehrsamkeit, als sein Reichthum aus. Uebrigens bewährte er sich

als treuen Verfechter der katholischen Kirche und als standhaften Freund, geliebt von allen die ihn kannten.

8) Heinrich Mulert, aus Zwoll, in den Niederlanden, von Herzog Buslav X. zum Hofrath gemacht, lehrte in Rostock das bürgerliche und kanonische Recht, und war als ein tüchtiger wissenschaftlicher Mann bekannt. Er starb zu Stralsund im J. 1521, von der Pest dahingerafft.

9) Berthold Möller (Molitor) aus Hamburg, ein erklarter Gegner der neuen evangelischen Lehre, starb zu Rostock als Lehrer der Gottesgelahrtheit im J. 1530. Er hatte einen Kommentar über die Grammatik des Donatus geschrieben.

10) Heinrich Kruselmann, oder Krusemann, war 1510 Recktor zu Rostock.

11) Jost Nigemann, ein Wismarer, wenig bekannt.

12) Eberhard Dickmann, aus Rostock, Professor der Weltweisheit daselbst, und im Jahr 1526 Recktor, hat nichts Merkwürdiges von sich hinterlassen.

13) Egbert Harlem, Huttens Gastwirth, Recktor im J. 1517 ist jene Kallypso, auf welche Vadian in seinem Briefe an Tannstatter anspielt.

14) und 15) Heinrich Holzmann, und Johannes Lobering, jener Priester und theologischer Lehrer, dieser Huttens Anwald gegen die Lötze, ein warmer Freund der Dichtkunst.

16) Johannes Sonnenberg, aus Würzburg, ein Busenfreund Hermanns von dem Busch, der ihm spater sein „*Specilegium 35 illustr. Philosophor.*“ zueignete. Er starb 1517 zu Greifswalde, nicht wenig mit Schulden während seines Lebens geplagt.

17) Jost Stagen, aus Schauenburg, Professor und Regens der „*Porta Cœli*“, starb nach dem J. 1526.

18) Jakob Trempen, Magister und Baccalaur. der Theologie, ein Mann von ausgezeichneter Körpergestalt.

19) Hermann Trebelius (*Notianus*, *Isenacensis*, auch *Heliades* genannt, mit seinem eigentlichen Namen Sausewind), studirte in Erfurt, und stund 1505 in Wittenberg einer Druckerey vor. Er war einer der ersten Lehrer zu Frankfurt, welche Hutten, und den jungen Osthen's vorzüglich gewogen waren. Die Hutten'sche Unbill durch die Lossier empörte ihn auf's heftigste, so daſs er sich nicht wenig Mühe zur Herausgabe seiner Klagen gab. In Wittenberg ward er später zum Dichter gekrönt von Herzog Friederich zu Sachsen. Ueber das Nähere seines Lebenslaufs siehe *J. J. Maderi Scriptor. Centuria.* Mohnike's Jugendgeschichte Huttens — Beilagen.

20) Wolfgang v. Eberstein, Graf zu Neugarte, ein Ritter aus vornehmem Geschlechte, welcher die Bischofswürde ausschlug, um seine Geliebte, eine Gräfinn von Hohenstein ehelichen zu können. Im J. 1505 ward er in Greifswalde Recktor; auf ihn folgte Iber Grot. Später, nachdem ihn blos Herzog Buslavs Einfluſs um den Kamin'schen Bischofshut gebracht hatte, ward er nach mehrern erhaltenen andern Pfründen Probst des dortigen Capitels. Wann er gestorben ist ungewiſs.

21) Buslav X., der Groſse genannt, Herzog zu Pommern, Erichs II. Sohn, ward im J. 1454 geboren, und nach seines Vaters und Onkels Tode als Herzog von ganz Pommern anerkannt. Hierauf scheint Hutten in den ersten Versen der Elegie an H. Buslav angespielt zu haben. Nach der Rückkehr von seiner Reise nach Jerusalem zeichnete er sich durch ritterliche Tapferkeit, strenge Rechtspflege und warme Liebe für die Wissenschaften und alle edlern Künste des Lebens vor vielen Fürsten aus. Er hatte 50 Jahre lang ge-

herrscht, und starb 1523. Sein Leben hat Nikl. Klempen in seiner „Pomerania“ beschrieben.

22) Valentin Stoientin, einem der edelsten pommerschen Geschlechter entsprossen, galt bei seinem, dem kaumerwähnten Fürsten sehr viel. Er ward, nachdem er in Frankfurt seine Studien beendigt, und enge Freundschaft daselbst mit Hutten geschlossen hatte, in der Folge Buslav's Kanzler, und lebte mit Joh. Bugenhagen, Marschalk und vielen andern der berühmtesten Männer in innigen Verhältnissen. Luthers Lehre suchte er mit allen Kräften und seinem ganzen Ansehen durch Pommerland zu unterstützen. Die Greifswald'sche Hochschule pries ihn als ihren thätigen Gönner.

23) Ulrich Pfau (*Pavonius*) war es, welcher Hutten vor den Lötzischen Nachstellungen gewarnt, und durch herzliche Briefe nach Rostock ihm seine Beileidsbezeugung ob dem erduldeten Mifsgeschick übersandt hatte.

24) Niklaus Marschalk, ein berühmter Polyhystor seiner Zeit, Dichter und Historiker, durch seine Mecklenburgischen Annalen vorzüglich bekannt. Er war ein Thüringer von Geburt, und Lehrer des Georg Spalatins. Im Jahr 1502 zog er von Erfurt nach Wittenberg, und von 1507 bis 1510 verweilte er in Mecklenburgischen Landen, als Rath des Herzogs von Mecklenburg-Schwerin, und von da bis 1510 als Professor des Rechts und der Geschichte in Rostock. Er besafs hier eine eigene Druckerey, und gab nebst vielen andern Schriften in dieser sein „*Liber Aquatilium*“ heraus. Vergl. Schöttgen im angef. Werke.

25) Dietrich v. Bülow, ein Mecklenburger, Markgraf Joh. Cicero's von Brandenburg Hofrath, Gesandter, und nachher Erzieher seines Sohnes Joachims, ward durch das Ansehen seines Fürsten zum Bischof gewählt. Er starb im Jahr 1523. Die Hochschule zu Frankfurt war vorzüglich sein Werk, und er ihr erster

Kanzler. Bey den Gelehrten stund er in grofser Achtung, und viele Schriften wurden ihm zugeeignet.

26) Philopompus, eine neidische philologische Kröte, die Doktor gewesen seyn soll. Hutten nennt ihn einen „*nasutum*".

27) Krotus Rubianus (siehe weiter unten bey den Anmerkungen zu seinem Brief an Hutten).

28) Jacob Bauer, zuerst Kaufmann in Lübeck, sodann seines Handwerks überdrüfsig, Literatus in Rostock, und gerade dazumalen, als Hutten dort verweilte „*Rector Regentiæ*"; ward nach seinem Absterben mit einer zierlichen Elegie beehrt.

29 und 30) Christoph Suchten, und Eberhard Werber aus Danzig, rühmlich bekannt als Dichter, Scheidekünstler und Alchymisten, von welchen der Erstere einige Zeit als Professor in Leipzig sich aufhielt.

31) Publ. Vigilant. Bacillar. Axungia, in Strafsburg geboren, war zuerst Professor der Beredsamkeit zu Frankfurt, und erwarb sich Eitelwolfs von Stein Achtung in so hohem Grade, dafs er ihn den Beredtesten aller Teutschen nannte. Er bezeigte sich gegen Hutten sehr gefällig, und verwandte für die Herausgabe seiner *Querelen* sich kräftig. Er fiel auf eine beklagenswerthe Weise, während einer Reise durch Italien, unter den Dolchen der Banditen. (Vergl. Huttens Brief an Jakob Fuchs, und *Mader. Centur.*) Er hinterliefs unter Anderm: *Epigramm. et Carm. liber, et Bellica Progymnasmata etc.* ed. P. Gundling 1719, und die oben erwähnte Beschreibung der Einweihungs-Feierlichkeiten der Universität Frankfurt. Vergl. auch Mohnike's Jug. Gesch. Huttens.

32 und 33) Johann, und Alexander v. Osthen, adeliche Pommeraner aus sehr reichem Hause, die Hutten in Frankfurt kennen lernte, und die nebst

ihrem Hauptstudium der Rechtsgelahrtheit, der humanern Wissenschaften mit grofser Liebe pflegten. Sie hielten sich in Frankfurt wahrscheinlich bis zum Jahr 1515 auf, und aufser in dem Zueignungsschreiben, womit Hutten die *Ars versificatoria* an sie begleitete, kommt in den *Epistol. obsc. viror.* ihr Name noch einmal vor. Der Ältere war selbst Dichter und wir besitzen noch eine von Melanchthon aufbewahrte Ode von ihm an „die Jugend Sachsenlands“; auch soll er eine Geschichte Herzog Barnims IV. geschrieben haben, die nicht mehr vorhanden. Sie stunden Beide mit Bugenhagen, Eoban Hefs und Andern in dem freundschaftlichsten Verhältnifs, und Letzterer richtete eine sehr schöne Ode an Johann von Osthen. Von Beiden hat übrigens die Geschichte wenig aufbewahrt. Siehe Mohnike's Beilag. zu Huttens Jug. Gesch.

34 und 35) Lorenz Corvinus, und Sigismund Buchwald, *Fagilucus*, jener ein Schlesier (aus der Neumark), war Professor zu Krakau, und ein standhafter Vertheidiger der Lutherischen Kirchenverbesserung; gehörte zu den bessern Köpfen seiner Zeit, und schrieb unter Andern: „*Compendiosa diversor. carmin. structura.*“ — „*Hortulus Elegant.*“ — „*Latinum Idioma.*“ — „*De Polonia etc. Carmen.*“ — „*De Silesia, et Novoforo idem.*“ — „*Ad Ptolomæi tabulas Geographia*,“ *etc. etc.* Von S. Buchwald weifs man nichts, als dafs er um's Jahr 1510 gestorben ist.

36) Bogeslaus v. Hassenstein liefs sich vorzüglich in Böhmenland die Verbreitung der evangelischen Lehre angelegen seyn. Er ward 1462 aus vornehmem Geschlecht geboren, von den Seinen mit grofser Sorgfalt in den Wissenschaften erzogen, und später nach Wälschland geschickt, um zu Bologna und Ferrara Recht, besonders geistliches zu treiben. Nachdem er allda Doktor geworden, hielt er sich nach seiner Rückreise längere

Zeit in Strafsburg bei seinem Freunde P. Schott auf, unternahm aber bald darauf grofse und vielfache Reisen durch ganz Teutschland, Wälschland, Sicilien, Griechenland, nach dem Archipelagus, selbst nach Syrien, Arabien, Aegypten und Nord-Afrika, wie aus seinen Briefen und Gedichten erhellet. In sein Vaterland zurückgekehrt ward er zum zweitenmal um die Hoffnung der Bischofswürde betrogen, der Unredlichkeiten müde zog er sich in sein Stammschlofs Hassenstein zurück, wo er einzig den Wissenschaften, und der Aufmunterung und Belehrung der Jugend zum Bessern und Rechten lebte. Er starb im 42ten Altersjahre, und hinterliefs eine äufserst reichhaltige, aber nachher durch ganz Teutschland zerstreute Büchersammlung. Sein Leben haben Thomas Mitis, der Herausgeber seiner Schriften, Dubrat, Prohaska, Balbin u. A. beschrieben.

37) Johannes Staar, ein Schmalkalder, stund in Hassensteins Gunst sehr hoch, gewann durch Erziehung edler Jünglinge viele Verdienste, und wird von E. Hefs, Hermann von dem Busch u. A. rühmlich genannt. Er hinterliefs einige Gedichte, jedoch von geringem Werth. In den *Epistolis obscur. viror.* kommt sein Name auch vor.

38) Balthasar zum Fach (siehe weiter unten).

39 und 40) Georg Sibutus, und Richard Sbrulius, Wittenbergische Dichter, von denen der erste in Kölln die Beredsamkeit lehrte, Conrad Celtes Schüler war, und Max I. mit einem *Panegyricus* bei seinem Einzug in Kölln beehrte und mehrere Werke hinterliefs; z. B. „*Ars memorativa.*" — „*De musca chiliana carmen.*" — „*De felicitate in matrimonio* (er hatte eine alte Matrone zur Ehefrau genommen) etc. etc. Der Andere, Sbrulius, aus Udine, ritterlichen Geschlechtes, aber dessen ohngeachtet eine unverschämte Schmeifsfliege, der sich im Übermuth über alle teutschen Dichter herausliefs, zwang

durch Ränke Hermann von dem Busch Wittenberg zu verlassen, wo der ehrbare Magister hauste. Er trieb sich an vielen Orten noch herum und stund auch mit Agrippa v. Nettesheim, der sich gern Ränkeschmieden anschloſs, ſehr gut. Er hinterlieſs unter Anderm: *„Chrysocharis Treberica."* — *„Panegyr. in Freder. Sax. Elect. Chleomach. l. I. Triumph. princip. Brandenburg."* — *Elegia in Carol. Imperat."* — *„Nænia in Maxim. obit."* — *„De mira potentia Naturæ"* etc. etc.

41) Johann Sommerfeld (Rhagius Aestikampianus genannt), aus der Lausitz, geb. 1460, vollendete seine Studien in Wälschland und ward vom Pabst zum Dichter gekrönt. Er zeichnete sich durch eine glühende Liebe für das Studium der Alten aus. Zu Kölln erklärte er den Plinius und mehrere lateinische Dichter, gerieth aber bald mit Hogstraten und seinen Gesellen zusammen, und verlieſs mit den Getreusten seiner Schüler, worunter auch Hutten, die Stadt, und zog nach Frankfurt a. d. O. Von da ward er nach Leipzig berufen; aber auch hier zwangen ihn boshafte Ränke bald zum Abschied, und er lehrte zu Freiberg und Wittenberg (1518) mit groſsem Zulauf. Er hinterlieſs: *„Modum epistolandi."* — *„Epigrammata."* — *Carmina varia."* — und war des *Cebes*, und *Epictet*, und vieler anderer alten Schriftsteller Herausgeber und Commentator. Vergl. *Panzer Ann. Typogr.* — *Dan. Fidler dissertatio*, die sein Leben enthält; auch *Mohnike's Jug. Gesch. Huttens.*

42) Hieronymus Emser, einer der heftigsten Gegner Luthers. Davon in einem andern Bande.

43 und 44) Nisa, und Kaspar Steinbeck, Dichter, von denen nicht viel bekannt ist. Letzterm eignete Busch eine Schrift zu.

45) Johannes Temonius, ein unglücklicher Liebhaber, der aus Verzweiflung Dichter ward, und von E. Heſs ein Trostkarmen erhielt.

46) Johann von Tritheim, (mit seinem eigentlichen Namen Joh. Heidenberg) ward den 1. Februar 1462 im niederländischen Städtchen Tritheim geboren. Kaum 8 Jahre alt verlor er seinen Vater, und erhielt einen Stiefvater von eben nicht der geschlachtesten Art, welcher sich im Gegentheil viel Mühe gab, die feurige Wifsbegierde und Sehnsucht nach dem Bessern und Göttlichen aus dem Gemüthe des Knaben zu vertilgen. Aber die Natur, die so oft sich besserer Menschen gegen den Schneider grofsmüthig annimmt, stund auch diesem jungen Helden gegen die rohste Philisterei hilfreich bey, und rettete ihn aus der ihn umwindenden Gemeinheit. Er flehte in heifsen Gebeten zu Gott, ihn seiner innigen Wünsche, recht gelehrt und tugendhaft zu werden, theilhaftig zu machen. Er gab ihm ein, sich selbst zu helfen, und er folgte, im 15ten Jahre, keinen Ausweg mehr gewahrend, auf dem er sein geistiges Leben hätte retten können, dem Rufe seines Innern, floh von der heimathlichen Hütte, und gelangte nach vielen Irrfahrten endlich nach Heidelberg, wo er ungestört seinen brennenden Durst nach Kenntnifsen löschen konnte. Er fand allda den grofsen Rudolf Agrikola, in Jahren nicht viel von ihm verschieden. Nachdem sie dort 2 Jahre in thätiger Freundschaft verlebt, trieb ihn sein frommer Sinn zu einem kurzen Besuch in sein Heimathort; sie unternahmen gemeinschaftlich die Reise. Aber unweit von dem Orte überfiel sie ein furchtbares Gewitter, und sie mufsten wieder in das gastfreundliche Kloster Spannheim zurück, von dem sie, als der lezten Station erst Abschied genommen. Tritheim, mit glühender Einbildungskraft begabt, und dem Glauben an ein unmittelbares freundliches Einwirken der Gottheit in menschliche Schicksale nicht abhold, erblickte hierin einen Ruf derselben, seine Tage in demselben zu vollenden. Wirklich liefs er sich einweihen,

und sein ganzes Wesen sprach die Brüder dermaſsen an, daſs sie gleich bei der nächsten Abtwahl den Jüngling zu ihrem Vorsteher wählten; denn seine Tugend und umfassende Kenntniſs strahlte diesen ziemlich weltlichen Mönchen wie eine Gottesflamme entgegen. Mit besonnenem Ernst und liebreicher Strenge führte er nun die Sittenverbesserung unter seinen ausschweifenden Untergebenen durch, und das Kloster erhob sich zu einem der bedeutendsten in Teutschland. Er arbeitete Tag und Nacht für ihr Wohl, vermehrte und brachte die höchst ärmliche Bibliothek auf 16,000 Bände, und schrieb mehrere Werke, in welchen er die erloschene Gottesfurcht, Liebe zur Wissenschaft und zu den göttlichen Dingen anzufachen suchte, und auf die bescheidenste Weise von sich und seiner Jugend redete. Fürsten und Gelehrte zollten ihm ihre Huldigungen. Aber unverblendet vom Weihrauch setzte er seine Studien und Bemühungen fort, Theologie und Geschichte aufzuhellen. Auch die Musen reichten ihm zur Abwechslung mitten in seinen ernsten Betrachtungen und Untersuchungen vorzüglich in den geheimen Künsten, wohin ein unwiderstehlicher Hang ihn zog, die Leyer; leztern huldigte er, nicht wie viele seiner Zeitgenossen aus Betrügerei und philosophischer Taschenspielerei, sondern aus voller religiöser Ueberzeugung, und glaubte mit noch manchem groſsen Manne seiner und späterer Zeit, daſs viele Wunder der Natur noch nicht enträthselt seyen. Der baier'sche Krieg von 1504 trieb ihn aus seinem Kloster; er gieng nach Heidelberg zuerst, später nach Kölln, und wohnte dem Reichstage bey; hierauf reiste er mit Markgraf Joachim nach der Mark. Als er nach seiner Rückkehr sein Kloster verwildert, in wüster Zwietracht und dem alten bösen Geiste überliefert sah, da nahm er, seine Würde ablegend, auf ewig Abschied vom Kloster, und starb als Abt zu St. Jakob in Würzburg den 16. Christmonat 1518, von allen Edlen Teutschlands betrauert.

Unter seinen Schriften sind die vorzüglichsten:

I. Von den historischen: a) *De orig. gestis, et regib. Francorum l. III.* b) *Catalog. illustr. viror.* c) *Script. Eccles. Catalog.* d) *Chronicon Hirsaugiense.* e) *Chronic. Spanhemiense.* f) *Chronic. St. Jacobi in Diœc. Herbip.* g) *Hist. belli Bavarici.*

II. Von den theologischen und vermischten: a) *Sermones, et exhort. ad monachos suos.* b) *Quæstiones a Maximil. Imper. propos., a Trith. solutæ.* c) *Steganographia.* d) *Poligraphia.* e) *Epist. lib. duo.*

Mehrere Sammlungen sind von seinen Schriften vorhanden; als Lebensbeschreiber: Marq. Freher, Busäus, Heidel, Niceron, Hegewisch, Niemeier.

47 und 48) Joh. Kapella, und Joh. Hopfe, Huttens Landsleute: unbedeutende Namen.

49) Hartmann v. Kirchberg, Abt zu Fulda, und Dr. Jur., berühmt durch seine selbstverfertigte Grabschrift: „*Quid mortui viventium legitis epitaphia?*“

50) Von Franz und Georg Morlin, Axungia und Tundal weiſs man nichts Besonderes.

51) Heinrich Rivius wird von Einigen für den Euricius Kordus, den berühmten Arzt, und Satiriker gehalten, was mir unwahrscheinlich däucht. Die Sache hat nichts auf sich.

52) Rudolph Lange, aus Westphalen, geb. 1438, war einer der Hauptbeförderer der alten Literatur. Sein Lehrer war der fromme Thomas v. Kempen, auf dessen Anrathen er nach Wälschland gieng, wo er bald sehr hoch gehalten wurde. Pabst Sixt IV. nahm ihn als Abgeordneten des Bischofs und Kapitels zu Münster äuſserst freundlich auf, und behandelte ihn mit Auszeichnung. Nach seiner Rückkehr zum Prälaten

daselbst gewählt, erwarb er sich durch gänzliche Umwandlung und Verbesserung der dortigen Schule einen unsterblichen Namen; denn viele der vorzüglichsten Gelehrten giengen aus derselben hervor. Er starb 81 Jahre alt, und ward, der Zeit nach, für den ersten vorzüglichen lateinischen Dichter gehalten.

53) Johannes Murmel von Rüremund im Geldrischen, Hermanns v. dem Busch Freund, zuerst Krieger, sodann Literator, und Alex. Hegius Schüler, starb durch Gift. Siehe Niceron, Adam, u. A.

54) Montanus, wenig berühmter Dichter, durch sein Buch „*Odarum spiritualium*" etwas bekannt.

55) Jakob Gauda, ein Niederländer, Professor zu Kölln; in den *Epistol. obscur. viror.* genannt.

56) Remailus, aus Florenz, Magister zu Brüssel, stand mit Erasmus in Briefwechsel, und war einer der Hauptfeinde Luthers. Er schrieb unter Anderm: „*Epigramm. lib. III.*", die nicht sehr scharf, und „*Amorum libros*", die nicht sehr rührend gewesen. (S. Panz. *Annal. Typ.*)

57) Die Brüder Andreas, Peter und Jakob Kanter, Friesländer von Geburt, bündige Gelehrte, als solche im In- und Ausland anerkannt. Andreas, auf den hier Hutten anspielt, war des Corn. Agrippa Lehrer, durch ein Gedicht: „*Osculum*" berühmt, und von Erasmus, was er jedoch Vielen that, sehr gepriesen.

58) Ulrich Fabricius, ein Rheinländer, aus Koblenz, mit Hutten in sehr innigen Verhältnissen zu Kölln, pflegte gemeinschaftlich mit ihm der Musen. Daneben trieb er, so viel er gerade Lust hatte, Rechtsgelahrtheit. Er bekleidete mehrere bedeutende Ämter am Hofe des Trierischen Erzbischofs, und wurde mit einigen wichtigen Gesandtschaften beehrt. Aufser mehrern Schriften, die er herausgab, übersetzte er

mehrere Werke aus dem Griechischen, und verfertigte viele Gedichte, die er zur Cither sang. Vorzüglich verdienstvoll waren seine Bemühungen, die er an Auffindung alter Handschriften verwandte. Von ihm erhielten auch die Venetianer Aldus Manutius und Asulanus mehrere Codices zum Drucke. In Spanien fand er unter Andern: „*Quintilian. Declamat.*“; *duos Tertull. de Spectaculis libr.*“; des Macrobius, Athanasius, Cyrillus u. a. Werke. (Siehe *Alb. Fabricii Centuria Fabricior. script. claror.* Hamb. 1709. Mohnike im angef. Werkchen.

59) Dietrich Gresemund, Vater und Sohn, jener als Arzt, dieser als Dichter und Literator bekannt. Der Ältere gab ein Werk: „*De regimine sanitatis tempore pestis*“ heraus. Der Jüngere, zu Speyer geboren, ward erzbischöflicher Vikar und Domherr zu Mainz bis 1512, in welchem Jahr er starb. Er war schon in seiner Jugend von wegen seiner vielen Kenntnisse und seines glücklichen Genie's ein Gegenstand der allgemeinen Achtung; eignete Tritheimen, der mit ihm Briefe wechselte, ein Werk: „*De septem liberalibus artibus*“, zu; schrieb auch ein „*Opusculum de petulantia Romae*“, und mehrere gute Gedichte. (S. Panzers *Ann. Typ.*)

60) Jakob Wimpheling, von Schlettstadt im Elsaſs, geb. 1450, legte in seiner Vaterstadt die ersten Grundlagen seiner Bildung; nachher besuchte er die Hochschulen zu Freiburg, Basel und Heidelberg, wo ihn vorzüglich kanonisches Recht und theologisches Studium beschäftigten und wo er Licentiat der Gottesgelahrtheit wurde. Arm, aber munter und rüstig setzte er in Heidelberg seine Studien fort, und las über die heiligen Väter, vorzüglich über Hieronymus vor, und hörte nicht auf durch Schriften und Reden die Jugend zur Sehnsucht nach Weisheit, und die Priester zur

Reinheit des Lebens anzumahnen. Zu allem diesem gab er noch häufig Privatunterricht. Aber er hatte mit der Mönchswelt heftige Sträufse zu bestehen, bis Tritheims Gutachten und Julius II. Ansehen ihn ihren Klauen entrifs. Aber er hatte von diesem Streite einen tödtlichen Wurm bleibenden Unmuths und Eckels vor der Erbärmlichkeit des Lebens mit solchem Gelichter in sich empfangen; einerseits anerkannte er die Wahrheit der neuen hereinbrechenden Meinungen, und liebte die Freiheit des Gewissens und des Geistes, für welche gestritten ward; anderseits war ihm der Kirche unwandelbare Herrlichkeit eine heilige Pflicht. In diesem innern Zwiespalt verloren, kehrte er nach Schlettstadt zurück und lebte mit U. Zasi, Erasmus, Spiegel, Rhenanus, Tritheim, Hutten und vielen Bessern seiner Zeit in geistigem Verkehr, die Welthändel vergessend. Im 80ten Jahre starb er. Von seinen Schriften führ' ich an: „*De studiis principum.*" — „*De bello Turcico.*" — „*De laudibus Philippi Elect. Palat.*" — „*Agatarchia.*" — „*Adolescentia.*" — „*De mirabili duarum in Christo naturar. fœdere Oratio.*" — „*De vita ac morib. Episcopor. Prælat. ac Princip.*" Vergl. Melch. Adam; Panzer; Zasi's Leben und Briefe von Riegger herausgegeben.

61) Wolfgang Angst; Anhänger Reuchlins im Köllner Streit; übrigens unbekannt.

62) Sebastian Brandt (siehe die Anmerkung zum Briefe Huttens an denselben in einem spätern Bande).

63) Jakob Locher (*Philomusus*), ein Schwabe von Geburt, zu Ingolstadt einige Zeit Professor, gerieth so wie mit vielen ehrlichen Leuten, auch mit Wimpheling in heftige Fehde, welcher denn auch eine: „*Defensio contra turpem Philomusi libellum*" herausgab. Was es eigentlich mit diesem Geschmier für eine Bewandnifs gehabt, ist nicht sattsam bekannt. Uebrigens scheint dieser Locher, oder *Philomusus*, so ziem ich

eine literarische Ratte gewesen zu seyn, welche gern fremde Verdienste bekrabbelte. Mit Hutten, Busch, E. Hefs, die zuvor ihm geneigt gewesen, zerwarf er sich wenigstens ebenfalls. Nur Ulrich Zasi blieb er treu. Sebast. Brandts Narrenschiff (worinn er unter den Zänkern ebenfalls eine Stelle bekleidet,) übersetzte er in's Lateinische, und schrieb sonst einige *Poëmata* von geringem poëtischen Werthe. Vergl. Panzers Annal. — Meusels histor. Lexik. und Rieggers Samml. der Zasischen Briefe.

64) Heinrich Bebelius hatte sich als strenger Wächter und Kämpfer für die Reinheit und Correktheit der lateinischen Sprache bei seinen Zeitgenossen einen grofsen Namen errungen. Er ward zu Justingen, in einem schwäbischen Dorfe, 1475 geboren, und von seinen zwar armen, aber rechtschaffenen und vernünftigen Eltern nach dem bei Ulm gelegenen Flecken Schelkingen geschickt und allda in den ersten Anfangsgründen unterwiesen; zu Krakau studierte er die Rechte unter Lorenz Korvinus. Nicht lange darauf kam er nach Basel, und gab da während seines Aufenthalts die „*Cosmographia*" des Korvinus heraus. Später ward er in Tübingen als Professor der Dichtkunst und Beredsamkeit angestellt, und starb als solcher. Als vaterländischer Geschichtsforscher, Grammatiker, Redner und Dichter erhielt er von Kaiser Max den Lorbeer. Er stund mannlich dem Reuchlin gegen die Ketzermacher bey, und hielt treue Freundschaft mit K. Celtes, Erasmus, Peutinger, u. A. Von seinen Schriften sind bemerkenswerth: „*Facetiarum libri.*" — „*Proverbia Germanica collecta, ac in Latinum traducta.*" — „*Triumph. Veneris, contra degeneres monachos Satyra.*" — „*Commentar. de epistol. scribend.*" — „*Cohortatio Helvetior: ad obedient imperii.*" — „*De necessit. ling. latinæ.*" Vergl. Adam; Zapfs Heinrich Bebel nach seinem Leben und Schriften. 1802.

65) Johann Reuchlin (siehe die Anmerkugen zu einem spätern Band).

66) Krotus Rubianus, (mit seinem eigentlichen Namen Johann Jäger) von Drontheim in Thüringen, in der Geschichte Huttens eine der bedeutendsten Personen, wahrscheinlich 1480 geboren. Er war zwar einige Jahre älter, aber dessen ungeachtet, und obschon ihn Hutten „*magistrum suum*" nennt, besuchte er mit demselben und Eoban Hefs die Schule zu Erfurt. Von hier zog er mit Hutten weiter nach Kölln. Dort unterrichtete er die Söhne mehrerer Adelichen; begab sich aber später dennoch wieder nach Erfurt. Bürgerliche Wirren trieben ihn aber auch von da wieder nach Fulda, wo ihm durch seiner Verwandten Zuthun eine bedeutende Pfründe zu Theil geworden. (Siehe seinen Brief an Hutten). Hier versuchte er es Hutten mit seinem Vater auszusöhnen. Nach einiger Zeit kehrte er nach Erfurt wieder, und unternahm von da aus eine Reise nach Italien. Hier erhielt er von Hutten den verbesserten *Nemo*, und die Zueignungs-Epistel. Im J. 1520 befand er sich aufs neue in Erfurt, und begleitete mit vielen seiner ausgezeichneten Freunde Luthern, als er nach Worms zog. Aber bald zog ihn Fulda wieder an, und, ein Glück für Hutten, dafs er es nicht mehr erlebte, eine Präbende des Erzbischofs von Mainz, welcher ihn durch ein Canonicat zum Abfall von der guten Sache, und selbst zur Apologie der entgegengesezten brachte, besonders gegen die Priesterehe. Luthers Zorn entbrannte gegen keinen der übrigen Renegaten, wie gegen Krotus; er nannte ihn daher oft den „Dr. Kröte, des Kardinals von Mainz Tellerlecker", und nahm ihn hie und da unsanft her. (Siehe die Tischreden). Er starb, nachdem er auf diese Weise Aufenthaltsort, Lebensart, Freunde, Beruf und Meinung mannigfach gewechselt hatte. Die Geschichte hat seine Verdienste

in ziemliches Dunkel gehüllt. Das Erste, wodurch er der Mönchswelt eine unheilbare Wunde geschlagen, waren die „*Epistolæ obscurorum virorum*"; das zweite eine Sammlung von Satyren und Pasquillen auf Rom und das Mönchthum. In beiden muſs er den Ruhm der Autorschaft mit Hutten und andern Freunden theilen. Und obgleich der von Olearius mitgetheilte Brief an Justus Jonas (*Epistola Anonymi ad J. Crot. Rubian. verum inventor. et auctorem Epistolar. obscur. vir. Arnst. 1720.*) sehr viel beweist, und die den Briefen an C. Crocus angehängten Müller'schen Bemerkungen noch mehr es bekräftigen, so scheint mir dies wohl dem Krotus einen groſsen und vielleicht den gröſsern Theil der Briefe zuzuerkennen, aber keineswegs Hutten von der Autorschaft auszuschliessen. Justus Jonas mag, wie noch viele seiner Zeitgenossen, im Zweifel oder Irrthum gesteckt, und den Krotus zuversichtlich den alleinigen Verfasser der *Epist. obsc. vir.* genannt haben. Doch davon mehr an einem andern Ort. Auſser den *Epistolis* und den „*Pasquillor. tom. II. Eleutheropoli (Basileæ)*" hat Krotus noch eine „*Apologia pro Alberto Card. Moguntino advers. Protestantes 1531*" geschrieben. Vergl. Burkhard, Meiners, Mohnike.

67) Konrad Mutianus Rufus, einem der edelsten Geschlechter Hessenlands entsprossen, ward zu Marburg geboren. In der Folge studierte er einige Zeitlang zu Deventer unter Alexander Hegius, und später in Italien die Rechtswissenschaft. Nachdem er in sein Vaterland zurückgekehrt war, des Hoflebens aber, welches er einige Jahre trieb, überdrüſsig geworden, begab er sich als Domherr nach Gotha. Hier brachte er seine übrigen Tage zu, pflegte der Wissenschaft, schloſs Freundschaften mit ihren ersten Koryphäen, und war der guten Sache in Teutschland ein kräftiger Helfer und Beförderer. Vorzüglich trieb er

Jünglinge an, dem Bunde der Bessern sich anzuschliessen. Er war Huttens, Eobans, Rubians u. A. vertrauter Freund, und im Köllnerstreit ein rüstiger Kämpfer. Seine Briefe und kleinen Schriften hat W. Ernst Tentzel (1701) herausgegeben. Über sein Leben s. *M. Adami Vit. Jct.*

68) Pomponius Lätus, die Frucht geheimer Liebe eines Fürsten von Salerno mit einer edlen, von diesem gewaltsam um ihre Ehre gebrachten Dame, ward mit aller Sorgfalt in Wissenschaften und Künsten unterwiesen. Als das Kriegsgewitter schwarz über Italien herzog, und das Glück von seines Erzeugers Hause sich wandte, warf er sich den Wissenschaften, als dem einzig sichern Port in den Weltstürmen in die Arme. Bald brachte er es dahin, dafs er den vorzüglichsten Geistern seines Zeitalters beigezählt wurde. Aber ihr gewöhnliches Loos traf auch ihn. Er hatte von Paul II. mit Platina und Kallimachus heftige Verfolgungen und unwürdige Mifshandlungen auszustehen, indem man sie verrätherischer Umtriebe gegen die Regierung beschuldigte. Es hatte nemlich Pomponius Lätus mit seinen Freunden einen gelehrten Verein oder eine Akademie zu Rom gestiftet, deren Zweck Beförderung der klassischen Literatur und Bildung des Nationalgeschmackes war. Die einander wechselseitig gegebenen lateinischen Namen kamen dem Oberhaupt der Kirche verdächtig vor. Nur durch die Flucht nach Venedig entgieng Pomponius einem härtern Schicksal. Später kehrte er jedoch zurück und lehrte unter Sixtus IV. und Innozenz am Gymnasium mit so grofsem Ruhm und Zulauf, dafs die römischen Jünglinge schon um Mitternacht dem Schlummer sich entwanden, und um die Sessel zu besetzen, dem Hörsaale zueilten, in welchem er des Morgens seine Vorträge hielt. Er lebte äufserst einfach und zurückgezogen, und starb im

70ten Jahre seines Alters. Er ward auf den Schultern seiner Zuhörer, während Alexanders VI. Familie die Leiche begleitete, getragen. Er schrieb: a) *Romanæ histor. compend. ab interitu Gordiani usque ad Justinum III.* b) *De Romanor. Magistratib.* c) *De Sacerdotiis.* d) *De Jurisperitis. De legibus ad M. Pantagathum.* e) *De Antiquitat. urb. Romæ.* f) *Epist. familiares.* Sein Leben hat M. A. Sabellikus beschrieben. Eine Ausgabe seiner Werke ist mit mehrern Huttenschen und andern Schriften in 4. zusammengedruckt. (*Argentor. in ædib. Schutterianis 1515*). Ich erhielt sie aus der Stadtbibliothek zu Schafhausen. Übrigens vergl. *Paul. Jov. Elog. doct. vir. 50. Erasm. in Ciceron. Giraldi in hist. Poët. dial. 4. Politian. in misc. C. 73. Valer. de infel. literat. l. 2. Vofs. de hist. lat.*

69) Jakob von Embs, aus dem durchlauchtigen Geschlechte deren von Hohen-Embs, war Ludwigs XII. von Frankreich Feldhauptmann gegen den Pabst und die Venetianer. Im J. 1511 führte er ihm über dritthalbtausend teutsche Hilfsvölker zu, gewann Bologna und Concordia; erstere Stadt begehrte ihn zum Befehlshaber, aber Gasto de Foix, der französische Oberfeldherr, theils aus Eifersucht, theils weil er wirklich seiner bedurfte, zog ihn an sich nach Brixen. Jakob v. Embs schlug die venetianische Fufsmacht, so sich ihm entgegenstellte, berennte und nahm gemeinschaftlich mit Philipp von Freiberg Brixen. Viele der vornehmsten Venetianer wurden hier gefangen; 11,000 sollen beim Sturm geblieben seyn. In der Schlacht bei Ravenna im J. 1512 starb er den Tod der Helden.

70) Ara Coritiana. Mit diesem hatte es folgende Bewandnifs: Johannes Coritius, ein Teutscher, aus Trier, hielt unter den Päbsten Julius II., Leo X. und Adrian VI. sich in Rom auf, und stund wegen seines Reichthums und seiner Liebe zu den Wissen-

schaften in grofsem Ansehen. Er machte sich nun alljährlich ein Vergnügen damit, dafs er in seinem Lustgarten, bei der Säule des Trajans, alle Dichter in Rom versammelte, und sie poëtische Wettkämpfe, besonders in Epigrammen halten liefs. Die daselbst verfertigten Gedichte nannte man „*Carmina* oder *Epigrammata pro Ara Coritiana*". Auch Hutten fand sich dabei ein. Coritius erhielt für dies sein Mæcenat Lobgesänge von einer Menge Dichtern. Allein im J. 1527, als seine Landsleute Rom einnahmen, wiederfuhr ihm das Unglück, gefangen, seiner Güter beraubt, und nur gegen ein schweres Lösegeld in Freiheit gesetzt zu werden. Er hatte auf den schlimmsten Fall den gröfsten Theil seines Geldes vergraben. Durch Verrätherei eines Handwerkers aber, der ihm hiezu hilfreich gewesen, kam die Sache an den Tag, und Coritius hatte, trotz seiner Beschwerden, das Nachsehen, und durfte für Spott nicht sorgen. Er starb in dürftigen Umständen zu Trier in seinem Vaterlande, nachdem er oft mit Wehmuth nach seinem ehemaligen Glücke zurückgeblickt hatte. (S. *Bayle. Paul. Jov. Elog. C. III. Pierius Valerian. de infelic. literat. p. 2. &c.*

71) Julius II. Der Hauptgegenstand von Huttens bitterm Spotte: früher Julian de la Rovere genannt, ein Savonenser aus niederm Stamme. In den ersten Jugendjahren die Fischerei treibend, soll er durch Vergünstigung irgend eines menschenfreundlichen Mannes später in den Studien unterrichtet worden seyn. Wie dem sey, so ward er im J. 1473 zum Bischof von Charpentras, und Kardinal, und zwar durch Sixtus IV. seinen Verwandten gemacht. Später übertrug man ihm das Erzbisthum von Bologna und Avignon. Bei einem Aufstand der Umbrier stellte er sich selbst an die Spitze des päbstlichen Heers und schlug die Aufrührer. In den neapolitanischen Wirren, und als König Karl VIII.

Neapel nahm, schlug er sich zu Alexanders VI. Feinden, denn er hafste diesen. Nach Pius III. Tod verschaften ihm die Ränke seiner mächtigen Parthei die Tiare. Mehr als diese aber liebte er den Kriegshelm; selten kam dieser während seiner ganzen Regierung von seinem Haupte. Er wollte auch für einen Kriegshelden gehalten seyn, und nahm defshalb den Namen: „Julius" an, Cäsarn im Auge; auch trug er einen langen Bart, um gröfseres Ansehn und Furchtbarkeit zu gewinnen. Er verliefs Frankreichs Parthei in der Folge und gesellte sich zu Ludwigs XII. heftigsten Gegnern; seine Feinde bekämpfte er mit doppelten Waffen; wer ihm gegenüber trat, ward mit dem Bann belegt. Also Alphons von Este, Herzog zu Ferrara. Nachdem er Navarra seinem Fürsten, Joh. v. Albert, entrissen, und Mirandula in eigner Person belagert hatte, brachte er die Ligue von Cambrai zu Stand, ward aber diesem Bunde, als ihn die Venetianer zu besänftigen wufsten, eben so treulos, dafs er den französischen König und Kaiser Max in den wichtigsten Augenblicken verliefs. Der vorzügliche Beistand, auf den er pochte, waren die Schweizer, welche der Erzbischof von Sitten, Mathäus Schiner, Ludwigs XII. unversöhnlicher Feind, ihm in Treuen erhielt, obgleich das Volk selbst heftig gegen die Art der Verwendung ihrer Hilfsvölker murrte. Kaiser Max und König Ludwig beriefen, um Julius Betragen rügen zu lassen, eine Kirchenversammlung nach Pisa, und später nach Lyon. Dieser aber verachtete die Vorladung und hielt ebenfalls eine zu Rom im Lateran. Jezt ward bald darauf ein förmliches Bündnifs wider Ludwig XII. geschlossen; bei Ravenna wich das päbstliche Heer, in blutiger Schlacht geschlagen. Dennoch mufsten die Franzosen nicht lange darauf Wälschland verlassen. Der Schmerz über jene Niederlage aber hatte ihm eine tödtliche Krankheit zugezogen; er starb am 2. Hornung 1514 an einem langsamen Fieber. Aufser der Wildheit seines Gemüths, und der ihm nicht geziemenden Schlachtenlust wirft man auch andere noch gehäfsigere Laster ihm vor. —

Merkwürdig ist, was von vielen Geschichtschreibern behauptet, von andern wiederum geläugnet wird: Er habe nemlich, als er gegen Frankreich und Ferrara ausgezogen, in einem feierlichen Umzug die Schlüssel Petri in die Tiber geworfen, und das Schwert des Paulus sich vortragen lassen. Wohl mag dies in sinnbildlicher Bedeutung wahr seyn, was von vielen ohne Beweis angegeben wird. Hutten scheint mehrmals in den Epigrammen und Satyren darauf anzuspielen, und ist überhaupt wenigen Menschen so gram gewesen, wie diesem zweiten Julius.

Ueber denselben vergl. *D. Jovius in op. cit. Guicciardini Istoria &c. Bayle.* — Jld. Fuchs mailänd. Feldzüge der Schweiz. II. u. s. w.

72) Eitelwolf von Stein, aus edelm Geschlechte geboren (1465—66), legte den Grund zu seiner Bildung in Schlettstadt, später sezte er in Wälschland seine Studien fort, und begab sich nach seiner Rückkunft in Brandenburgische Dienste. Von Churfürst Johann und seinem Sohn Joachim ward er schnell und immer höher befördert, und stand bei Gesandtschaften sowohl als in Feldzügen den ehrenhaftesten Ämtern vor. Auch Kaiser Max gewann ihn sehr lieb, und krönte ihn zum Dichter. Er trug vieles zur Errichtung der Frankfurter Hochschule bei, obgleich sie seinen Erwartungen nicht entsprach. Eitelwolf zog mit Albrecht, als dieser Erzbischof ward, nach Mainz, wiedmete sich dort einzig der Wissenschaft, aber von Steinschmerzen heftig geplagt, schied er schon im J. 1515 dahin. Seine Verdienste sind unzählbar. Sein reinmenschliches Wesen,

das mit dem Stolze ächten Ritterthums den höhern Adel der Wissenschaft innig zu verknüpfen wufste, und der erste aller teutschen Ritter, alten Vorurtheilen gegenüber zu treten wagte; der Eifer, mit welchem er gelehrte Anstalten, und Gelehrte selbst, vorzüglich jüngere, zu unterstützen und zu befördern bemüht war, bleiben unvergefslich. Er starb noch mit dem Gedanken, in Mainz einer Schule das Daseyn zu geben, wie sie Europa noch nicht gesehen. Wie sehr Hutten diesen seinen ersten Wohlthäter geehrt, wird man aus mancher seiner Schriften zur Genüge ersehen können.

Eitelwolf v. Stein gehörte mit zu der von K. Celtes gestifteten „*Sodalit. literar. Rhenana*," und schrieb aufser kleinen Gedichten ein Buch: „*De laudibus heroum, et viror. illustrium.*"

73) Albrecht von Mainz (siehe die Beilagen zum zweiten Band).

Inhalt des ersten Bandes.

Beilagen.

Druckfehler. Verbesserungen. Zusätze.

Im Subscribenten-Verzeichnifs S. XII. 4. Z. von unten lies statt 50 *Ex.*: 50 *Gulden.*

— — — — S. XIII 13. Z. von unten ist der Taufname in die folgende Zeile hinunter zu setzen.

Seite XVIII. Zeile 6 von oben lies statt: *an — gegen.*

— XX. — 10 soll es statt Herrn *Pfr. Kirchhofer und Prof. Altorfer* heissen: *Konrekt. Hurter und Pfarrer Altorfer.*

— XXIV. — 9 von unten statt *Sachen* lies: *Schriften.*

— — — 7 statt *einen andern Vorwurf rechtfertigen* lies: *über einen andern Vorwurf mich rechtfertigen.*

— XXVII. — 3 von oben statt *merkwürdigen* lies: *andern merkwürdigen.*

— XXXVI. nach der 11. Z. von oben soll noch beigefügt werden: *Ad omnes in Germania liberos epistola.*

— XL. Im Schriftenverzeichnifs ist die Jahrzahl bis in in die Mitte der XLI. Seite also nachzutragen: 1520 vor der „*Verteutschet Klag*", und 1523 vor: *Erasmus Brief an den Magistrat zu Zürich.*

Auf der XLIII. Seite ist die Jahrzahl mit Bedacht ausgelassen, da die Bestimmung derselben bei diesen, Hutten fälschlich zugeschriebenen Schriften eben so unmöglich als unerheblich ist.

Seite LI. Zeile 13 von oben statt: *nicht im Mindesten* lies: *nur im Mindesten.* Z. 18 statt: *scheint uns* lies: *scheint uns das.*

Seite LXIX Z. 14 von unten zwischen *jedoch* und *aus Partheigängerei* soll hinzu gesetzt werden: *sind die Urtheile.*

Seite LXXVII Z. 6 von oben, statt *durch die Schrift* lies: *in die Schrift.* Z. 11 nach: *Vergl. die Rezension darüber in* beizusetzen: *Allg. litt. Anzeiger.* Z. 15 statt *bekommen konnte* lies: *bekam.*

Seite LXXXVII. in der 4. Z. von unten beizufügen: *Biographie Huttens.*

Seite XCI in der vorletzten Z. statt im 2ten Bd. der Eichenblätter lies: in der Schrift *Aletheia.*

Seite XCII bis XCVI. im Kolumnentitel statt: *literarisch-biograph. Notizen über Hutten'sche Schriften* lies: *biogr. lit. Notizen über Hutten und seine Schriften.*

Seite 11 Z. 5 von oben, statt *Gedichten* lies: *Tetrastichen.*
— 18 — 4 — *palestræ* lies: *palæstræ.*
— 99 in der letzten Z. statt *bemerken* l. *anführen.*
— 155 Z. 2 von oben statt *dieses ein Gedicht*, lies: *dieses kleine Gedicht.*
— 163 — 7 von unten ist vor *so glaubte er* ausgelassen worden: *herauszugeben.*
— 243 — 7 von unten statt *quisq* . . . . lies: *quisque.*
— 249 — 3 von oben statt *Area* lies: *Ara.*
— 259 — 9 von unten — χαλαείων lies: χαλκείων.
— 278 — 3 — — *Zeusis* lies: *Zeuxis.*

In den Beilagen.

Seite 320 vorletzte Zeile statt *der sich im Übermuth* lies: *die sich im Übermuth.*
— 322 Z. 16 von oben statt: *Er gab ihm ein* lies: *Gott gab ihm ein.*
— 325 — 15 von oben statt: *Remailus* lies: *Remaklus.*
— 327 — 2 — — *aber er hatte zu bestehen* lies: *Indeſs muſste er mit der Mönchswelt etc. bestehen.*
— 330 — 11 von oben *C. Crocus* lies: *R. Crocus.*

Der Herausgeber ersucht, manche dieser eingeschlichenen Fehler ihm zu gut halten zu wollen, welche meist durch die Entfernung des Druckorts veranlaſst wurden, und an welchen weder Drucker noch Corrector Schuld tragen. Für die folgenden Bände soll sowohl bei Ausarbeitung der Einleitungen als der Beilagen von dem Herausgeber die möglichste Genauigkeit beobachtet werden, die früher ihm bei vielen andern Geschäften oft nicht so ganz möglich war.

Von dem Herausgeber Huttens sind folgende Schriften noch erschienen:

Gedichte. 8. Basel bei Neukirch, 1819. 2 fl. rhn.

Helvetische Eichenblätter. 8. Schafhausen bei Schwarz; in Commission bei Sauerlander in Aarau. 1820. 1 fl. 30 kr.

„**Über die Türkenkriege**“, namentlich des 16ten Jahrhunderts. Sammlung von Denkschriften, verschiedenen Inhalts aus dem Lateinischen und Französischen. Nebst einer **geschichtlichen Darstellung der Ereignisse zwischen Christen und Türken, und den Versuchen der Griechen zur Freiheit.** gr. 8. Zürich, bei Orell, Füfsli und Comp. 1821. 2 fl. 30 kr.

Alètheia. Zürich, in der Gefsner'schen Buchhandlung 1821; wird nächstens die Presse verlassen.

Kolibri 360 GmbH
Ferdinand-Jühlke-Straße 7
99095 Erfurt, Deutschland
produktsicherheit@kolibri360.de